"十三五"高等学校数字媒体类专业规划教材

移动 Web 前端开发基础

陈 童 李 颖 王 妍 主编

李佳宾 晏家和 吕慎花 尹春泽 副主编

中国铁道出版社有限公司

CHINA RAILWAY PUBLISHING HOUSE CO., LTD.

内 容 简 介

移动 Web 前端开发是移动互联网时代触屏网站、App 等互联网产品开发中重要的组成部分。移动 Web 前端开发技术日新月异，本书立足技术标准和教学需要，注重基础知识，并且辅助持续更新的线上实际案例。全书共分 10 章：第 1~2 章介绍移动 Web 前端的发展和现状以及开发环境的搭建；第 3 章介绍标准的 HTML 5 语言；第 4~5 章介绍 CSS 语言，涵盖标准的属性和布局方法；第 6~7 章介绍移动 Web 前端的核心语言 JavaScript；第 8 章讲解响应式框架 Bootstrap；第 9~10 章讲解 HTML 5 的 API 和 Vue。

本书适合作为高等学校数字媒体类相关专业的本科生教材，也可作为相关开发人员的实践参考用书。

图书在版编目（CIP）数据

移动 Web 前端开发基础/陈童，李颖，王妍主编. —北京：
中国铁道出版社有限公司，2020.4
"十三五"高等学校数字媒体类专业规划教材
ISBN 978 – 7 – 113 – 26560 – 1

Ⅰ. ①移… Ⅱ. ①陈… ②李… ③王… Ⅲ. ①移动终端 –
应用程序 – 程序设计 – 高等学校 – 教材 Ⅳ. ①TN929. 53

中国版本图书馆 CIP 数据核字（2020）第 008429 号

书　　名：**移动 Web 前端开发基础**
作　　者：陈 童 李 颖 王 妍

策　　划：王占清　　　　　　　　　　编辑部电话：（010）83529875
责任编辑：王占清　卢 笛
封面设计：刘　颖
责任校对：张玉华
责任印制：郭向伟

出版发行：中国铁道出版社有限公司（100054，北京市西城区右安门西街 8 号）
网　　址：http：//www.tdpress.com/51eds/
印　　刷：北京市科星印刷有限责任公司
版　　次：2020 年 4 月第 1 版　　2020 年 4 月第 1 次印刷
开　　本：787 mm×1 092 mm　1/16　印张：20　字数：473 千
书　　号：ISBN 978 – 7 – 113 – 26560 – 1
定　　价：49. 00 元

编　委　会

主　任　吕德生

副主任　郑春辉　李松林

成　员　（按姓氏笔画排序）

王　晨　王建一　司峥鸣　吕德生　刘奇晗

闫子飞　李松林　陈　童　郑春辉　胡　郁

盖龙涛　董　璐　景　东　薛永增

序

FOREWORD

"十三五"时期是我国全面建成小康社会的决胜阶段，国务院印发的《"十三五"国家战略性新兴产业发展规划》于 2016 年底公布，数字创意产业首次被纳入国家战略性新兴产业发展规划，成为与新一代信息技术、生物、高端制造、绿色低碳产业并列的五大新支柱之一，产业规模预计达 8 万亿元，数字创意产业已迎来大有可为的战略机遇期，对专业人才的需求日益迫切。

高等院校面向数字创意产业开展人才培养的直接相关本科专业包括：数字媒体技术、数字媒体艺术、网络与新媒体、艺术与科技等，这一类数字媒体相关专业应该积极服务国家战略需求，主动适应数字技术与文化创意、设计服务深度融合的时代背景，合理调整教学内容和课程设置，突出"文化 + 科技"的培养特色，这也是本系列教材推出的要义所在。

作为数字媒体专业人才培养的重要单位，哈尔滨工业大学设有数字媒体技术、数字媒体艺术两个本科专业，于 2016 年 12 月获批"互动媒体设计与装备服务创新文化部重点实验室"，该实验室主体是始建于 2000 年的哈尔滨工业大学媒体技术与艺术系，2007 年获批为首批（动漫类）国家级特色专业建设点和省级实验教学示范中心，2018 年获批设立"黑龙江省虚拟现实工程技术研究中心"。2018 年 3 月，国务院机构改革，将文化部、国家旅游局的职责整合，组建文化和旅游部，文化部重点实验室是中华人民共和国文化和旅游部为完善文化科技创新体系建设，促进文化与科技深度融合，开展高水平科学研究，聚集和培养优秀文化科技人才而组织认定的我国文化科技领域最高级别的研究基地。

经过 20 年的探索与实践，哈尔滨工业大学数字媒体本科专业不断完善自身的人才培养观念和课程体系，秉承"以学生为中心，学生学习与发展成效驱动"的教育理念，突出"技术与艺术并重、文化与科技融合"的人才培养特色，开设数字媒体专业课程 50 余门，其中包括国家级精品视频公开课 1 门，国家级精品在线开放课程 3 门，省级精品课程 3 门，双语教学课程 7 门，本系列教材的作者主要来自该专业的一线任课教师。

教材的编写是一个艰辛的探索过程，每一位作者都为之付出了辛勤的汗水，但鉴于数字媒体专业领域日新月异的高速发展，教材内容难免会有不当、不准、不新之处，诚望各位专家和广大读者批评指正。我们也衷心期待有更多、更好、更全面和更深入的数字媒体专业教材面世，助力数字媒体专业人才在全面建成小康社会、建设创新型国家的新时代大展宏图。

互动媒体设计与装备服务创新文化部重点实验室（哈尔滨工业大学）主任

吕德生

2019 年 5 月

前 言

PREFACE

Web 前端技术发展日新月异，涉及的知识面极为广泛，本书以移动互联网背景下的前端技术为背景，总结提炼了移动 Web 前端的实战经验，全面涵盖了移动 Web 前端包括的所有知识点，其中主要包括：

处于移动 Web 前端结构层的 HTML 5：涵盖了创建标准兼容、语义化的新一代 HTML 5 网站的所有基础知识，并囊括实现 HTML 5 核心语言的 HTML 5 生态系统和相关 API。

处于移动 Web 前端表现层的 CSS3：详细讲解了选择器、边框、背景、文本、颜色、盒模型、伸缩布局盒模型、多列布局、渐变、过渡、动画、媒体、响应 Web 设计、Web 字体等主题下涵盖的所有 CSS3 新特性。

处于移动 Web 前端行为层的 JavaScript：JavaScript 正以惊人的速度成为各种应用程序的通用语言，包括 Web、桌面、云和移动设备上的应用程序。本书内容涵盖 JavaScript 语言的所有细节，以及客户端 JavaScript，包括 HTML5 和相关标准定义的 JavaScript API 以及 Web 浏览器实现的 API。

响应式框架 Bootstrap：Bootstrap 是流行的 Web 前端开发框架，在帮助交付稳定成果的同时，能大幅提升工作效率。本书详尽地介绍了 Bootstrap 框架相关技术在 Web 和移动 Web 开发领域的应用，深入理解 Bootstrap 框架相关的知识点。

前端框架 Vue. js：Vue 作为发展最为迅速的前端 MVVM 框架，越来越受到前端开发工程师的青睐。本书涵盖 Vue. js 的基础知识、组件以及过渡动画等内容。

移动 Web 前端技术发展迅速，初学者容易迷失在各种实战和案例之中，往往忽视对技术标准、基础知识以及基本概念的理解和掌握，只有深刻理解国际现行的技术标准，夯实对基础知识和基本概念的理解，才能更加游刃有余地应对不断变化的前端技术栈。

本书主要针对高等学校数字媒体类相关专业的本科教学而编写，适合作为网页设计和开发等相关课程的教材，同时也适合移动开发者和 Web 前端开发者，以及其他对移动 Web 前端技术感兴趣的读者阅读。

本书共分 10 章，每章的具体内容如下所述：

第 1 章概述移动 Web 前端，讲述了移动 Web 前端的发展历程与现状，针对移动 Web 前端的相关疑问做了相应解答。

第 2 章讲述移动 Web 开发环境的搭建，包括 Sublime Text 编辑器、Emmet 插件以及 Node. js 环境的安装。

第 3 章讲述移动 Web 前端的结构层——HTML 5，从国际标准和语义化的角度全面讲解了 HTML 5 所涵盖的标签和属性。

第 4 章讲述 Web 前端的表现层——CSS，详细解读了 CSS 的标准语法、引入方式和基本属性的使用。

第 5 章进一步讲解 CSS 的布局方式，讲解了 CSS 的定位、布局方式、伸缩盒布局以及过渡、动画等内容。

第 6 章讲述 Web 前端的行为层——JavaScript 语言，JavaScript 语言可以说是移动 Web 前端的核心开发语言，本章详细讲解了 JavaScript 的语法细节。

第 7 章讲述作为 Web 客户端的 JavaScript 语言，讲解了使用 JavaScript 语言操纵文档、CSS、事件以及 Ajax 等内容。

第 8 章讲述响应式 CSS 框架——Bootstrap，详细讲解了 Bootstrap 的环境搭建、网格原理以及各种样式的使用方法。

第 9 章讲述了 HTML 5 的 API，包括使用 JavaScript 语言来脚本化音视频、画布、离线应用等内容。

第 10 章讲述了前端框架 Vue. js，讲解了 Vue. js 的基础知识，包括实例、模板语法、计算属性、组件以及过渡动画等内容。

通过本书的学习，读者可对移动 Web 前端包含的主要技术有全面的认识，书中对每个知识点的国际标准和知识点都做了详细的讲解，为后续的学习打下良好的基础。

本书由陈童、李颖、王妍任主编，李佳宾、晏家和、吕慎花和尹春泽任副主编，其中第 1 章由陈童、李颖编写，第 2 章由陈童、王妍编写，第 3～5 章由陈童、李佳宾、晏家和编写，第 6、7 章和第 9 章由陈童、吕慎花和尹春泽编写，第 8 章和第 10 章由李佳宾编写，全书由陈童负责统稿。本书主要由工大极客（http：//www. hitgeeker. com/）前端团队编写，在编写过程中参考了很多相关书籍和资料，在此向这些书籍及资料的作者表示感谢。

由于编者技术及学识水平有限，书中难免有疏漏之处，恳请广大读者批评指正。意见或建议请发邮箱：tonghit@ vip. 163. com。

读者也可以关注我们的微信公众号：哈工大 Web 前端。编者博客：http：//www. everyinch. net/，本书相关勘误或与本书相关的信息都发布在上面。书中源码下载地址：http：//www. tdpress. com/51eds 或 https：//gitee. com/tonghit/mobile_ frontend。

最后，感谢李松林老师、王占清编辑对本书出版工作的付出。同时，感谢我的父母和家人对我工作的支持；特别感谢我的女儿，你的笑容是我不断前行的动力。

陈　童

2019 年 8 月

目录

CONTENTS

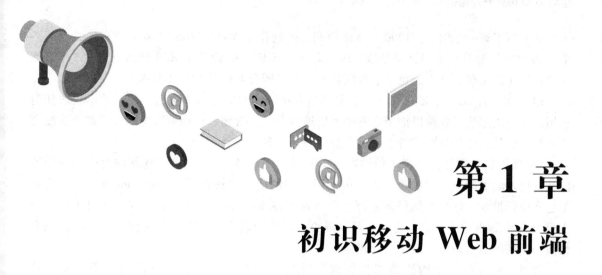

第1章
初识移动 Web 前端

从古至今，人类社会经历了农业时代、工业时代、信息时代和移动互联网时代。农业时代主要改变了生产关系，人们摆脱了对狩猎的依赖。工业时代则是对能量资源的开发和利用。工业时代后期人类社会进入了电气时代，而计算机的发明使我们进入了信息时代，表现为信息量、信息传播、信息处理的速度等都呈现几何级数的增长，形成信息的大爆炸。移动互联网时代则让人与信息直接相连。在移动互联网时代，人成为信息的一部分，因此改变了人类社会的各种关系和结构，也因此引起整个社会商业模式的变迁。互联网技术深刻地改变了人们的生活。

在移动互联网时代的大背景下，传统的 Web 前端开发技术也在经历着不断的发展与变化。从简单的静态页面制作，不断向移动化、工程化的方向发展。本章首先回答什么是 Web 前端和移动 Web 前端这个问题，接着讲述移动 Web 前端的知识体系，从一个移动 Web 前端初学者的角度，回答移动 Web 前端的价值体现在哪里、学习它需要多长时间、就业前景如何等现实问题。让我们鼓起勇气，乘着移动互联网的风帆，扬帆起航吧！

1.1　移动 Web 前端的发展历程

移动 Web 前端开发技术的发展速度十分迅猛，在真正进入实际知识的学习之前，先了解一些 Web 前端开发发展的渊源是十分必要的。

1.1.1　Web 前端开发的历史

Web 的起源最初的构想可追溯到 1980 年蒂姆·伯纳斯·李构建的 ENQUIRE 项目。今天仍然可以找到的关于 Web 概念的第一份公开文件是蒂姆·伯纳斯·李于 1989 年 3 月写给欧洲量子物理实验室的建议书：*Information Management：A Proposal*。在这份文件中，他提出了利用 Hypertext（超文本）构造链接信息系统的设想，也可以从文件中看到"Browser（浏览器）"概念的最初提出。1990 年 11 月 12 日蒂姆·伯纳斯·李和罗伯特·卡里奥（Robert Cailliau）合作提出了一个更加正式的关于万维网的建议。1990 年 11 月 13 日他在一台 NeXT

工作站上写了第一个网页，1990 年圣诞假期，他制作了 Web 工作所必需的所有工具：第一个 Web 浏览器和第一个网页服务器。1991 年 8 月 6 日，在 alt. hypertext 新闻组上发布了万维网项目简介的文章。这一天也标志着因特网上万维网公共服务的首次亮相。

1993 年 4 月 30 日，欧洲量子物理实验室宣布万维网对任何人免费开放，并不收取任何费用。这一决定使互联网以前所未有的速度迅猛发展，蒂姆·伯纳斯·李的发明彻底地改变了世界，而他自己却依然坚持着自己平静而普通的科研生活。

《时代周刊》在评价蒂姆·伯纳斯·李的贡献时这样写道："和其他影响世界的发明不同，这项发明的确应该归功于一人……蒂姆·伯纳斯·李设计了 World Wide Web，然后就把它开放给世界。他比其他任何人都更努力地保持 Web 的开放性、非营利性和自由性……很难对 Web 做出适当评价，它几乎可以媲美古登堡印刷术。蒂姆·伯纳斯·李一手把只有精英们掌握的通信系统变成了大众媒体。"

蒂姆·伯纳斯·李构想的工作原理是首先在浏览器上输入网页的统一资源定位符（Uniform Resource Locator），或者通过超链接方式链接到那个网页或网络资源。然后通过分布全球的域名系统对 URL 的服务器名部分进行解析，并根据解析结果决定服务器的 IP 地址。接下来向具有指定 IP 地址的服务器发送一个 HTTP 请求。在服务器上运行着被称为 Web 服务器的软件，该软件会响应用户的 HTTP 请求，并根据用户的请求内容将构成网页的一切元素，如 HTML 文本、图片和其他文件逐一发送回用户。浏览器解释 HTML、CSS 和其他接收的文件的内容，加上图像、超链接和其他必需的资源，显示给用户。

这里的核心部分是由三个标准构成的：

◇ 统一资源标识符（URI）：负责为资源进行定位的系统。

◇ 超文本传送协议（HTTP）：规定浏览器和服务器之间的交流方式。

◇ 超文本标记语言（HTML）：定义超文本文档的结构。

1.1.2　Web 前端的定义

2005 年 9 月 30 日 O'Reilly 公司的 CEO 蒂姆·奥莱理发表了文章 *What's Web 2.0—Design Patterns and Business Models for the Next Generation of Software*，标志着 Web 2.0 时代的到来。互联网作为平台等理念的实现，使得网站前端发生翻天覆地的变化。网页不再只是单一的文字和图片，各种富媒体让网页的内容更加生动，网页上软件化的交互形式为用户提供了更好的使用体验，这些都是基于前端技术实现的。之前只要掌握了 Photoshop 和 Dreamweaver 类似的软件就可以制作网页了，在 Web 2.0 时代之后掌握这些就远远不够了。无论是开发难度上，还是开发方式上，现在的网页制作都更接近传统的网站后台开发，因此不再称为网页制作，而是称为 Web 前端开发。Web 前端开发在产品开发环节中的作用变得越来越重要，而且需要专业的前端工程师才能做好，这方面的专业人才近几年来备受青睐。Web 前端开发是一项很特殊的工作，涵盖的知识面非常广，既有具体的技术，又有抽象的理念。简单地说，它的主要职能就是把网站的界面更好地呈现给用户。

1.1.3　Web 前端的工作范畴

为了更清晰地解释 Web 前端开发的工作，把它放在一个定义和开发互联网产品的流程中，可能更方便读者对它的理解。一般情况下，一个互联网产品通常遵循以下的步骤：

（1）互联网产品。互联网产品主要来自于两个渠道：第一种是从公司外部而来，通过和需求公司签订合同，进行项目的外包开发；第二种是通过公司内部的产品经理，进行互联网产品的需求分析和设计。这个过程一般从用户研究开始，找出目标用户的需求，并进行需求的过滤，产品经理的产出物是 BRD（商业需求文档）和 PRD（产品需求文档）。

（2）交互设计。对于一个互联网产品，接下来的流程是进行交互设计，所谓交互设计就是产品的行为设计，一般涉及产品布局的合理性问题。交互设计的产出物是产品的交互原型，如果有一定的实力，可以进行产品原型的可用性测试，邀请典型用户对设计流程的效率、可学习性等问题进行专项的测试。

（3）视觉设计。设计的工作目的是把产品宏观的思维结果进行专业的处理，设计师对产品原型进行专业的处理，如布局、配色等，设计师的产出物是 PSD 格式的设计图，保留原始的设计图层。在前期，尤其是设计，主观感受大于理性的思考，所以需要设计师去消化掉这部分主观感受带来的误区，而且从成本上来讲，有些场景设计师改图比改代码要容易控制。

（4）前端开发。前端的工作结果是一系列网页页面。前端开发是工程师把设计师的设计图有机地用 HTML、CSS、JavaScript 等前端开发语言组织起来的过程。

（5）后台开发。利用前端开发的结果文件，实现必要的后台逻辑。

可以看出，Web 前端开发是设计开发一个互联网产品的重要环节。具体而言，Web 前端开发工程师的职责是：

（1）使用最新的技术负责产品的前端开发和页面制作。

（2）熟悉 W3C 标准和各主流浏览器在前端开发中的差异，能熟练运用 HTML 5、CSS3 等技术提供针对不同浏览器的前端页面解决方案。

（3）负责相关产品前端程序的实现，提供合理的前端架构。

（4）与产品、后台开发人员保持良好沟通，能快速理解、消化各方需求，并落实为具体的开发工作。

（5）了解服务器端的相关工作，在交互体验、产品设计等方面有自己的见解。

1.1.4　移动 Web 前端的定义

移动 Web 前端就是移动平台上 Web 页面的制作。一般情况下，移动 App 的开发采用 Native App、Web App 和 Hybrid App 三种方式。

Native App 就是完全使用移动设备系统语言写的客户端，iPhone 就是使用 Objective-C 或 Swift 来进行开发的，而 Android 则使用 Java 语言进行开发。这种方式提供了最佳的用户体验、优质的用户界面和华丽的交互；同时具有节省带宽成本，并可以访问本地资源等优势。

Web App 就是通过 HTML、CSS 或者 JavaScript 来进行 Web App 的开发。Web App 就是一个针对移动设备优化后的 Web 站点，使用的是传统的前端和服务端开发技术。

Hybrid App（混合模式移动应用）是指介于 Web App 和 Native App 两者之间的形态，兼具 Native App 良好用户交互体验和 Web App 跨平台开发的优势。Hybrid App 同时使用网页语言与程序语言开发，通过应用商店来区分移动操作系统分发，用户需要安装来使用的移动应用，总体特性更接近 Native App。因为同时使用了网页语言编码，所以开发成本和难度比 Native App 要小很多。可以说，Hybrid App 具备 Native App 的所有优势，也兼具 Web App 使用 HTML 5 跨平台开发低成本的优势。

但不管采用什么样的开发方式，都或多或少地使用了移动 Web 前端技术，前端技术尤其是移动 Web 前端技术正在高速发展着，可以说是日新月异。移动 Web 前端作为移动端信息的入口，变得越来越重要。

1.2 移动 Web 前端现状与未来

在当前这样一个信息和科技发生重大变革的时代。移动 Web 前端的价值体现在哪里？学习它需要掌握什么样的知识体系？需要什么样的知识积累？需要学习多长时间？学会后能有什么样的职业前景呢？下面选择部分问题来回答。

1.2.1 移动 Web 前端开发的价值

作为前端工程师最核心的价值或者说是责任，就是将团队的所有心血和努力最终完美地呈现给用户。在一个技术开发团队中，无疑离用户最近的人就是前端，然后是用户界面、用户体验设计和产品部门。

如果说一个技术开发团队就是一支足球队，那么前端工程师无疑就是前锋，他的任务就是进球，进更多的球。因此，作为前锋以下两点必须是非常清楚的：

一是必须清楚对方球门与自己之间存在着哪些阻碍。

二是必须清楚如何破除这些阻碍并将球送入球网。

作为一名称职的前锋，必须是球队里进球最多、射门技术最好的一个，否则还有什么价值可言呢？

不管技术实现的风潮如何变化，给用户的交互界面要有人来实现，这是颠扑不破的硬需求。除非人机的信息交互不依赖视觉，那时的前端就转向只做信息的组织与表达形式的设计就好，因此前端的最终价值是对人机交互的设计与实现。

前端工程师的价值就在于能够解决所有其他工程师都解决不了的问题，或者解决起来时间很长或成本很高，那么前端工程师的工作就有价值了。

有什么问题是前端工程师能解决但其他工程师比较难解决的？这里可以堆砌很多术语，但笔者认为这些都是没有意义的，能解决最终用户的问题才有意义。例如，用户想要在移动设备上使用，那如何才能让用户操作方便？如何在低带宽的网络环境下不卡？如何在不稳定的网络状态下还能提供基本的服务？……

Web App、响应性 UI 等以 HTML 5 技术为基础的技术标准将成为前端工程师的主要工作内容，解决产品跨平台、跨设备的实现问题。JavaScript、HTML、CSS 这些前端工程师熟悉的开放标准将被各种平台所支持。产品形态和数据的分离是大势所趋。移动时代对产品形态多元化的要求虽然可以靠不同技术分别实现，但要付出巨大的成本。这也是 HTML 5 广受欢迎的原因。

Web 产品交互越来越复杂，用户使用体验和网站前端性能优化，这些都需要专业的前端工程师来解决。另外，在项目中还要弥补设计师在交互设计上的不足，前端工程师在开发过程中起着重要的承上启下的作用，可以让整个开发并行，让设计到实现转换得更顺利。

总之，能够做到解决问题比大多数人解决得要好，那么移动 Web 前端开发工程师就有价值了。

1.2.2　移动 Web 前端开发需要掌握的知识体系

通过了解移动 Web 前端的价值所在之后，接下来将介绍作为移动 Web 前端工程师需要掌握的知识体系，整体的知识框架如图 1 - 1 所示。图 1 - 1 全面地列出了移动 Web 前端的知识点。

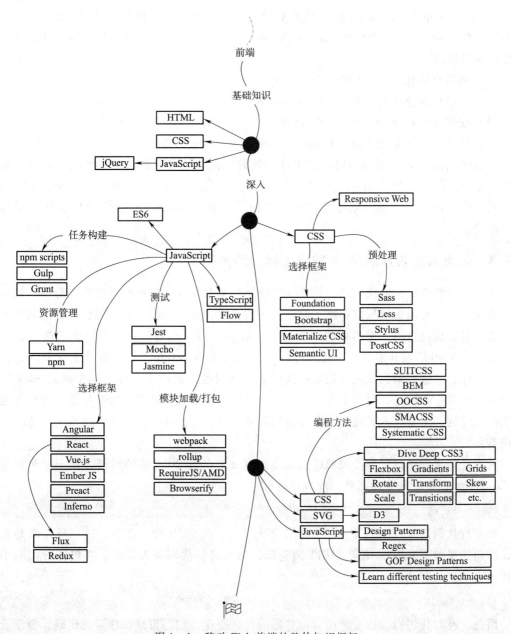

图 1 - 1　移动 Web 前端的整体知识框架

通过图 1 -1 可以看到整个移动 Web 前端的整个知识框架。

（1）HTML 语言，包括 HTML 5 规范：语义化标记、Canvas API，HTML 5 Audio 和

Video、Geolocation API、Communication API、WebSockets、Web Workers 以及 Web Storage API 等内容。

（2）CSS 层叠样式表，包括 CSS 工作原理、定位元素、页面布局，以及编译到 CSS 的语言，如 Less/Sass 等。

（3）响应式设计，包括响应式设计的工作流程、媒体查询、响应式的图像设计、导航与页眉布局等，同时包括如 Bootstrap 等著名的响应式框架。

（4）JavaScript 语言。JavaScript 的基本语法、核心对象、文档对象模型（DOM）、浏览器对象模型（BOM）、事件模型，JavaScript 中的对象与继承、原型机制，以及 YUI、jQuery 库的原理与使用。

（5）前端自动化工具（Gulp/Grunt 等）。

（6）前端模块化工具（ES2015 Modules 等）。

（7）前端 MV * 框架（Vue、React 等）。

（8）前端自动化测试工具（Karma、Mocha、Web Driver 等）。

虽然感觉移动 Web 前端领域的知识点非常繁杂，但其实它的核心思想和基础语言都是一成不变的。重点依然是 HTML、CSS 层叠样式表和 JavaScript 编程语言。其中，JavaScript 又是核心中的核心，需要读者重点掌握。可以说掌握了 JavaScript 语言就基本掌握了移动 Web 前端。

1.2.3　成为卓越的移动 Web 前端工程师的途径

首先，不要仅仅是解决问题，更要找出问题的根源所在。在编程过程中，总会遇到各种各样的问题，不要因为运气好解决了问题而沾沾自喜，要做的而是深入问题，查找问题出现的根源，时刻保持疑问，思考解决问题的方法有多少种，最终选择一个最优解决方法。例如，在移动 Web 前端开发时，为什么有时候相同的代码在 IE6 浏览器跟其他标准浏览器的表现不一样，通过搜索，发现问题是样式的兼容性问题，然后在 CSS 代码中通过 hack 写法单独对 IE6 写一个样式，问题是解决了，可是这种解决方法是最好的吗？开发工程师不能满足于解决问题，更要深入研究它，通过查阅资料寻找新的解决办法，最终挑选一个比较好的解决方案。

其次，要学会预测浏览器领域将来发生的变化。早在 2011 年的时候，在一个非常著名的 JavaScript 框架看到下面这样一段源代码：

```
var isIE6 = !isIE7 && !isIE8 && !isIE9;
```

这一行代码用来判断浏览器的版本是不是 IE6，在 IE10 出来之前，这一行代码是正确的，然而如果接下来推出 IE10、IE11 浏览器，那么这行代码就失效了。要想这行代码不出问题，必须将代码改成：

```
isIE6 = !isIE7 && !isIE8 && !isIE9 && !isIE10 && !isIE11;
```

因此，在写代码时，也要考虑到浏览器的发展变化，编写可维护性强的代码，要学会预测将来可能会发生的变化，即使将来发生了，代码依然能够正常工作。

再次，阅读官方文档。大家看到的大多数编程指南都是根据官方文档编写的，然而翻译人员各方面的能力参差不齐，最终写出来的指南并不能更好地启发读者，甚至可能会让读者对一些规范的理解产生误解。针对这个情况，要做的是尽可能提高英语水平，然后尽可能多地去查阅官方文档。有时候认为是对的，其实并不一定符合官方文档的解释。

第四，阅读别人的代码。这无疑是一种非常好的学习方式，看看别人是怎么解决这个问题的，阅读别人写的代码，从中获取一定的启发，从而提升编程能力。而且在实际工作中，都是在别人写的、已经存在的代码的基础上工作的，对别人的代码进行修改、添加。因此阅读别人的代码的习惯与能力是个人成长历程中所必需的。

第五，和经验丰富的人一起工作。我国有句谚语"近朱者赤，近墨者黑"，作为移动 Web 前端开发工程师，知识体系大都是通过自学完成的，在自学过程中往往缺少与别人的交流，所以写出来的代码通常比较糟糕，又没有代码写得好的人的指导，可能在很长一段时间觉得不会有多大的进步。然而跟经验更丰富的人一起工作，就能获得更好的成长，至少会有人审查你的代码，然后提出有建设性的意见，从而能够写出更优秀的代码。

第六，重复造轮子。这并不意味着在编程的过程中使用其他一些优秀的库来提高开发效率，但是要想成为优秀的移动 Web 前端开发工程师，更应该做的是成为这些优秀库的维护者，而不仅仅是使用它们，单纯地使用那些优秀的库并不能理解问题的核心。唯有自己尝试去写一些库，并且不断维护、优化代码，这样才能学到更多。

最后，把自己学到的东西写下来。这个很重要。虽然自己写得并不好，而且写下来并不一定会有人看，但这是记录自己成长历程最好的方式。把学到的或者不理解的东西记录下来，而且有的知识，可能觉得自己已经理解了，但是写下来时，才发现事实并非如此。坚持把自己学到的东西写下来，或许能强迫你更好地理解所学到的知识。

1.3　相关问题的释疑

了解了移动 Web 前端开发工程师的价值，前端开发的知识体系以及如何成长的话题之后，对于移动 Web 前端还有一些常见的问题，有必要做进一步地探讨。

1.3.1　移动 Web 前端工程师缺乏的原因

就当前而言，移动 Web 前端工程师的需求极度迫切。有的公司为了解决移动 Web 前端工程师缺乏的问题，甚至想自己花一两年来进行培养。造成这种局面有以下几点原因：

（1）互联网创新数量正在以几何级数的速度增长。现在大型互联网公司都着眼于未来，投资或自己研发新产品，这些项目都需要大量的前端人才。

（2）不少人对前端开发有偏见，认为前端没有技术含量。前端开发的工程师还太少，不少后端开发人员都对前端技术不屑一顾。

（3）人们对前端开发的岗位有偏见，认为前端开发只有大型互联网公司才重视。

（4）自认为是程序员的人不喜欢 JavaScript。漠视 JavaScript 在 TIOBE 2014 排名第 9 的地位，缺乏对 JavaScript 的深入研究。

（5）前端方面有太多的历史遗留问题，如著名的 IE6 浏览器的兼容性问题。在这个领域有大量的浏览器版本，各式的语言标准，充满了折中和无奈。

（6）学校缺乏相应的培养体系。学校严重缺乏对前端知识的讲授，虽然可以通过自学来弥补，但终究会错失很多有才能的学生。

1.3.2 提高移动 Web 前端开发能力的方法

从学习的层面来说，需要在以下方面逐渐提高个人的能力：

（1）掌握 HTML 基本标签和属性。掌握 CSS 中的重要属性，如布局属性、位置属性、显示属性等。了解 HTML 5 的特性。

（2）深入理解 JavaScript 的语言特性，如 JavaScript 的类和对象、闭包、原型等。因为脚本语言的模块化较差，维护成本高，所以良好的设计和统一的规范显得非常重要。

（3）面对浏览器兼容性，能够有能力找到浏览器的共性和不同，擅长用健壮的解决方案解决兼容性问题，通过定量分析做出产品功能性、实现优雅性和项目进度的抉择。

（4）理解并掌握至少一门 JavaScript 库。可研习引领潮流的 Node. js。

（5）从无到有地完成创建一个独立域名的网站。

（6）能够分析出造成网站性能问题的瓶颈所在，擅长用行业通用方案（减少 http 数量，压缩下载文件的大小，lazy load，pre-cache）来解决延迟问题。能够使用数据即量化考量机制来监控网站的性能。

（7）擅长借助搜索引擎和论坛解决实际问题，尽量不要一次次地刷新网页重试，在移动 Web 前端开发的领域中，严谨比猜测更重要。

（8）紧追形势，培养对新设备、前端新型技术的热情。当看到一个发展方向的市场价值时可以投入课余时间，勇于做第一个吃螃蟹的人。

小　结

本章从 Web 前端的发展史出发，讲解了 Web 前端的概念，并且从整个互联网产品开发的角度讲解了 Web 前端的工作范畴。进而分析移动 Web 前端的概念与范畴，介绍了移动 Web 前端开发设计的知识体系，以及成为卓越的移动 Web 前端开发工程师的途径。在分析了移动 Web 前端工程师极度缺乏的原因之后，讲解了提高移动 Web 前端开发能力的具体方法。

习　题

1. 什么是 Web 前端？
2. 如何理解移动 Web 前端的工作范畴？
3. 谈谈你对移动 Web 前端知识体系的理解。
4. 如何评价移动 Web 前端工作的价值？
5. 谈谈你对如何提高移动 Web 前端开发能力的理解。

第 2 章
移动 Web 开发环境的搭建

在正式进入移动 Web 前端开发的学习之前，搭建一个高效的开发环境是非常关键的。本章主要讲解移动 Web 前端开发环境的搭建。下面以 Windows 系统为例进行讲解。

2.1　Sublime Text 编辑器

Sublime Text 是一个代码编辑器，由程序员 Jon Skinner 开发，它最初被设计为一个具有丰富扩展功能的 Vim。笔者从初学编程到现在，用过众多的编辑器，如果让我从中推荐一个，我会推荐 Sublime Text，原因如下：

（1）跨平台：Sublime Text 作为跨平台编辑器，在 Linux、OS X 和 Windows 下都可以使用。作为一个前端开发人员，在不同系统中切换是十分常见的，为了减少重复学习，使用一个跨平台的编辑器是很有必要的。

（2）可扩展：Sublime Text 是可扩展的，并包含大量实用插件，可以通过安装自己领域的插件来成倍提高工作效率。

（3）互补：Sublime Text 分别是命令行环境和图形界面环境下的最佳选择，同时使用两者会大大提高工作效率。

Sublime Text 的官网是 https：//www. sublimetext. com/，进入网站如图 2 – 1 所示。

单击导航条的 Download 超链接，进入下载页面，如图 2 – 2 所示。

根据用户的系统下载对应的版本，这里使用 Windows 系统，所以单击 Windows 64 bit 超链接下载 Sublime Text 编辑器。双击安装程序 Sublime Text Build 3143x64 Setup. exe，进入安装步骤选择 Add to explorer context menu，把它加入右键快捷菜单。其他以默认设置安装。安装完毕之后，双击桌面的 Sublime Text 3 快捷图标，打开程序即可运行 Sublime Text 编辑器，如图 2 – 3 所示。

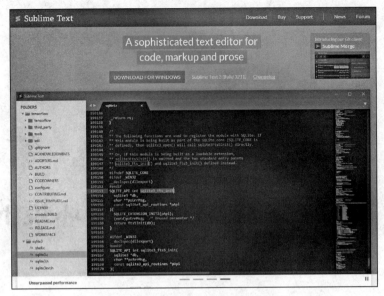

图 2 – 1　Sublime Text 编辑器的官网

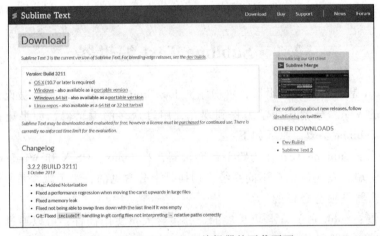

图 2 – 2　Sublime Text 编辑器的下载页面

图 2 – 3　Sublime Text 编辑器的界面

Package Control 为 Sublime Text 的插件管理包，有了它就可以很方便地浏览、安装和卸载 Sublime Text 中的插件。打开 Package Control 的网页 https：//packagecontrol. io/，单击右侧的 Install Now 按钮，如图 2 – 4 所示。

图 2 – 4　Package Control 官网

进入 https：//packagecontrol. io/installation#st3 页面，选择 "SUBLIME TEXT 3" 选项卡，复制里面的代码，如图 2 – 5 所示。

图 2 – 5　安装 Package Control 的代码

打开 Sublime Text，选择 View→Show Console 命令，打开控制台，将从 Sub LIME TEXT 3 选项卡中复制的代码粘贴到这里。等待其安装完成后关闭程序，重新启动 Sublime Text 3，在 Preferences 下可见 Package Control 命令，说明插件管理包已安装成功，如图 2 – 6 所示。

按快捷键【Ctrl + Shift + P】，打开 Command Palette 悬浮对话框，如图 2 – 7 所示。在顶部输入 "install"，选择 Package Control：Install Package 选项。

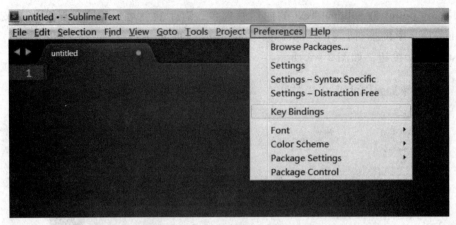

图 2 - 6　"Package Control" 命令

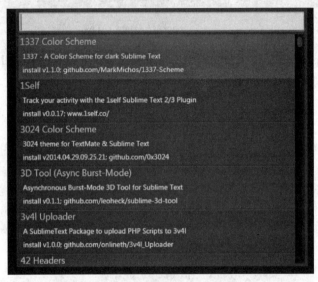

图 2 - 7　Install Package 的界面

在出现的悬浮对话框中输入要安装的插件名称，就会自动开始安装。最需要安装的就是 Emmet 插件，Emmet 的前身是大名鼎鼎的 Zencoding。可以说是前端开发的必备工具，它是 HTML、CSS 代码快速编写的有力工具。可使用快捷键【Ctrl + E】触发，如图 2 - 8 所示。

Sublime Text 拥有强大的功能，掌握快捷键的使用，将显著提高编码的效率。Sublime Text 的快捷键的总结如下：

（1）选择类：

【Ctrl + D】：选中光标所占的文本，继续操作则会选中下一个相同的文本。

【Alt + F3】：选中文本按下快捷键，即可一次性选择全部的相同文本进行同时编辑。例如：快速选中并更改所有相同的变量名、函数名等。

【Ctrl + L】：选中整行，继续操作则继续选择下一行，效果和【Shift + ↓】组合键效果一样。

【Ctrl + Shift + L】：先选中多行，再按下快捷键，则会在每行行尾插入光标，即可同时编辑这些行。

【Ctrl + Shift + M】：选择括号内的内容（继续选择父括号）。例如：快速选中删除函数中

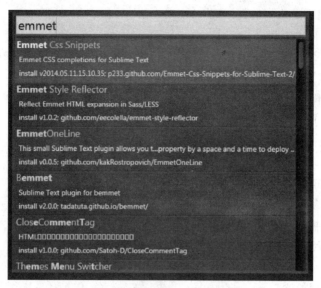

图 2 - 8 Emmet 插件的安装界面

的代码，重写函数体代码或重写括号内的内容。

【Ctrl + M】：光标移动至括号内结束或开始的位置。

【Ctrl + Enter】：在下一行插入新行。例如：即使光标不在行尾，也能快速向下插入一行。

【Ctrl + Shift + Enter】：在上一行插入新行。例如：即使光标不在行首，也能快速向上插入一行。

【Ctrl + Shift + 〔】：选中代码，按下快捷键，折叠代码。

【Ctrl + Shift + 〕】：选中代码，按下快捷键，展开代码。

【Ctrl + K + 0】：展开所有折叠代码。

【Ctrl + ←】：向左单位性地移动光标，快速移动光标。

【Ctrl + →】：向右单位性地移动光标，快速移动光标。

【Shift + ↑】：向上选中多行。

【Shift + ↓】：向下选中多行。

【Shift + ←】：向左选中文本。

【Shift + →】：向右选中文本。

【Ctrl + Shift + ←】：向左单位性地选中文本。

【Ctrl + Shift + →】：向右单位性地选中文本。

【Ctrl + Shift + ↑】：将光标所在行和上一行代码互换（将光标所在行插入上一行之前）。

【Ctrl + Shift + ↓】：将光标所在行和下一行代码互换（将光标所在行插入下一行之后）。

【Ctrl + Alt + ↑】：向上添加多行光标，可同时编辑多行。

【Ctrl + Alt + ↓】：向下添加多行光标，可同时编辑多行。

（2）编辑类：

【Ctrl + J】：合并选中的多行代码为一行。例如：将多行格式的 CSS 属性合并为一行。

【Ctrl + Shift + D】：复制光标所在整行，插入下一行。

【Tab】：向右缩进。

【Shift + Tab】：向左缩进。

【Ctrl + K + K】：从光标处开始删除代码至行尾。

【Ctrl + Shift + K】：删除整行。

【Ctrl + /】：注释单行。

【Ctrl + Shift + /】：注释多行。

【Ctrl + K + U】：转换大写。

【Ctrl + K + L】：转换小写。

【Ctrl + Z】：撤销。

【Ctrl + Y】：恢复撤销。

【Ctrl + U】：软撤销，功能和【Ctrl + Z】一样。

【Ctrl + F2】：设置书签。

【Ctrl + T】：左右字母互换。

【F6】：单词拼写检测。

（3）搜索类：

【Ctrl + F】：打开底部搜索框，查找关键字。

【Ctrl + Shift + F】：在文件夹内查找，与普通编辑器不同的地方是 Sublime Text 编辑器允许添加多个文件夹进行查找。

【Ctrl + P】：打开搜索框。例如：输入当前项目中的文件名，快速搜索文件；输入@和关键字，查找文件中函数名；输入:和数字，跳转到文件中该行代码；输入#和关键字，查找变量名。

【Ctrl + G】：打开搜索框，自动带:，输入数字，跳转到该行代码。例如：在页面代码比较长的文件中快速定位。

【Ctrl + R】：打开搜索框，自动带@，输入关键字，查找文件中的函数名。例如：在函数较多的页面快速查找某个函数。

【Ctrl + :】：打开搜索框，自动带#，输入关键字，查找文件中的变量名、属性名等。

【Ctrl + Shift + P】：打开命令框，在其中输入关键字，调用 sublime text 或插件的功能，如使用 package 安装插件。

【Esc】：退出光标多行选择，退出搜索框、命令框等。

（4）显示类：

【Ctrl + Tab】：按文件浏览过的顺序，切换当前窗口的标签页。

【Ctrl + PgDn】：向左切换当前窗口的标签页。

【Ctrl + PgUp】：向右切换当前窗口的标签页。

【Alt + Shift + 1】：窗口分屏，恢复默认 1 屏（非小键盘的数字）。

【Alt + Shift + 2】：左右分屏-2 列。

【Alt + Shift + 3】：左右分屏-3 列。

【Alt + Shift + 4】：左右分屏-4 列。

【Alt + Shift + 5】：等分 4 屏。

【Alt + Shift + 8】：垂直分 2 屏。

【Alt + Shift + 9】：垂直分 3 屏。

【Ctrl + K + B】：开启/关闭侧边栏。

【F11】：全屏模式。

【Shift + F11】：免打扰模式。

2.2　Emmet 插件的使用

2.2.1　使用方法

Emmet 的使用方法也非常简单，以 sublime text 为例，直接在编辑器中输入 HTML 或 CSS 代码的缩写，然后按【Tab】键就可以拓展为完整的代码片段。（如果与已有的快捷键有冲突，可以自行在编辑器中将拓展键设置为其他快捷键。）

2.2.2　语法

1. 后代：>

使用 > 表示标签的父子关系，明确地表示了代码之间的嵌套关系。

缩写：nav > ul > li。相当于实际的代码如下：

```
<nav>
    <ul>
        <li></li>
    </ul>
</nav>
```

2. 兄弟：+

字符 + 表示相邻的兄弟关系。

缩写：div + p + bq。实际代码如下：

```
<div></div>
<p></p>
<blockquote></blockquote>
```

3. 上级：^

^表示返回前面元素的上一级。

缩写：div + div > p > span + em^bq。实际代码如下：

```
<div></div>
<div>
    <p><span></span><em></em></p>
    <blockquote></blockquote>
</div>
```

缩写：div + div > p > span + em^^bq。实际代码如下：

```
<div></div>
<div>
    <p><span></span><em></em></p>
</div>
<blockquote></blockquote>
```

4. 分组：()

（）表示元素成为一个组，是一个整体。

缩写：div > （header > ul > li * 2 > a） + footer > p。实际代码如下：

```
< div >
    < header >
        < ul >
            < li > < a href = "" > < /a > < /li >
            < li > < a href = "" > < /a > < /li >
        < /ul >
    < /header >
    < footer >
        < p > < /p >
    < /footer >
< /div >
```

缩写：（div > dl > （dt + dd） * 3） + footer > p。实际代码如下：

```
< div >
    < dl >
        < dt > < /dt >
        < dd > < /dd >
        < dt > < /dt >
        < dd > < /dd >
        < dt > < /dt >
        < dd > < /dd >
    < /dl >
< /div >
< footer >
    < p > < /p >
< /footer >
```

5. 乘法：*

* 号表示重复之前的元素。

缩写：ul > li * 5。实际代码如下：

```
< ul >
    < li > < /li >
    < li > < /li >
    < li > < /li >
    < li > < /li >
    < li > < /li >
< /ul >
```

6. 自增符号：$

$ 符号，表示递增后面的序号。

缩写：ul > li. item $ * 5。实际代码如下：

```
< ul >
    < li class = "item1" > < /li >
    < li class = "item2" > < /li >
    < li class = "item3" > < /li >
```

```
    < li class = "item4" > < /li >
    < li class = "item5" > < /li >
</ul >
```

缩写：h $ ［title = item $ ］｛Header $｝ *3。实际代码如下：

```
< h1 title = "item1" > Header 1 < /h1 >
< h2 title = "item2" > Header 2 < /h2 >
< h3 title = "item3" > Header 3 < /h3 >
```

缩写：ul > li. item $ $ $ *5。实际代码如下：

```
< ul >
    < li class = "item001" > < /li >
    < li class = "item002" > < /li >
    < li class = "item003" > < /li >
    < li class = "item004" > < /li >
    < li class = "item005" > < /li >
</ul >
```

缩写：ul > li. item $ @ - *5。实际代码如下：

```
< ul >
    < li class = "item5" > < /li >
    < li class = "item4" > < /li >
    < li class = "item3" > < /li >
    < li class = "item2" > < /li >
    < li class = "item1" > < /li >
</ul >
```

缩写：ul > li. item $ @3 *5。实际代码如下：

```
< ul >
    < li class = "item3" > < /li >
    < li class = "item4" > < /li >
    < li class = "item5" > < /li >
    < li class = "item6" > < /li >
    < li class = "item7" > < /li >
</ul >
```

7. ID 和类属性

在后续的 CSS 章节中会讲到 id 和类，一般地，#表示 id，. 符号表示类属性。

缩写：#header。实际代码如下：

```
< div id = "header" > < /div >
```

缩写：. title。实际代码如下：

```
< div class = "title" > < /div >
```

缩写：form#search. wide。实际代码如下：

```
< form id = "search" class = "wide" > < /form >
```

缩写：p. class1. class2. class3。实际代码如下：

```
< p class = "class1 class2 class3" > < /p >
```

8. 自定义属性

标签的属性一般都放在 [ ] 里面。

缩写：p [title = "Hello world"]。实际代码如下：

```
< p title = "Hello world" > < /p >
```

缩写：td [rowspan = 2 colspan = 3 title]。实际代码如下：

```
< td rowspan = "2" colspan = "3" title = "" > < /td >
```

缩写：[a = "value1" b = "value2"]。实际代码如下：

```
< div a = "value1" b = "value2" > < /div >
```

9. 文本：{}

标签之间的文本，一般使用 {} 来表示。

缩写：a {Click me}。实际代码如下：

```
< a href = "" >Click me < /a >
```

缩写：p > {Click } + a {here} + { to continue}，实际代码如下：

```
< p >Click < a href = "" >here < /a > to continue < /p >
```

10. 隐式标签

缩写：. class。实际代码如下：

```
< div class = "class" > < /div >
```

缩写：em >. class。实际代码如下：

```
< em > < span class = "class" > < /span > < /em >
```

缩写：ul >. class。实际代码如下：

```
< ul >
    < li class = "class" > < /li >
< /ul >
```

缩写：table >. row >. col。实际代码如下：

```
< table >
    < tr class = "row" >
        < td class = "col" > < /td >
    < /tr >
< /table >
```

2.3　使用 Node. js

Node. js 的安装以 8.9.4 版本为例，其他版本类似，如图 2 - 9 所示。安装程序下载地址如下：
32 位安装包下载地址：https：//nodejs. org/dist/v8. 9. 4/node-v8. 9. 4-x86. msi。

64 位安装包下载地址：https：//nodejs. org/dist/v8. 9. 4/node-v8. 9. 4-x64. msi。

图 2 – 9　Node. js 的下载界面

安装步骤如下：

步骤 1：双击下载后的安装包 v8. 9. 4，运行安装程序，如图 2 – 10 所示。

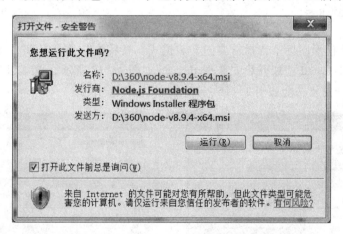

图 2 – 10　运行 Node. js 安装程序

步骤 2：单击"运行"按钮，将出现如图 2 – 11 所示的起始安装界面，单击 Next 按钮。

步骤 3：选中接受协议复选框，单击 Next 按钮，如图 2 – 12 所示。

步骤 4：Node. js 默认的安装目录为 C：\ Program Files \ nodejs \ ，可以修改安装目录，并单击 Next 按钮，如图 2 – 13 所示。

图 2-11　Node. js 的起始安装界面

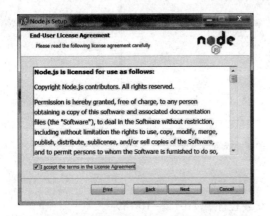

图 2-12　用户协议界面

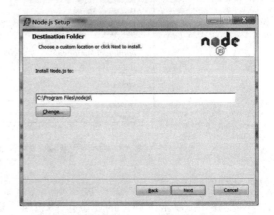

图 2-13　设置安装目录

步骤 5：单击树形图标来选择需要的安装模式，然后单击 Next 按钮，如图 2-14 所示。

步骤 6：单击 Install 按钮开始安装 Node. js，如图 2-15 所示。也可以单击 Back 按钮来修改先前的配置。安装进度如图 2-16 所示。

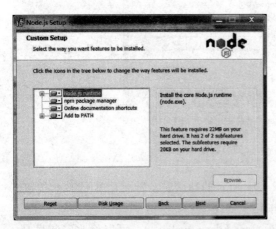

图 2-14　选择安装的内容

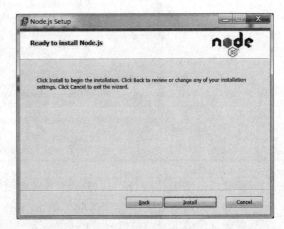

图 2-15　Node. js 的安装界面

单击 Finish 按钮退出安装向导，如图 2 - 17 所示。

图 2 - 16　Node. js 的安装进度

图 2 - 17　安装结束界面

检查 Node. js 是否安装成功，选择"开始"→"运行"命令，在"打开"文本框中输入 cmd，在打开的"命令提示符"窗口中输入命令 node --version，检查 Node. js 版本如下：

node-version

v8. 9. 4

显示信息表示 Node. js 安装成功。

2.4　NPM 包管理器

NPM（Node Package Manager）是随同 Node. js 一起安装的包管理和分发工具，它可以让 JavaScript 开发者方便地下载、安装、上传以及管理已经安装的包。包的结构能够轻松跟踪依赖项和版本。

NPM 由三个独立的部分组成：网站、注册表（registry）和命令行工具（CLI）。

网站是开发者查找包（Package）、设置参数以及管理 NPM 使用体验的主要途径。注册表是一个巨大的数据库，保存了每个包（Package）的信息。CLI 通过命令行或终端运行。开发者通过 CLI 与 NPM 打交道。

用户使用 NPM 命令来下载依赖模块及对项目包（模块）进行管理。常用命令如下：

➤ npm init：生成 package. json。

➤ npm install：用来安装 package. json 里的相关依赖包。

➤ npm install packageName -g（全局安装）。

➤ npm install packageName -save 安装包（局部安装—运行依赖）。

➤ npm install packageName@ version -save 安装指定版本的包（局部安装）。

➤ npm install packageName -save-dev（局部安装-开发依赖）。

➤ npm info packageName（显示包的信息）。

➤ npm rm packageName（移除包）。

➤ npm config get prefix（获取全局安装包的所在地址，并且可见对应的 cmd 命令）。

由于 NPM 的服务器在国外，为了提高访问速度可以使用国内的淘宝镜像。配置命令如下：

```
npm install -g cnpm -registry = https: //registry. npm. taobao. org
```

这样就可以使用 cnpm 代替 NPM。

或者使用下面的命令来修改 NPM 的下载指向地址：

```
npm config set registry "https: //registry. npm. taobao. org"
```

小　结

本章介绍了移动 Web 前端开发环境的搭建，包括 Sublime Text 编辑器和其著名插件 Emmet 的安装过程，以及 Emmet 常用语法的使用。移动 Web 前端开发一般都需要 Node. js 的开发环境，本章也介绍了 Node. js 的安装，以及包管理器 NPM 的基本使用方法。

习　题

1. 简述 Sublime Text 编辑器的特点。
2. 简述 Sublime Text 编辑器中选择操作的快捷键（5 个）。
3. 简述 Sublime Text 编辑器中编辑的快捷键（5 个）。
4. 简述 Emmet 插件的常用语法。
5. 简述 NPM 的常用命令。

第 3 章
Web 前端的结构层：HTML 5

3.1　HTML 简介

人们常用的 WWW 是 World Wide Web（万维网）的缩写。万维网通常又称为 Web，它是由无数的商业、教育、娱乐等资源组成的一个庞大的信息空间。允许在这个信息空间里遨游和浏览，搜寻的内容最终会呈现在浏览器当中，称为 Web 页面。

Web 页面绝大多数都是由 HTML 所编写的。Web 前端的结构层（Structural Layer）由 HTML 或 XHTML 的标记语言负责创建。标签是对网页内容的语义含义做出描述。HTML 是用来整合 Web 结构和内容显示的一种语言。

3.1.1　HTML 的定义

一般来说，HTML（HyperText Markup Language，超文本标记语言）是用来描述网页的一种语言。HTML 不是一种编程语言，而是一种标记语言，标记语言就是具有一套标记标签（Markup Tag），HTML 使用标记标签来描述网页。HTML 文档包含 HTML 标签及文本内容，HTML 文档又称为 Web 页面。

3.1.2　HTML 标签

HTML 标记标签通常被称为 HTML 标签（HTML Tag）。HTML 标签是由尖括号包围的关键词，如 < html >；标签通常是成对出现的，如 < b > 和 </b >，标签对中的第一个标签是开始标签，第二个标签是结束标签，开始和结束标签又称为开放标签和闭合标签。

Web 浏览器的作用是读取 HTML 文档，并以网页的形式显示出它们。浏览器不会显示 HTML 标签，而是使用标签来解释页面的内容。例如：

```
< html >
< body >
    < h1 > My First Heading < /h1 >
```

```
    <p>My first paragraph. </p>
</body>
</html>
```

其中，<html>与</html>之间的文本描述网页；<body>与</body>之间的文本是可见的页面内容；<h1>与</h1>之间的文本被显示为标题；<p>与</p>之间的文本被显示为段落。

3.2 HTML 5 的定义

万维网联盟（World Wide Web Consortium，W3C）于 1994 年 10 月在麻省理工学院计算机科学实验室成立。万维网的发明者是蒂姆·伯纳斯·李。W3C 在 1999 年发布了 HTML4.01 之后就没有发布过 HTML 推荐标准，而把主要工作围绕着 XHTML 展开，XHTML 是基于 XML 的，致力于实现更严格并且具有统一编码规范的 HTML 版本。由于 XHTML 基于 XML，所以语法要求比较严格，一旦有不规范的代码，页面就会无法加载。

为了兼容不支持 XHTML 的浏览器，网页开发者编写了 XHTML 页面，但是在服务器端使用 MIME 类型的"text/html"来输出页面，而不是"application/xhtml + xml"。开发者会以为他们编写的是合法的 XHTML 页面，但没有作为 XML 输出。他们不会从浏览器里看到任何编码错误。那么，这些也就失去了意义。

2004 年，成立了一个名为网页超文本应用的工作组（Web Hypertext Application Working Group，WHATWG），他们致力于发展以前的 HTML，而不是 W3C 所关注的 XHTML。WHATWG 把目标定为逐步发展 HTML，保持与以前 HTML 版本的兼容性。2009 年，W3C 决定停止 XHTML 2.0 的工作，并专注于 HTML 5。

HTML 5 标准在逐渐开发中，W3C 把每个版本看作一个当前开发的"快照"，而 WHATWG 的目标是保持一份 HTML 的标准，并在需要时更新。也就是说，HTML 的标准不再依赖于版本，而是依赖于支持的特性。

对于 WHATWG 来说，W3C 的 HTML 5 标准（https：//www.w3.org/TR/html5/）是 WHATWG 当前标准最稳定版本的一个快照，并被命名为 HTML（https：//html.spec.whatwg.org/multipage/）。HTML 标准也是 Web Application 1.0 的一个子集，Web Application 包含更多的开发标准，如 Web Workers（JavaScript 超线程）、Web Storage（Web 应用存储）等。

3.3 HTML 5 文档

打开 Sublime Text 编辑器，保存为 index.html，输入代码如下：

```
<!DOCTYPE html>
<html lang = "en">
<head>
    <meta charset = "UTF-8">
    <title>HTML5</title>
</head>
<body>
```

```
    Hello World!
 </body >
 </html >
```

更多的是使用 emmet 插件，输入：html：5 或者！。然后按【Ctrl + E】组合键，就可以自动生成上述的代码。

3.4　HTML 术语和概念

使用正确的术语和理解基本概念对于学习新内容具有至关重要的作用。

HTML 文档有三个基础内容：元素、属性和文字。例如：

```
 < a href = "index.html" > 首页 </a >
```

其中，a 是元素，它会生成一个超链接，这个元素由两个标签组成：开始标签（Starting Tag，如 < a >）和结束标签（Ending Tag，如 </a >）；属性以键值对的形式出现在开始标签中；文字内容出现在开始标签和结束标签之间，如图 3 - 1 所示。

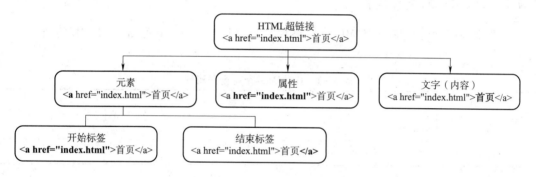

图 3 - 1　HTML 中的元素、属性和文字

3.4.1　HTML 元素语法

HTML 元素以开始标签起始，结束标签终止；元素的内容是开始标签与结束标签之间的内容；某些 HTML 元素具有空内容（Empty Content）；空元素在开始标签中进行关闭（以开始标签的结束而结束）；大多数 HTML 元素都可以拥有属性。

大多数 HTML 元素可以嵌套（可以包含其他 HTML 元素）。即使忘记了使用结束标签，大多数浏览器也会正确地显示 HTML。例如：

```
 < p > This is a paragraph
 < p > This is a paragraph
```

上面的代码在大多数浏览器中都没问题，但不要依赖这种做法。忘记使用结束标签会产生不可预料的结果或错误。

没有内容的 HTML 元素被称为空元素。空元素是在开始标签中关闭的。< br > 就是没有关闭标签的空元素（< br > 标签定义换行）。在 XHTML、XML 以及未来版本的 HTML 中，所有元素都必须被关闭。在开始标签中添加斜杠，如 < br / >，是关闭空元素的正确方法，

HTML、XHTML 和 XML 也接受这种方式。即使 < br > 在所有浏览器中都是有效的，但使用 < br / > 也是标准的语法。

另外，HTML 标签对大小写不敏感，如 < P > 等同于 < p >。许多网站都使用大写的 HTML 标签。这里推荐使用小写标签，在（X）HTML 版本中强制使用小写。

3.4.2　HTML 属性

可以为 HTML 元素设置属性。属性可以在元素中添加附加信息，属性书写在开始标签中，属性总是以名称/值对的形式出现的，如 name = "value"。

例如：HTML 超链接由 < a > 标签定义，超链接的地址在 href 属性中指定。

```
< a href = "http://www.everyinch.net/">陈童的博客 </a>
form 表单的 name 属性,input 元素的 type 属性以及 img 元素的 src 和 alt 属性:
< form name = "myForm" > </form >
< input type = "text" />
< img src = "leaf.png" alt = "" />
```

3.4.3　HTML 的全局属性

所谓全局属性就是每个 HTML 元素都具有的属性。表 3 – 1 列出了 HTML 的所有全局属性。

表 3 – 1　HTML 的所有全局属性

属　　性	描　　述
id	元素的唯一标识
lang	指定元素内容的语言
dir	文字的方向，ltr、rtl 或 auto。例如：< p dir = "rtl" >...</p>
title	鼠标指针悬停时显示的额外文字
class	给元素赋予的类别，可由 CSS 或 JavaScript 获取
style	行内样式
accesskey	快捷访问键
contenteditable	是否可以在浏览器里编辑内容
contextmenu	跟元素相关联的上下文菜单。例如：< p contextmenu = "myMenu" >...</p> < menu id = "myMenu" >...</men >
hidden	隐藏该元素
spellcheck	是否检查拼写和语法
tabindex	按【Tab】键时元素激活的顺序
draggable	是否可以拖动元素
dropzone	拖动的元素释放的区域

3.5　HTML 的基础标签

基础标签是 HTML 语言中最基本、最常用的标签，包括定义文档类型、定义 HTML 文档和文档主体等内容，表 3-2 列出了 HTML 的基础标签，其中 < hr > 标签不太常用。一般 HTML 语言都有开始标签和结束标签，但也有一些标签是自闭合的，这里的 < br / > 标签就是最常用的自闭合标签，它的语法就是在开始标签之后添加一个空格和斜杆。

表 3-2　HTML 的基础标签

标　　签	描　　述
< ! DOCTYPE >	定义文档类型
< html >	定义 HTML 文档
< title >	定义文档的标题
< body >	定义文档的主体
< h1 > ~ < h6 >	定义 HTML 标题
< p >	定义段落
< br >	定义简单的换行
< hr >	定义水平线
< ! --...-- >	定义注释

1. < ! DOCTYPE >

< ! DOCTYPE > 声明必须是 HTML 文档的第一行，位于 < html > 标签之前。< ! DOCTYPE > 声明不是 HTML 标签；它是为指示 Web 浏览器关于页面使用哪个 HTML 版本而编写的指令。

在 HTML 4.01 中，< ! DOCTYPE > 声明引用 DTD，因为 HTML 4.01 基于 SGML。DTD 规定了标记语言的规则，这样浏览器才能正确地呈现内容。

HTML 5 的语法如下：

```
<!DOCTYPE html >
```

2. < html >

此元素可告知浏览器其自身是一个 HTML 文档。< html > 与 </html > 标签限定了文档的开始点和结束点，在它们之间是文档的头部和主体。文档的头部由 < head > 标签定义，而主体由 < body > 标签定义。表 3-3 列出了 < html > 标签可用的属性。

表 3-3　< html > 标签可用的属性

属　　性	值	描　　述
manifest	URL	定义一个 URL，描述了文档的缓存信息
xmlns	http：//www.w3.org/1999/xhtml	定义 XML namespace 属性

3. < title >

< title >元素可定义文档的标题。

浏览器会以特殊的方式来使用标题，并且通常把它放置在浏览器窗口的标题栏或状态栏上。同样，当把文档加入用户的链接列表或者收藏夹或书签列表时，标题将成为该文档链接的默认名称。

4. < body >

< body >元素定义文档的主体。

< body >元素包含文档的所有内容，如文本、超链接、图像、表格和列表等。

5. < h1 > ~ < h6 >

< h1 > ~ < h6 >标签可定义标题。< h1 >定义最大的标题。< h6 >定义最小的标题。

6. < p >

< p >标签定义段落。

7. < br >

< br >标签可插入一个简单的换行符。

< br >标签是空标签（意味着它没有结束标签，因此这样是错误的：< br > </br >）。在 XHTML 中，把结束标签放在开始标签中，也就是 < br / >。

8. < hr >

< hr >标签在 HTML 页面中创建一条水平线。水平分隔线（Horizontal Rule）可以在视觉上将文档分隔成各个部分。

HTML 与 XHTML 中 < hr >标签的差异如下：

➤ 在 HTML 中，< hr >标签没有结束标签。

➤ 在 XHTML 中，< hr >必须被正确地关闭，写成 < hr/ >。

➤ 在 HTML 4.01 中，hr 元素的所有呈现属性均不被赞成使用。

➤ 在 XHTML 1.0 Strict DTD 中，hr 元素的所有呈现属性均不被支持。

9. < ! --…-- >标签

注释标签用于在源代码中插入注释。注释不会显示在浏览器中。

可使用注释对代码进行解释，这样做有助于日后对代码的修改。当编写了大量代码时，注释标签尤其有用。

3.6　HTML 中关于文字格式的标签

网页中包含大量的文字，HTML 语言包含大量的标签用来标识文字。表 3 - 4 列出了 HTML 标识文字的标签，已淘汰的标签并未列入其中，如 < font >标签。注意：HTML 中的文字标签主要用来标识文字的语义，不用介意它的样式。

表 3 – 4　HTML 中标识文字的标签

标　　签	描　　述
< pre >	定义预格式文本。< pre > 标签的一个常见应用就是用来表示计算机的源代码。例如： < pre > 　演示如何使用 pre 标签 　对空行和空格 　进行控制 </pre >
< b >	定义粗体文本
< i >	定义斜体文本
< tt >	定义打字机文本。呈现类似打字机或者等宽的文本效果
< big >	定义大号文本
< small >	定义小号文本
< em >	定义强调文本
< strong >	定义语气更为强烈的强调文本
< dfn >	定义定义项目。例如： < dfn > 定义项目 </dfn >
< code >	定义计算机代码文本。例如： < code > < div class = " container"　>　<　/div>　</code >
< samp >	定义计算机代码样本。例如： < samp > 程序输出内容 </samp >
< kbd >	定义键盘文本。例如： 请输入 < kbd > ctrl + c </kbd > 来复制代码
< var >	定义文本的变量部分。例如： < var > y </var > = < var > m </var > < var > x </var >　+　< var > b </var >
< cite >	定义引用（citation）。可使用该标签对参考文献的引用进行定义，如书籍或杂志的标题
< del >	定义被删除的文本
< ins >	定义被插入的文本
< s >	不赞成使用。定义加删除线的文本
< strike >	不赞成使用。定义加删除线的文本，请使用 < del > 代替
< u >	不赞成使用。定义下画线文本
< blockquote >	定义块引用。< blockquote > 与 </blockquote > 之间的所有文本都会从常规文本中分离出来，经常会在左、右两边进行缩进（增加外边距），而且有时会使用斜体。也就是说，块引用拥有它们自己的空间。例如： < blockquote cite = " http：//www. everyinch. net/" > 　陈童的博客专注于用户体验研究的 IT 类网站。发表用户体验研究与度量方面的知识，分享 　前端与三维网站技术，总结人机交互、集体智慧算法的研究心得，推荐国外相关资源。 </blockquote >
< q >	定义短的引用。例如： < q > Here is a short quotation here is a short quotation </q >
< sup >	定义上标文本。例如： x < sup > 2 </sup >

标　签	描　述
< sub >	定义下标文本。例如： a < sub > 1 </ sub >
< abbr >	定义缩写。例如： The < abbr title = " People' s Republic of China" > PRC </ abbr > was founded in 1949.
< address >	定义文档作者或拥有者的联系信息。如果位于 < body > 元素内，则它表示文档联系信息。如果 位于 < article > 元素内，则它表示文章的联系信息。例如： < address > 　　Written by < a href = " mailto：webmaster@ example. com" > Everyinch </ a >. < br > 　　Visit us at：< br > 　　Example. com < br > 　　422，HIT < br > 　　USA </ address >
< bdi >	定义文本的文本方向，使其脱离其周围文本的方向设置。具有 dir 属性，dir 属性的取值为：ltr / rtl / auto
< bdo >	定义文字方向。具有 dir 属性，dir 属性：ltr / rt。例如： < bdo dir = " rtl" > Here is some text </ bdo >
< mark >	定义有记号的文本。例如： < p > Do not forget to buy < mark > milk </ mark > today. </ p >
< meter >	定义预定义范围内的度量。例如： < meter value = "3" min = "0" max = "10" > 十分之三 </ meter >
< progress >	定义任何类型的任务的进度
< time >	定义日期/时间
< ruby >	ruby 注释是中文注音或字符。在东亚使用，显示的是东亚字符的发音。< ruby > 元素由一个或 多个需要解释/发音的字符和一个提供该信息的 < rt > 元素组成，还包括可选的 < rp > 元素，定义 当浏览器不支持 ruby 元素时显示的内容。例如： < ruby > 汉 < rp > （</ rp > < rt > Han </ rt > < rp > ） </ rp > 字 < rp > （</ rp > < rt > zi </ rt > < rp > ） </ rp > </ ruby >
< rp >	定义若浏览器不支持 ruby 元素时显示的内容
< rt >	定义 ruby 注释的解释。例如： < ruby > 　　漢 < rt > ㄏㄢˋ </ rt > </ ruby >
< wbr >	Word Break Opportunity （< wbr >）规定在文本中的何处适合添加换行符。如果单词太长，或 者担心浏览器会在错误的位置换行，那么可以使用 < wbr > 元素来添加 Word Break Opportunity （单词换行时机）

3.7　有关列表的标签

　　列表（List）表示一列项目。这些项目之间可以是无序的，项目使用粗体圆点进行标记。项目之间也可以是表示顺序的，使用数字进行标记。表 3 - 5 列出了 HTML 中有关列表的标签，其中无序列表是最重要的，一般从语义的角度用来标识导航。

表 3 - 5　HTML 中有关列表的标签

标　　签	描　　述
< ul >	定义无序列表。例如： < ul type = " square " > 　　< li > Coffee < /li > 　　< li > Tea < /li > 　　< li > Milk < /li > < /ul > type：disc / square / circle
< ol >	定义有序列表。例如： < ol type = " A " > 　　< li > Coffee < /li > 　　< li > Tea < /li > 　　< li > Milk < /li > < /ol > type： 1 / a / A / i / I start：定义开始的序号
< li >	定义列表的项目。例如： type：A / a / I / i / 1 / disc / square / circle
< dl >	定义定义列表。例如： < dl > 　　< dt > 计算机 < /dt > 　　　< dd > 用来计算的仪器 ... < /dd > 　　< dt > 显示器 < /dt > 　　　< dd > 以视觉方式显示信息的装置 ... < /dd > < /dl >
< dt >	定义定义列表中的项目
< dd >	定义定义列表中项目的描述

3.8　有关图像的标签

　　在网页中需要显示图像。表 3 - 6 中总结了 HTML 中有关图像的标签。其中有简单地将图像插入 HTML 网页中，还有用来定义网页中文档的插图。

表 3 - 6　HTML 中有关图像的标签

标　　签	描　　述
< img >	定义图像。例如： < img src = " tulip. jpg"　　alt = "郁金香" / >
< map >	定义图像地图
< area >	定义图像地图内部的区域
< canvas >	定义图形
< figure >	定义媒介内容的分组，以及它们的标题。例如： < figure > 　　< figcaption > 大桥 </figcaption > 　　< img src = " shanghai. jpg"　width = "350"　height = "234" / > < /figure >
< figcaption >	定义 figure 元素的标题

3. 8. 1　< img >

　　img 元素向网页中嵌入一幅图像。从技术上讲，< img > 标签并不会在网页中插入图像，而是从网页上链接图像。< img > 标签创建的是被引用图像的占位空间。表 3 - 7 显示了 < img > 标签的必要属性，也就是说使用 < img > 标签必须使用的属性，alt 文本的作用是当显示不出图像时显示的替代文本，或者当盲人使用屏幕阅读器阅读网页时显示阅读的内容。表 3 - 8 列出了 < img > 标签的可选属性，其中 width 和 height 最常用。注意：在 HTML5 规范中，不推荐在 HTML 中使用有关样式的属性。

表 3 - 7　　< img > 标签的必要属性

属　　性	值	描　　述
alt	text	规定图像的替代文本
src	URL	规定显示图像的 URL

表 3 - 8　　< img > 标签的可选属性

属　　性	值	描　　述
align	top bottom middle left right	不推荐使用。规定如何根据周围的文本来排列图像
border	pixels	不推荐使用。定义图像周围的边框
width	pixels %	设置图像的宽度
height	pixels %	定义图像的高度
hspace	pixels	不推荐使用。定义图像左侧和右侧的空白

属　　性	值	描　　述
vspace	pixels	不推荐使用。定义图像顶部和底部的空白
usemap	URL	将图像定义为客户器端图像映射

3.8.2　< map >

定义一个客户端图像地图。图像地图（image-map）指带有可单击区域的一幅图像。例如：

```
< img src = "planets. jpg" border = "0" usemap = "#planetmap" alt = "Planets" / >
< map name = "planetmap" id = "planetmap" >
    < area shape = "circle" coords = "180,139,14" href = "venus. html" alt = "Venus" / >
    < area shape = "circle" coords = "129,161,10" href = "mercur. html" alt = "Mercury" / >
    < area shape = "rect" coords = "0,0,110,260" href = "sun. html" alt = "Sun" / >
< /map >
```

3.8.3　< area >

< area >标签定义图像映射中的区域。area 元素总是嵌套在 < map >标签中。表 3 - 9 和表 3 - 10总结了 < area >标签的必须属性和可选属性。

表 3 - 9　< area >标签的必须属性

属　　性	值	描　　述
alt	text	定义此区域的替换文本

表 3 - 10　area 标签的可选属性

属　　性	值	描　　述
coords	坐标值	定义可单击区域（对鼠标敏感的区域）的坐标
href	URL	定义此区域的目标 URL
nohref	nohref	从图像映射排除某个区域
shape	default rect circ poly	定义区域的形状
target	_ blank _ parent _ self _ top	规定在何处打开 href 属性指定的目标 URL

3.9　有关链接的标签

链接是 HTML 中最常用的功能之一。表 3 - 11 中总结 3HTML 中有关链接的标签，包括最

常用的 < a > 标签。

表 3 – 11　HTML 中有关链接的标签

标　　签	描　　述
< a >	定义锚
< link >	定义文档与外部资源的关系。例如： < link rel = " stylesheet" href = " main. css" type = " text/css" / >
< nav >	定义导航链接

3.9.1　< a >

< a >标签定义超链接,用于从一张页面链接到另一张页面。表 3 – 12 列出了 < a >标签的属性,其中最重要的属性是 href 属性,它指示链接的目标。

表 3 – 12　< a >标签的属性

属　　性	值	描　　述
href	URL	规定超链接指向的页面的 URL
hreflang	language_code	规定被链接文档的语言
media	media_query	规定被链接文档是为何种媒介/设备优化的
name	section_name	HTML5 中不支持。规定锚的名称
rel	text	规定当前文档与被链接文档之间的关系
target	_blank _parent _self _top framename	规定在何处打开链接文档
type	MIME type	规定被链接文档的 MIME 类型

3.9.2　< nav >

< nav >标签定义导航链接的部分。例如：

```
< nav >
    < a href = "index. html" > Home < /a >
    < a href = "p. html" > Previous < /a >
    < a href = "n. html" > Next < /a >
< /nav >
```

3.10　表　　格

表格表示整理数据时最常用的手段, HTML 中包含了全面的、制作表格的标签。表 3 – 13 中总结了 HTML 中有关表格的标签, HTML 的表格由 < table > 标签来定义。每个表格均有若干行（由 < tr > 标签定义）, 每行被分割为若干单元格（由 < td > 标签定义）。字母 td 指表格数据（Table Data）, 即数据单元格的内容。

表 3 – 13　HTML 中有关表格的标签

标　　签	描　　述
< table >	定义表格
< caption >	定义表格标题
< th >	定义表格中的表头单元格
< tr >	定义表格中的行
< td >	定义表格中的单元
< thead >	定义表格中的表头内容
< tbody >	定义表格中的主体内容
< tfoot >	定义表格中的表注内容（脚注）
< col >	定义表格中一个或多个列的属性值
< colgroup >	定义表格中供格式化的列组

3. 10. 1　< table >

一个简单的 HTML 表格，包含两行两列：

```
< table border = "1" >
    < tr >
        < th > Month </th >
        < th > Savings </th >
    </tr >
    < tr >
        < td > January </td >
        < td > $ 100 </td >
    </tr >
</table >
```

< table > 标签定义 HTML 表格。简单的 HTML 表格由 table 元素以及一个或多个 tr、th 或 td 元素组成。tr 元素定义表格行，th 元素定义表头，td 元素定义表格单元。更复杂的 HTML 表格也可能包括 caption、col、colgroup、thead、tfoot 以及 tbody 元素。

表 3 – 14 总结了 < table > 标签的可选属性，其中 width、summary 属性更常用。

表 3 – 14　< table > 标签的可选属性

属　　性	值	描　　述
align	left center right	不赞成使用。请使用样式代替。 规定表格相对周围元素的对齐方式
bgcolor	rgb (x, x, x) #xxxxxx colorname	不赞成使用。请使用样式代替 规定表格的背景颜色
border	pixels	规定表格边框的宽度
cellpadding	pixels %	规定单元边沿与其内容之间的空白

属　　性	值	描　　述
cellspacing	pixels %	规定单元格之间的空白
summary	text	规定表格的摘要
width	% pixels	规定表格的宽度

3. 10. 2　< td >

< td > 标签定义 HTML 表格中的标准单元格。

HTML 表格有两类单元格：

（1）表头单元：包含头部信息（由 th 元素创建）。

（2）标准单元：包含数据（由 td 元素创建）。

td 元素中的文本一般显示为正常字体且左对齐。表 3 – 15 总结了 < td > 标签的可选属性。再次强调：不推荐设置有关样式的属性，样式应该由 CSS 来设置。

表 3 – 15　< td > 标签的可选属性

属　　性	值	描　　述
width	pixels %	不赞成使用。请使用样式取而代之。 规定表格单元格的宽度
height	pixels %	不赞成使用。请使用样式取而代之。 规定表格单元格的高度
align	left right center justify char	规定单元格内容的水平对齐方式
valign	top middle bottom baseline	规定单元格内容的垂直排列方式
bgcolor	rgb（x，x，x） #xxxxxx colorname	不赞成使用。请使用样式取而代之。 规定单元格的背景颜色
colspan	number	规定单元格可横跨的列数
rowspan	number	规定单元格可横跨的行数

3. 10. 3　< thead >、< tbody > 和 < tfoot >

带有 thead、tbody 以及 tfoot 元素的 HTML 表格：

```
< table border = "1" >
    < thead >
        < tr >
```

```
            <th>Month</th>
            <th>Savings</th>
        </tr>
    </thead>

    <tbody>
        <tr>
            <td>January</td>
            <td>$100</td>
        </tr>
        <tr>
            <td>February</td>
            <td>$80</td>
        </tr>
    </tbody>

    <tfoot>
        <tr>
            <td>Sum</td>
            <td>$180</td>
        </tr>
    </tfoot>
</table>
```

3.11　表　　单

表单在网页中主要负责数据采集。表 3 - 16 总结了 HTML 中有关表单的标签。HTML 中的表单标签一般包含 3 部分：表单标签、表单域和表单按钮。

表 3 - 16　HTML 中有关表单的标签

标　　签	描　　述
< form >	定义供用户输入的 HTML 表单
< input >	定义输入控件
< textarea >	定义多行的文本输入控件
< button >	定义按钮
< select >	定义选择列表（下拉列表）
< optgroup >	定义选择列表中相关选项的组合
< option >	定义选择列表中的选项
< label >	定义 input 元素的标注
< fieldset >	定义围绕表单中元素的边框
< legend >	定义 fieldset 元素的标题
< datalist >	定义下拉列表
< keygen >	定义生成密钥
< output >	定义输出的一些类型

3.11.1 ＜form＞

＜form＞标签用于为用户输入创建 HTML 表单。表单能够包含 input 元素，如文本字段、复选框、单选框、提交按钮等。表单还可以包含 menus、textarea、fieldset、legend 和 label 元素。表单用于向服务器传输数据。表 3－17 总结了 ＜form＞ 标签的属性，其中 name、action 和 method 是最重要的属性。

表 3－17 ＜form＞标签的属性

属　　性	值	描　　述
name	form_ name	规定表单的名称
action	URL	规定当提交表单时向何处发送表单数据
method	get post	规定用于发送 form-data 的 HTTP 方法
autocomplete	on off	规定是否启用表单的自动完成功能
accept-charset	charset_ list	规定服务器可处理的表单数据字符集
enctype	application/x-www-form-urlencoded multipart/form-data text/plain	规定在发送表单数据之前如何对其进行编码
novalidate	novalidate	如果使用该属性，则提交表单时不进行验证
target	_ blank _ self _ parent _ top framename	规定在何处打开 action URL

3.11.2 ＜input＞

实例：一个简单的 HTML 表单，包含两个文本输入框和一个提交按钮。

```
< form action = "form_action. asp" method = "get" >
  First name: < input type = "text" name = "fname" / >
  Last name: < input type = "text" name = "lname" / >
< input type = "submit" value = "Submit" / >
< /form >
```

＜input＞标签用于搜集用户信息。

包含的表单域：

➢ Input Text 对象：＜input type = " text" / ＞。

➢ Input Password 对象：＜input type = "password" / ＞。

➢ Input Radio 对象：＜input type = "radio" / ＞。

➢ Input Checkbox 对象：＜input type = "checkbox" / ＞。

➢ Input Button 对象：＜input type = "button" / ＞。

➢ Input Submit 对象：＜input type = "submit" / ＞。

➢ Input Reset 对象：< input type = " reset " / >。

➢ Input Image 对象：< input type = " image " / >。

➢ Input FileUpload 对象：< input type = " file " / >。

➢ Input Hidden 对象：< input type = " hidden " / >。

➢ Input Color 对象：< input type = " color " / >。

➢ Input Month 对象：< input type = " month " / >。

➢ Input Week 对象：< input type = " week " / >。

➢ Input Datetime 对象：< input type = " datetime " / >。

➢ Input Email 对象：< input type = " email " / >。

➢ Input Search 对象：< input type = " search " / >。

➢ Input URL 对象：< input type = " url " / >。

➢ Input Number 对象：< input type = " number " / >。

➢ Input Range 对象：< input type = " range " / >。

表 3 - 18 总结了 < input > 标签的属性，其中 name 和 value 构成名/值对，即 name = value 传送到服务器端，由服务器端来处理提交的数据。

表 3 - 18　< input > 标签的属性

属　　性	值	描　　述
type		规定 input 元素的类型
name	field_ name	定义 input 元素的名称
value	value	规定 input 元素的值
size	number_ of_ char	定义输入字段的宽度
maxlength	number	规定输入字段中的字符的最大长度
src	URL	定义以提交按钮形式显示的图像的 URL
placeholder	text	规定帮助用户填写输入字段的提示
width	pixels %	定义 input 字段的宽度。（适用于 type = " image " ）
height	pixels %	定义 input 字段的高度。（适用于 type = " image " ）
multiple	multiple	如果使用该属性，则允许一个以上的值
form	formname	规定输入字段所属的一个或多个表单
formaction	URL	覆盖表单的 action 属性。 （适用于 type = " submit " 和 type = " image " ）
formmethod	get post	覆盖表单的 method 属性。 （适用于 type = " submit " 和 type = " image " ）
formenctype	application/x-www-form-urlencoded multipart/form-data text/plain	对表单数据的编码方式，覆盖表单的 enctype 属性。 （适用于 type = " submit " 和 type = " image " ）
formnovalidate	formnovalidate	覆盖表单的 novalidate 属性。 如果使用该属性，则提交表单时不进行验证

属　　性	值	描　　述
formtarget	_ blank _ self _ parent _ top framename	覆盖表单的 target 属性。 （适用于 type = " submit " 和 type = " image "）
accept	mime_ type	规定通过文件上传来提交的文件的类型
alt	text	定义图像输入的替代文本
autocomplete	on off	规定是否使用输入字段的自动完成功能
autofocus	autofocus	规定输入字段在页面加载时是否获得焦点。 （不适用于 type = " hidden "）
checked	checked	规定此 input 元素首次加载时应当被选中
disabled	disabled	当 input 元素加载时禁用此元素
readonly	readonly	规定输入字段为只读
required	required	指示输入字段的值是必需的
max	number date	规定输入字段的最大值。 请与 "min" 属性配合使用，来创建合法值的范围
min	number date	规定输入字段的最小值。 请与 "max" 属性配合使用，来创建合法值的范围
step	number	规定输入字段的合法数字间隔
pattern	regexp_ pattern	规定输入字段的值的模式或格式。例如： pattern = "[0-9]" 表示输入值必须是 0 ~ 9 的数字
list	datalist-id	引用包含输入字段的预定义选项的 datalist

3. 11. 3　< textarea >

< textarea >标签定义多行的文本输入控件。

文本区中可容纳无限数量的文本，其中的文本的默认字体是等宽字体（通常是 Courier）。

表 3 - 19 总结了 < textarea >标签的属性，可以通过 cols 和 rows 属性来规定 textarea 的尺寸，不过更好的办法是使用 CSS 的 height 和 width 属性。

表 3 - 19　　< textarea >标签的属性

属　　性	值	描　　述
name	name_ of_ textarea	规定文本区的名称
rows	number	规定文本区内的可见行数
cols	number	规定文本区内的可见宽度
form	form_ id	规定文本区域所属的一个或多个表单
placeholder	text	规定描述文本区域预期值的简短提示
maxlength	number	规定文本区域的最大字符数

属　　性	值	描　　述
autofocus	autofocus	规定在页面加载后文本区域自动获得焦点
disabled	disabled	规定禁用该文本区
readonly	readonly	规定文本区为只读
required	required	规定文本区域是必填的
wrap	hard soft	规定当在表单中提交时，文本区域中的文本如何换行

3.11.4　< button >

以下代码标记了一个按钮：

```
< button type = "button" >Click Me! </button >
```

< button >标签定义一个按钮。在 button 元素内部，可以放置内容，比如文本或图像。这是该元素与使用 input 元素创建的按钮之间的不同之处。

< button >控件与 < input type = "button" >相比，提供了更为强大的功能和更丰富的内容。< button >与 </button >标签之间的所有内容都是按钮的内容，其中包括任何可接受的正文内容，比如文本或多媒体内容。例如，可以在按钮中包括一个图像和相关的文本，用它们在按钮中创建一个吸引人的标记图像。

表 3 – 20 总结了 < button >标签的属性，其中 type 属性定义了 button 的类型，submit 表示提交按钮，reset 表示重置表单域的按钮，button 是普通按钮，button 可以使用 JavaScript 语言来控制它的行为。

表 3 – 20　< button >标签的属性

属　　性	值	描　　述
type	button reset submit	规定按钮的类型
name	button_ name	规定按钮的名称
value	text	规定按钮的初始值。可由脚本进行修改
autofocus	autofocus	规定当页面加载时按钮应当自动地获得焦点
disabled	disabled	规定应该禁用该按钮
form	form_ name	规定按钮属于一个或多个表单
formaction	url	覆盖 form 元素的 action 属性。 注释：该属性与 type = "submit" 配合使用
formenctype	见注释	覆盖 form 元素的 enctype 属性。 注释：该属性与 type = "submit" 配合使用
formmethod	get post	覆盖 form 元素的 method 属性。 注释：该属性与 type = "submit" 配合使用
formnovalidate	formnovalidate	覆盖 form 元素的 novalidate 属性。 注释：该属性与 type = "submit" 配合使用

属 性	值	描 述
formtarget	_ blank _ self _ parent _ top framename	覆盖 form 元素的 target 属性。 注释：该属性与 type = " submit" 配合使用

3. 11. 5 < select >

创建带有 4 个选项的选择列表：

```
< select >
    < option value = "volvo" > Volvo < /option >
    < option value = "saab" > Saab < /option >
    < option value = "opel" > Opel < /option >
    < option value = "audi" > Audi < /option >
< /select >
```

select 元素可创建单选或多选菜单。select 元素中的 < option > 标签用于定义列表中的可用选项。

表 3 - 21 总结了 < select > 标签的属性，如果设置了 size 属性，列表默认就是拉开的。

表 3 - 21　 < select > 标签的属性

属 性	值	描 述
name	name	规定下拉列表的名称
size	number	规定下拉列表中可见选项的数目
multiple	multiple	规定可选择多个选项
form	form_ id	规定文本区域所属的一个或多个表单
autofocus	autofocus	规定在页面加载后文本区域自动获得焦点
disabled	disabled	规定禁用该下拉列表
required	required	规定文本区域是必填的

3. 11. 6　 < optgroup >

通过 < optgroup > 标签把相关的选项组合在一起：

```
< select >
    < optgroup label = "Swedish Cars" >
        < option value = "volvo" > Volvo < /option >
        < option value = "saab" > Saab < /option >
    < /optgroup >
    < optgroup label = "German Cars" >
        < option value = "mercedes" > Mercedes < /option >
        < option value = "audi" > Audi < /option >
    < /optgroup >
< /select >
```

< optgroup > 标签定义选项组。

optgroup 元素用于组合选项。当使用一个长的选项列表时，对相关的选项进行组合会使处理更加容易。表 3 – 22 和表 3 – 23 总结了 < optgroup > 标签的必须属性和可选属性。

表 3 – 22　< optgroup > 标签的必须属性

属　　性	值	描　　述
label	text	为选项组规定描述

表 3 – 23　< optgroup > 标签的可选属性

属　　性	值	描　　述
disabled	disabled	规定禁用该选项组

3.11.7　< option >

创建带有 4 个选项的选择列表：

```
< select >
    < option value = "volvo" > Volvo < /option >
    < option value = "saab" > Saab < /option >
    < option value = "opel" > Opel < /option >
    < option value = "audi" > Audi < /option >
</ select >
```

option 元素定义下拉列表中的一个选项（一个条目）。浏览器将 < option > 标签中的内容作为 < select > 标签的菜单或是滚动列表中的一个元素显示。option 元素位于 select 元素内部。表 3 – 24 总结了 < option > 标签的可选属性，其中 value 属性配合 < select > 标签的 name 属性，构成一个名/值对。

表 3 – 24　< option > 标签的可选属性

属　　性	值	描　　述
value	text	定义送往服务器的选项值
label	text	定义当使用 < optgroup > 时所使用的标注
disabled	disabled	规定此选项应在首次加载时被禁用
selected	selected	规定选项（首次显示在列表中时）表现为选中状态

3.11.7　< label >

带有两个输入字段和相关标记的简单 HTML 表单：

```
< form >
    < label for = "male" > Male < /label >
    < input type = "radio" name = "sex" id = "male" / >
    < br / >
    < label for = "female" > Female < /label >
    < input type = "radio" name = "sex" id = "female" / >
</ form >
```

<label>标签为 input 元素定义标注（标记）。label 元素不会向用户呈现任何特殊效果。不过，它为鼠标用户改进了可用性。如果在 label 元素内单击文本，就会触发此控件。也就是说，当用户选择该标签时，浏览器就会自动将焦点转到和标签相关的表单控件上。

表 3-25 总结了<label>标签的属性，<label>标签的 for 属性应当与相关元素的 id 属性相同。

表 3 - 25　　<label>标签的属性

属　　性	值	描　　述
for	id	规定 label 绑定到哪个表单元素
form	formid	规定 label 字段所属的一个或多个表单

3.11.8　<fieldset>

组合表单中的相关元素：

```
<form>
<fieldset>
<legend>health information</legend>
    height:<input type="text" />
    weight:<input type="text" />
</fieldset>
</form>
```

fieldset 元素可将表单内的相关元素分组。<fieldset>标签将表单内容的一部分打包，生成一组相关表单的字段。

当一组表单元素放到<fieldset>标签内时，浏览器会以特殊方式来显示它们，它们可能有特殊的边界、3D 效果，或者甚至可创建一个子表单来处理这些元素。表 3-26 总结了<fieldset>标签的属性。

表 3 - 26　　<fieldset>标签的属性

属　　性	值	描　　述
disabled	disabled	规定应该禁用 fieldset
form	form_id	规定 fieldset 所属的一个或多个表单
name	value	规定 fieldset 的名称

3.11.9　<legend>

<legend>标签为 fieldset 元素定义标题。下面的代码显示了组合表单中的相关元素：

```
<form>
<fieldset>
<legend>health information</legend>
    height:<input type="text" />
    weight:<input type="text" />
</fieldset>
</form>
```

legend 元素为 fieldset 元素定义标题（caption）。

3. 11. 10　< datalist >

下面是一个 input 元素，datalist 中描述了其可能的值：

```
< input id = "myCar" list = "cars" />
< datalist id = "cars" >
    < option value = "BMW" >
    < option value = "Ford" >
    < option value = "Volvo" >
</ datalist >
```

< datalist > 标签定义选项列表。请与 input 元素配合使用该元素，来定义 input 可能的值。datalist 及其选项不会被显示出来，它仅仅是合法的输入值列表。请使用 input 元素的 list 属性来绑定 datalist。

3. 11. 11　< keygen >

带有 keygen 字段的表单：

```
< form action = "demo_keygen. asp" method = "get" >
    Username: < input type = "text" name = "usr_name" />
    Encryption: < keygen name = "security" />
    < input type = "submit" />
</ form >
```

< keygen > 标签规定用于表单的密钥对生成器字段。

当提交表单时，私钥存储在本地，公钥发送到服务器。

3. 11. 12　< output >

执行计算然后在 < output > 标签中显示结果：

```
< form oninput = "x. value = parseInt( a. value) + parseInt( b. value) " > 0
< input type = "range" id = "a" value = "50" > 100
    + < input type = "number" id = "b" value = "50" >
    = < output name = "x" for = "a b" > </ output >
</ form >
```

< output > 标签定义不同类型的输出，比如脚本的输出。表 3 - 27 总结了 < output > 标签的属性，其中 for 属性指定了 < output > 标签的语义。

表 3 - 27　< output > 标签的属性

属　　性	值	描　　述
for	element_ id	定义输出域相关的一个或多个元素
form	form_ id	定义输入字段所属的一个或多个表单
name	name	定义对象的唯一名称。(表单提交时使用)

3.12 样 式 / 节

在 HTML 5 中新增了许多表示网页结构的标签，以前使用 < div id = " header " > < /div > 这样的语法来表示结构，现在直接使用 < header > < /header > 标签即可。表 3 – 28 总结了 HTML 中有关样式/节的标签。

表 3 – 28　HTML 中有关样式/节的标签

标　签	描　述
< style >	定义文档的样式信息
< div >	定义文档中的节。属于块级元素
< span >	定义文档中的节。属于行内元素
< header >	定义 section 或 page 的页眉
< footer >	定义 section 或 page 的页脚
< section >	定义 section
< article >	定义文章
< aside >	定义页面内容之外的内容
< details >	定义元素的细节。例如： < details > 　< summary > A Midsummer Night' s Dream < /summary > 　< p > Duration：1hr 42m < /p > 　< p > Showtimes：< /p > 　< ul > 　　< li > Tuesday，8pm < /li > 　　< li > Wednesday，8pm < /li > 　　< li > Thursday，8pm < /li > 　　< li > Friday，6pm and 8pm < /li > 　< /ul > < /details >
< dialog >	定义对话框或窗口
< summary >	为 < details > 元素定义可见的标题。例如： < details > 　< summary > HTML 5 < /summary > 　< p > learn about HTML 5. < /p > < /details >

3.12.1　语义的定义

HTML 的元素、属性和属性值都定义了某种含义（语义）。例如，ol 元素代表有序列表，lang 属性代表内容的语言。开发者不能以它们本身合理的语义目的之外的方式使用元素、属性和属性值。

语义是某些事物的含义，特别是语言的组成部分。语义化的 HTML 是关于描述内容类型的 HTML 元素，它关注在某一个 HTML 元素里包含内容后的含义，以及跟其他元素的比较。

3.12.2　HTML 5 大纲算法

作为 HTML 5 标准的一部分，HTML5 大纲算法（Outline Algorithm）提供了将内容拆解成嵌套的区块的规则，每一个区块有一个标题。通过标准的算法来理解和解析网页结构，意味着每一个结构完备的网页都会具有一个目录，可以被屏幕阅读器使用，或者用于聚合各部分内容。

简化一下，大纲算法用以下规则来解析文档：

（1）将 body 元素作为根区块，所有其他页面区块都组织在下面。

（2）把第一个标题内容元素作为 body 的标题。

（3）对剩下的区块内容，定义并添加新的区块和子区块到大纲。

（4）将每一个子区块的第一个标题内容元素作为那个区块的标题。

标题内容包括 h1、h2、h3、h4、h5、h6 和 hgroup 元素，而区块内容包括 article、aside、nav 和 section 元素。

3.13　元　信　息

元信息主要用来描述 HTML 文档的信息，如页面的作者以及描述等信息。表 3 - 29 总结了 HTML 中有关元信息的标签，其中 < meta > 标签是需要重点掌握的标签。

表 3 - 29　HTML 中有关元信息的标签

标　签	描　述
< head >	定义关于文档的信息
< meta >	定义关于 HTML 文档的元信息
< base >	定义页面中所有链接的默认地址或默认目标
< basefont >	不赞成使用。定义页面中文本的默认字体、颜色或尺寸

3.13.1　< head >

< head > 标签用于定义文档的头部，它是所有头部元素的容器。< head > 中的元素可以引用脚本、指示浏览器在哪里找到样式表、提供元信息等。

文档的头部描述了文档的各种属性和信息，包括文档的标题、在 Web 中的位置以及和其他文档的关系等。绝大多数文档头部包含的数据都不会真正作为内容显示给读者。

下面这些标签可用在 head 部分：< base >、< link >、< meta >、< script >、< style >、< title >。

< title > 定义文档的标题，它是 head 部分中唯一必需的元素。

3.13.2　< meta >

< meta > 元素可提供有关页面的元信息（Meta-information），比如针对搜索引擎和更新频度的描述和关键词。

< meta > 标签位于文档的头部，不包含任何内容。< meta > 标签的属性定义了与文档相

关联的名称/值对。表 3 - 30 总结了 < meta > 标签的属性，其中 name 属性指定了各种元信息，content 属性描述了元信息的具体内容。

表 3 - 30   < meta > 标签的属性

属　　性	值	描　　述
http-equiv	content-type expires refresh set-cookie	把 content 属性关联到 HTTP 头部
name	author description keywords generator revised others	把 content 属性关联到一个名称
content	some_ text	定义与 http-equiv 或 name 属性相关的元信息

例如：

```
< meta name = "keywords" content = "HTML, ASP, PHP, SQL" / >
< meta http-equiv = "charset" content = "iso-8859-1" / >
< meta http-equiv = "expires" content = "31 Dec 2008" / >
< meta http-equiv = "refresh" content = "15" / >
```

3.13.3 　 < base >

```
< head >
    < base href = "http: //www.everyinch.net/" / >
    < base target = "_blank" / >
</head >
```

< base > 标签为页面上的所有链接规定默认地址或默认目标。表 3 - 31 总结了 < base > 标签的属性，其中 href 设置了基准 URL，页面中的其他链接都以它作为基准地址。

表 3 - 31   < base > 标签的属性

属　　性	值	描　　述
href	URL	规定页面中所有相对链接的基准 URL
target	_ blank _ parent _ self _ top framename	定义在何处打开页面中所有的链接

小　　结

本章详细地讲解了 HTML 5 的语法。HTML 5 处于移动 Web 前端的结构层，主要体现网页端的语义。掌握正确的 HTML 5 语法和语义，对于移动 Web 前端的开发具有重要影响。

本章从基本的术语和概念开始，分别讲解了 HTML 5 的基础标签、文字格式的标签、列表、图像、链接、表格、表单、样式和节、音视频以及元信息等知识。对于移动 Web 前端开发者，要求熟练掌握 HTML 5 标签、属性的使用，并能够写出符合语义的 HTML 页面。

习　题

1. 谈谈你对 Web 标准以及 W3C 的理解与认识。

2. Doctype 有严格模式与混杂模式，如何触发这两种模式？区分它们有何意义？

3. XHTML 和 HTML 有什么区别？

4. 行内元素有哪些？块级元素有哪些？空（void）元素有哪些？

5. 开发者主要在哪些浏览器中进行测试？这些浏览器的内核分别是什么？

6. 什么是 Semantic HTML（语义 HTML）？

7. 表格的语义化可以用哪个标签？

8. ＜img＞标签上 title 与 alt 属性的区别是什么？

9. iframe 有哪些缺点？

10. 你如何对网站的文件和资源进行优化？

11. 在网页中应该使用奇数字体还是偶数字体？为什么？

12. 什么是 HTML 5？为什么 HTML 5 里面不需要 DTD（Document Type Definition，文档类型定义）？如果不放入＜! DOCTYPE html＞，HTML 5 还会工作吗？哪些浏览器支持 HTML 5？

13. HTML 5 的页面结构与 HTML 4 或者更早的 HTML 有什么区别？

14. HTML 5 文档类型和字符集是什么？

15. HTML 5 有哪些新的页面元素？

16. HTML 5 中有哪些不同的新的表单元素类型？

更多实例和题目，请访问作者博客的相关页面，网址如下：

http://www.everyinch.net/index.php/category/frontend/html5/

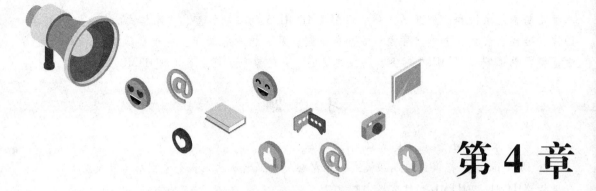

第 4 章
Web 前端的表现层：CSS

4.1　CSS 简介

　　CSS 是 Cascading Style Sheet（层叠样式表）的缩写，是用于（增强）控制网页样式并允许将样式信息与网页内容分离的一种标记性语言。CSS 不需要编译，可以直接由浏览器执行（属于浏览器解释型语言）。还在开发中的 CSS3 是它的最新版本。

　　下面就是一条 CSS 规则，它可以把段落的文本设置为红色。

```
<!DOCTYPE html>
<html>
<head>
    <meta charset="utf-8" />
    <title>HTML5 Template</title>
    <style>
        /* CSS 样式要嵌入在页面 head 元素中的 <style> 标签里* /
        p{color: red; }
    </style>
</head>
<body>
    <!-- HTML 元素放在 <body> 标签中 -->
    <p>This text is very important!</p>
</body>
</html>
```

4.1.1　为文档添加样式的三种方法

　　可以用以下三种方式将样式表加入网页中。越接近目标的样式定义优先权越高。高优先权样式将继承低优先权样式的未重叠定义但覆盖重叠的定义。

1. 内联方式（Inline Styles）

内联定义即在对象的标记内使用对象的 style 属性定义适用其的样式表属性。例如：

```
<p style="color:#f00;">这一行的字体颜色将显示为红色</p>
```

2. 内部样式块对象（Embedding a Style Block）

可以在 HTML 文档的 < head > 标记里插入一个 < style > 块对象。例如：

```
< style >
    body{background: #fff; color: #000; }
    p{font-size:14px; }
</style >
```

3. 外部样式表（Linking to a Style Sheet）

可以先建立外部样式表文件 *.css，然后使用 HTML 的 link 对象。例如：

```
<link rel ="stylesheet" href ="*.css" />
```

4.1.2 CSS 命名规则

CSS 规则分两部分，即选择符和声明。声明又由两部分组成，即属性和值。声明包含在一对花括号内：

```
p {color: red; }
```

其中，p 是选择符，color 是属性，red 是 color 属性的值。"color：red；"称为声明，声明写在花括号内。

从 CSS 规则可以看出，学习 CSS，从语法的角度主要是学习 CSS 选择符、CSS 属性和 CSS 的取值和单位。CSS 的每个规则都有两个基本部分：选择符（Selector）和声明块（Declaration Block）。声明块由一个或多个声明（Declaration）组成，每个声明则是一个属性/值对（Property-value）。每个样式表由一系列规则组成。

下面这行代码的作用是将 h1 元素内的文字颜色定义为红色，同时将字体大小设置为 14 像素。其中，h1 是选择器，color 和 font-size 是属性，red 和 14 px 是值。

```
h1 {color: red; font-size:14px; }
```

对这个基本的结构，有三种方法可以进行扩展。

第一种方法：多个声明包含在一条规则里。

```
p {color: red; font-size:12px; font-weight: bold; }
```

第二种方法：多个选择符组合在一起。

```
h1,h2,h3 {color:blue; font-weight: bold; }
```

第三种方法：多条规则应用给一个选择符，这里 h3 选择符有多条规则。

```
h1,h2,h3 {color:blue; font-weight: bold; }
h3 {font-style: italic; }
```

4.2 CSS 选 择 符

要使某个样式应用于特定的 HTML 元素，首先需要找到该元素。在 CSS 中，执行这一任务的表现规则称为 CSS 选择符。

根据所获取页面中元素的不同，把 CSS3 选择符分为五大类：基本选择符、层次选择符、伪类选择符、伪元素选择符和属性选择符。其中，伪类选择符又分为六种：动态伪类选择符、目标伪类选择符、语言伪类选择符、状态伪类选择符、结构伪类选择符和否定伪类选择符。图 4-1 总结了 CSS 选择符以及它们之前的关系。

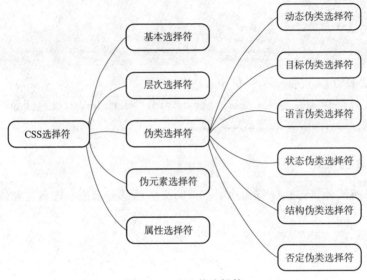

图 4-1 CSS 的选择符

4.2.1 基本选择符

基本选择符是 CSS 中使用最频繁、最基础的，也是 CSS 中最早定义的选择符。表 4-1 对 CSS 中的基本选择符进行了总结。

表 4-1 CSS 中的基本选择符

选 择 符	类 型	功 能 描 述
*	通配符选择符	选择文档中所有的 HTML 元素
E	元素选择符	选择指定的 HTML 元素
#id	ID 选择符	选择指定 ID 属性值为 "id" 的任意类型元素
. class	类选择符	选择指定 class 属性值为 "class" 的任意类型的任意多个元素
selector1，selectorN	群组选择符	将每一个选择符匹配的元素集合并

4.2.2 层次选择符

层次选择符通过 HTML 的 DOM 元素间的层次关系选取元素，表 4-2 总结了 CSS 中的层次选择符，其主要的层次关系包括后代、父子、相邻兄弟和通用兄弟几种。

表 4-2 CSS 中的层次选择符

选 择 符	类 型	功 能 描 述
E F	后代选择符	选择匹配的 F 元素，且匹配的 F 元素被包含在匹配的 E 元素内
E > F	子选择符	选择匹配的 F 元素，且匹配的 F 元素是所匹配的 E 元素的子元素
E + F	相邻兄弟选择符	选择匹配的 F 元素，且匹配的 F 元素紧位于匹配的 E 元素后面
E ~ F	通用选择符	选择匹配的 F 元素，且位于匹配的 E 元素后的所有匹配的 F 元素

4.2.3　伪类选择符

最常用的伪类选择符就是"：link""：visited"这些定义链接状态的选择符。CSS3 已经大大扩展了伪类选择符，包括动态伪类选择符、目标伪类选择符、语言伪类选择符、状态伪类选择符、结构伪类选择和否定伪类选择符。

1. 动态伪类选择符

动态伪类选择符并不存在于 HTML 中，而是存在于用户和 Web 页面进行交互的过程中，表 4 - 3 总结了 CSS 中的动态伪类选择符。

表 4 - 3　CSS 中的动态伪类选择符

选　择　符	类　型	功　能　描　述
E：link	链接伪类选择符	选择匹配的 E 元素，而且匹配元素被定义了超链接并未被访问过。常用于链接锚点上
E：visited	链接伪类选择符	选择匹配的 E 元素，而且匹配元素被定义了超链接并已被访问过。常用于链接锚点上
E：active	用户行为伪类选择符	选择匹配的 E 元素，且匹配元素被激活。常用于锚点与按钮上
E：hover	用户行为伪类选择符	选择匹配的 E 元素，且用户鼠标指针停留在元素 E 上
E：focus	用户行为伪类选择符	选择匹配的 E 元素，且匹配的元素获得焦点

2. 目标伪类选择符

目标伪类选择符"target"是众多实用的 CSS3 特性中的一个，用来匹配文档（页面）的 URI 中的目标元素。例如：

```
E:target
```

3. 语言伪类选择符

语言伪类选择符是根据元素的语言编码匹配元素。这种语言信息必须包含在文档中，或者与文档关联，不能从 CSS 指定。为文档指定语言，有两种方法可以表示，如果使用 HTML 5，直接可以设置文档的语言。例如：

```
DOCTYPE HTML >
 < html lang = "en-US" >
```

另一种方法就是手动在文档中指定 lang 属性，并设置对应的语言值。例如：

```
< body lang = "fr" >
```

4. 状态伪类选择符

UI 元素的状态一般包括：启用、禁用、选中、未选中、获得焦点、失去焦点、锁定和待机等。在 HTML 元素中有可用和不可用状态，如表单中的文本输入框；HTML 元素中还有选中和未选中状态，如表单中的复选框和单选按钮。这几种状态都是 CSS3 选择符中常用的状态伪类选择符，详细说明如表 4 - 4 所示。

表 4 - 4　CSS 中的状态伪类选择符

选　择　符	类　型	功　能　描　述
E：checked	选中状态伪类选择符	匹配选中的复选框或单选按钮表单元素

选 择 符	类　　型	功 能 描 述
E：enabled	启用状态伪类选择符	匹配所有启用的表单元素
E：disabled	不可用状态伪类选择符	匹配所有禁用的表单元素

5. 结构伪类选择符

结构伪类选择符通过文档树结构的相互关系来匹配特定的元素，表 4 – 5 总结了 CSS 中的结构伪类选择符。

表 4 – 5　CSS 中的结构伪类选择符

选 择 符	功 能 描 述
E：first-child	作为父元素的第一个子元素，与 E：nth-child（1）等同
E：last-child	作为父元素的最后一个子元素，与 E：nth-last-child（1）等同
E：root	选择匹配元素 E 所在文档的根元素。在 HTML 文档中，根元素始终是 HTML
E F：nth-child（n）	选择父元素 E 的第 n 个子元素 F，其中 n 可以是整数（1，2，3）、关键字（even、odd）、可以是公式（2n + 1、-n + 5），而且 n 值起始值为 1，而不是 0
E F：nth-last-child（n）	选择元素 E 的倒数第 n 个子元素 F。此选择符与 E F：nth-child（n）选择符计算顺序刚好相反，但使用方法是一样的。其中，nth-last-child（1）始终匹配最后一个元素，与：last-child 等同
E：nth-of-type（n）	选择父元素内具有指定类型的第 n 个 E 元素
E：nth-last-type（n）	选择父元素内具有指定类型的倒数第 n 个 E 元素
E：first-of-type	选择父元素内具有指定类型的第一个 E 元素，与 E：nth-of-type（1）等同
E：last-of-type	选择父元素内具有指定类型的最后一个 E 元素，与 E：nth-last-of-type（1）等同
E：only-child	选择父元素只包括一个子元素，且该子元素匹配 E 元素
E：only-of-type	选择父元素只包括一个同类型的子元素，且该子元素匹配 E 元素
E：empty	选择没有子元素的元素，而且该元素也不包含任何文本节点

6. 否定伪类选择符

：not() 是 CSS3 的新选择符，主要用来定位不匹配该选择符的元素。

4.2.4　伪元素选择符

除了伪类选择符，CSS3 还支持伪元素选择符。伪元素一般用于定位文档中包含的文本，也可以表示 DOM 外部的某种文档结构。表 4 – 6 中总结了 CSS 中的伪元素选择符。

表 4 – 6　CSS 中的伪元素选择符

选 择 符	功 能 描 述
E：first-letter/E：：first-letter	设置对象内的第一个字符的样式
E：first-line/E：：first-line	设置对象内的第一行的样式
E：before/E：：before	设置在对象前（依据对象树的逻辑结构）发生的内容。用来和 content 属性一起使用
E：after/E：：after	设置在对象后（依据对象树的逻辑结构）发生的内容。用来和 content 属性一起使用
E：：placeholder	设置对象文字占位符的样式
E：：selection	设置对象被选择时的颜色

4.2.5　属性选择符

HTML 中的属性可以为元素增加很多附加的信息，CSS2 中引入了一些属性选择符，表 4-7 中的属性选择符可以基于元素的属性来匹配元素。

表 4-7　CSS 中的属性选择符

选　择　符	功　能　描　述
E［attr］	选择匹配具有属性 attr 的 E 元素
E［attr = value］	选择匹配具有属性 attr 的 E 元素，并且 attr 的属性值为 val
E［attr｜ = value］	选择匹配 E 元素，且 E 元素定义了属性 attr，attr 属性值是一个具有 val 或者以 val-开始的属性值
E［attr ~ = value］	选择匹配 E 元素，且 E 元素定义了属性 attr，attr 属性值具有多个空格分隔的值，其中一个值等于 val
E［attr * = value］	选择匹配元素 E，且 E 元素定义了属性 attr，其属性值任意位置包含了 val
E［attr^ = value］	选择匹配元素 E，且 E 元素定义了属性 attr，其属性值是以 val 开头的任何字符
E［attr $ = value］	选择匹配选择 E，且 E 元素定义了属性 attr，其属性值是以 val 结尾的任何字符串

4.3　取值和单位

声明块包含一个或多个声明。声明总有如下格式：一个属性后面跟一个冒号，再后面是一个值，然后是个分号。冒号和分号后面可以有 0 个或多个空格。在绝大多数情况下，值要么是个关键字，要么是该属性可取关键字的一个列表（包含一个或多个关键字），关键字之间用空格分隔。如果声明中使用了不正确的属性或者不正确的值，整个声明都会被忽略。

取值和单位是 CSS 语法中的 3 个基本元素之一，取值和单位影响所有属性的颜色、距离和大小。如果没有单位，就不能声明某个段落应当是紫色，或者某个图像周围应当有 10 像素的空白，也不能声明一个标题的文本应当是某种大小。

表 4-8 中所示的长度单位既包括相对单位，也包括绝对单位，有的适合桌面，有的适合移动平台。

表 4-8　CSS 中的长度单位

长 度 单 位	描　述
em	相对于当前对象内文本的字体尺寸
ex	相对于字符"x"的高度。通常为字体高度的一半
ch	数字"0"的宽度
rem	相对于根元素（即 html 元素）font-size 计算值的倍数

vw	相对于视口的宽度。视口被均分为 100 单位的 vw。例如：
	h1 {
	　　font-size：8vw；
	}
	如果视口的宽度是 200mm，那么上述代码中 h1 元素的字号将为 16mm，即（8×200）/100

长 度 单 位	描　　述

vh	相对于视口的高度。视口被均分为 100 单位的 vh。例如：
	
	h1
	{
	　　font-size：8vh；
	}
	
	如果视口的高度是 200mm，那么上述代码中 h1 元素的字号将为 16mm，即（8×200）/100

vmax	相对于视口的宽度或高度，总是相对于大的那个。视口的宽度或高度被均分为 100 单位的 vmax。例如：
	
	h1
	{
	　　font-size：8vmax；
	}
	
	如果视口的宽度是 300mm，高度是 200mm，那么上述代码中 h1 元素的字号将为 24mm，即（8×300）/100，因为宽度比高度要大，所以计算时相对于宽度

vmin	相对于视口的宽度或高度，总是相对于小的那个。视口的宽度或高度被均分为 100 单位的 vmin。例如：
	
	h1
	{
	　　font-size：8vm；
	　　font-size：8vmin；
	}
	
	如果视口的宽度是 300mm，高度是 200mm，那么上述代码中 h1 元素的字号将为 16mm，即（8×200）/100，因为高度比宽度要小，所以计算时相对于高度

cm	厘米
mm	毫米
q	1/4 毫米（quarter-millimeters）；1q = 0.25mm
in	英寸（inches）；1in = 2.54cm
pt	点（points）；1pt = 1/72in
pc	派卡（picas）；1pc = 12pt
px	像素（pixels）；1px = 1/96in

CSS3 中增加了 transform（变换）属性，可以用来旋转元素，旋转的数值就需要角度单位来度量，表 4 - 9 总结了 CSS 中的角度单位。

表 4 - 9　CSS 中的角度单位

角 度 单 位	描　　述
deg	度（Degrees）。例如：角度值的正常范围应在 [0-360 deg] 内。又如：- 10 deg 与 350 deg 是等价的
grad	梯度（Gradians）。一个圆共 400 梯度。90 deg = 100 grad = 0.25 turn ≈ 1.570 796 326 794 897 rad
rad	弧度（Radians）。一个圆共 2π 弧度。90 deg = 100 grad = 0.25 turn ≈ 1.570 796 326 794 897 rad
turn	转、圈（Turns）。一个圆共 1 圈。90 deg = 100 grad = 0.25 turn ≈ 1.570 796 326 794 897 rad

CSS3 中引入了新的动画特性，动画需要在时间维度上进行变化，因此 CSS3 中引入了时间单位，如表 4 - 10 所示。

表 4 - 10　CSS 中的时间单位

时 间 单 位	描　　述
s	秒

时 间 单 位	描　述
ms	毫秒

有些属性值的单位可以指定百分比、比率等数值，表 4 – 11 总结了 CSS 中的数值单位。

表 4 – 11　CSS 中的数值单位

名　称	描　述
< number >	浮点数
< integer >	整数
< percentage >	< number > 后面跟着%

4.4　CSS 的字体属性（Font）

CSS 中提供了功能丰富的属性用来调整文字的样式，表 4 – 12 对 CSS 中有关字体的属性进行了总结。既包括传统的字体、字号的调整，也包括拉伸等属性。

表 4 – 12　CSS 中有关字体的属性

名　称	描　述
font-family	定义元素文本的字体名称序列
font-size	定义元素的字体大小
font-style	指定元素的文本是否为斜体
font-variant	定义元素的文本是为小型的大写字母
font-weight	定义元素文本字体的粗细
font-stretch	定义元素的文字是否横向拉伸变形
font-size-adjust	定义元素的 aspect 值，用以保持首选字体的 x-height。
font	简写属性。定义元素的文本特性

1. font-family

定义元素文本的字体名称序列。

语法：

```
font-family:[ < family-name > | < generic-family > ] #
< family-name > = arial |georgia | verdana | helvetica | simsun and etc.
 < generic-family > = cursive | fantasy | monospace | serif | sans-serif
```

取值：

➢ < family-name >：字体名称。按优先顺序排列。以逗号隔开。

➢ 如果字体名称包含空格或中文，则应使用引号引起 < generic-family >：字体序列名称。

说明：

序列可包含嵌入字体。一般字体引用可以不加引号，如果字体名包含了空格、数字或者符号（如连接符）则需加上引号，避免引发错误。user agent 会遍历定义的字体序列，直到匹配到某个字体为止。指定字体序列的写法：

```
body { font-family: helvetica, verdana, sans-serif; }
```

2. font-size

定义元素的字体大小。

语法：

```
font-size: <absolute-size> | <relative-size> | <length> | <percentage>
<absolute-size>=xx-small | x-small | small | medium | large | x-large | xx-large
<relative-size>=smaller | larger
```

默认值：medium。

取值：

➢ <absolute-size>：根据对象字号进行调节。以 medium 作为基础参照，xx-small 相当于 medium 3/5（h6），x-small：3/4，small：8/9（h5），medium：1（h4），large：6/5（h3），x-large：3/2（h2），xx-large：2/1（h1）

➢ <relative-size>：相对于父对象中字号进行相对调节。使用成比例的 em 单位计算。

➢ <length>：用长度值指定文字大小。不允许负值。

➢ <percentage>：用百分比指定文字大小。其百分比取值基于父对象中字体的尺寸。不允许负值。

3. font-style

指定元素的文本是否为斜体。

语法：

```
font-style: normal | italic | oblique
```

默认值：normal。

取值：

➢ normal：指定文本字体样式为正常的字体。

➢ italic：指定文本字体样式为斜体。对于没有设计斜体的特殊字体，如果要使用斜体外观将应用 oblique。

➢ oblique：指定文本字体样式为倾斜的字体。人为地使文字倾斜，而不是去选取字体中的斜体字。

4. font-variant

定义元素的文本是否为小型的大写字母。

语法：

```
font-variant: normal | small-caps
```

默认值：normal。

取值：

➢ normal：正常的字体。

➢ small-caps：小型的大写字母字体。

5. font-weight

定义元素文本字体的粗细。

语法：

```
font-weight:normal | bold | bolder | lighter | <integer>
```

默认值：normal。

取值：

➢ normal：正常的字体。相当于数字值 400。

➢ bold：粗体。相当于数字值 700。

➢ bolder：定义比继承值更重的值。

➢ lighter：定义比继承值更轻的值。

➢ <integer>：用数字表示文本字体粗细。取值范围：100、200、300、400、500、600、700、800、900。

6. font-stretch

定义元素的文字是否横向拉伸变形。

语法：

```
font-stretch:normal | ultra-condensed | extra-condensed | condensed | semi-condensed |
semi-expanded | expanded | extra-expanded | ultra-expanded
```

默认值：normal。

取值：

➢ normal：正常文字宽度。

➢ ultra-condensed：比正常文字宽度窄 4 个基数。

➢ extra-condensed：比正常文字宽度窄 3 个基数。

➢ condensed：比正常文字宽度窄 2 个基数。

➢ semi-condensed：比正常文字宽度窄 1 个基数。

➢ semi-expanded：比正常义字宽度宽 1 个基数。

➢ expanded：比正常文字宽度宽 2 个基数。

➢ extra-expanded：比正常文字宽度宽 3 个基数。

➢ ultra-expanded：比正常文字宽度宽 4 个基数。

7. font-size-adjust

定义元素的 aspect 值，用以保持首选字体的 x-height。

语法：

```
font-size-adjust:none | <number>
```

默认值：none。

取值：

➢ none：不保留首选字体的 x-height。

➢ <number>：定义字体的 aspect 值。

说明：

（1）字体的小写字母 "x" 的高度与字号之间的比率被称为一个字体的 aspect 值。

（2）高 aspect 值的字体被设置为很小的尺寸时会更易阅读。举例：Verdana 的 aspect 值是 0.58（意味着当字体尺寸为 100px 时，它的 x-height 是 58px）。Times New Roman 的 aspect 值是 0.46。这就意味着 Verdana 在小尺寸时比 Times New Roman 更易阅读。

（3）可以使用这个公式来为可用字体推演出合适的字号：可应用到可用字体的字体尺寸 = 首选字体的字体尺寸 × （font-size-adjust 值 / 可用字体的 aspect 值）。

（4）详述：如果 14px 的 Verdana （aspect 值是 0.58） 不可用，但是某个可用的字体的 aspect 值是 0.46，那么替代字体的尺寸将是 14 × （0.58/0.46） = 17.65px。

7. font

简写属性。定义元素的文本特性。

语法：

```
font:[ [ font-style ‖ font-variant ‖ font-weight ‖ font-stretch ] ? font-size [ /line-height] ? font-family] | caption | icon | menu | message-box | small-caption | status-bar
```

默认值：看独立属性自身。

取值：

➢ font-style：指定文本字体样式。

➢ font-variant：指定文本是否为小型的大写字母。

➢ font-weight：指定文本字体的粗细。

➢ font-stretch：指定文本字体拉伸变形。

➢ font-size：指定文本字体尺寸。

➢ line-height：指定文本字体的行高。

➢ font-family：指定文本使用某个字体或字体序列。

➢ caption：使用有标题的系统控件的文本字体（如按钮、菜单等）。（CSS2）

➢ icon：使用图标标签的字体。（CSS2）

➢ menu：使用菜单的字体。（CSS2）

➢ message-box：使用信息对话框的文本字体。（CSS2）

➢ small-caption：使用小控件的字体。（CSS2）

➢ status-bar：使用窗口状态栏的字体。（CSS2）

使用 font 属性参数必须按照如上的排列顺序，且 font-size 和 font-family 是不可忽略的。每个参数仅允许有一个值。忽略的将使用其参数对应的独立属性的默认值。

4.5　文本属性（Text）

除了可以设置文本的字体、字号、文字颜色等基本属性之外，文本属性添加了一些高级的属性设置，如表 4 – 13 所示，包括文本缩进、自动换行等属性。

表 4 – 13　CSS 中有关文本的属性

名　称	描　述
text-indent	定义块内文本内容的缩进
text-align	定义元素内容的水平对齐方式
text-align-last	定义块内文本内容的最后一行（包括块内仅有一行文本的情况，这时既是第一行也是最后一行）或者被强制打断的行的对齐方式

名　　称	描　　述
text-indent	定义块内文本内容的缩进
line-height	定义元素中行框的最小高度
text-justify	定义使用什么方式实现文本内容两端对齐
vertical-align	定义行内元素在行框内的垂直对齐方式
text-transform	定义元素的文本如何转换大小写
text-size-adjust	定义移动端页面中元素文本的大小如何调整
letter-spacing	指定字符之间的额外间隙
word-spacing	指定单词之间的额外间隙
white-space	指定元素是否保留文本间的空格、换行；指定文本超过边界时是否换行
word-break	定义元素内容文本的字间与字符间的换行行为
word-wrap/overflow-wrap	定义元素内容文本遇到边界时如何换行
tab-size	定义元素内容中制表符的长度

1. text-indent

定义块内文本内容的缩进。

语法：

```
text-indent:[ <length> | <percentage> ] && hanging? && each-line?
```

默认值：0。

取值：

➢ <length>：用长度值指定文本的缩进。可以为负值。

➢ <percentage>：用百分比指定文本的缩进。可以为负值。

➢ each-line：定义缩进作用在块容器的第一行或者内部的每个强制换行的首行，软换行不受影响。

➢ hanging：该值会对所有的行进行反转缩进，除了第一行之外的所有的行都会被缩进，看起来就像第一行设置了一个负的缩进值。

说明：

（1）定义块内文本内容的缩进。

（2）行内元素要使用该属性必须先定义该元素为块级或行内块级。

（3）hanging 和 each-line 关键字紧随在缩进数值之后。

示例代码：

```
div { text-indent:2em each-line; }
```

示例代码将使得 div 内部的每个块级文本内容的第一行及每个强制换行的首行都拥有 2em 的缩进。

2. text-align

定义元素内容的水平对齐方式。

语法：

```
text-align: start |end |left |right |center |justify |match-parent |justify-all
```

默认值：start。

取值：

➢ left：内容左对齐。

➢ center：内容居中对齐。

➢ right：内容右对齐。

➢ justify：内容两端对齐，但对于强制打断的行（被打断的这一行）及最后一行（包括仅有一行文本的情况，因为它既是第一行也是最后一行）不做处理。（CSS3）

➢ start：内容对齐开始边界。（CSS3）

➢ end：内容对齐结束边界。（CSS3）

➢ match-parent：这个值和 inherit 表现一致，只是该值继承的 start 或 end 关键字是针对父母的 direction 值并计算的，计算值可以是 left 和 right。

➢ justify-all：效果等同于 justify，不同的是最后一行也会两端对齐。

3. text-align-last

定义块内文本内容的最后一行（包括块内仅有一行文本的情况，这时既是第一行也是最后一行）或者被强制打断的行的对齐方式。

语法：

```
text-align-last: auto | start | end | left | right | center | justify
```

默认值：auto。

取值：

➢ auto：无特殊对齐方式。

➢ left：内容左对齐。

➢ center：内容居中对齐。

➢ right：内容右对齐。

➢ justify：内容两端对齐。

➢ start：内容对齐开始边界。

➢ end：内容对齐结束边界。

4. line-height

定义元素中行框的最小高度。

语法：

```
line-height: normal | <length> | <percentage> | <number>
```

默认值：normal。

取值：

➢ normal：允许内容顶开或溢出指定的容器边界。

➢ <length>：用长度值指定行高。不允许负值。

➢ <percentage>：用百分比指定行高，其百分比基于文本的 font-size 进行换算。不允许负值。

➢ <number>：用乘积因子指定行高。不允许负值。

5. text-justify

定义使用什么方式实现文本内容两端对齐。因为这个属性影响文本布局，所以 text-align

属性必须被设置为 justify。

语法：

```
text-justify: auto | none | inter-word | inter-ideograph | inter-cluster | distribute
| kashida
```

默认值：auto。

取值：

➢ auto：允许浏览器用户代理确定使用的两端对齐法则。

➢ none：禁止两端对齐。

➢ inter-word：通过增加文字之间的空格对齐文本。该行为是对齐所有文本行最快的方法，它的两端对齐行为对段落的最后一行无效。

➢ inter-ideograph：为表意字文本提供完全两端对齐，增加或减少表意字和词间的空格。

➢ inter-cluster：调整文本无词间空格的行。这种模式的调整是用于优化亚洲语言文档的。

➢ distribute：通过增加或减少字或字母之间的空格对齐文本，适用于东亚语言文档，尤其是泰国文字。

➢ kashida：通过拉长选定点的字符调整文本。这种调整模式是特别为阿拉伯脚本语言提供的。

6. vertical-align

定义行内元素在行框内的垂直对齐方式。

语法：

```
vertical-align: baseline | sub | super | top | text-top | middle | bottom | text-bottom |
<percentage> | <length>
```

默认值：baseline。

取值：

➢ baseline：把当前盒的基线与父级盒的基线对齐。如果该盒没有基线，就将底部外边距的边界和父级的基线对齐。

➢ sub：把当前盒的基线降低到合适的位置作为父级盒的下标（该值不影响该元素文本的字体大小）。

➢ super：把当前盒的基线提升到合适的位置作为父级盒的上标（该值不影响该元素文本的字体大小）。

➢ text-top：把当前盒的 top 和父级的内容区的 top 对齐。

➢ text-bottom：把当前盒的 bottom 和父级的内容区的 bottom 对齐。

➢ middle：把当前盒的垂直中心和父级盒的基线加上父级的半 x-height 对齐。

➢ top：把当前盒的 top 与行盒的 top 对齐。

➢ bottom：把当前盒的 bottom 与行盒的 bottom 对齐。

➢ <percentage>：把当前盒提升（正值）或者降低（负值）这个距离，百分比相对 line-height 计算。当值为 0 时等同于 baseline。

➢ <length>：把当前盒提升（正值）或者降低（负值）这个距离。当值为 0 时等同于 baseline。

7. text-transform

定义元素的文本如何转换大小写。

语法：

```
text-transform: none | capitalize | uppercase | lowercase | full-width
```

默认值：none。

取值：

> none：无转换。

> capitalize：将每个单词的第一个字母转换成大写。

> uppercase：将每个单词转换成大写。

> lowercase：将每个单词转换成小写。

> full-width：将所有字符转换成 fullwidth 形式。如果字符没有相应的 fullwidth 形式，将保留原样。这个值通常用于排版拉丁字符和数字等表意符号。

8. text-size-adjust

定义移动端页面中元素文本的大小如何调整。

该属性只在移动设备上生效；如果用户的页面没有定义 meta viewport，此属性定义将无效；如果不希望页面的文本大小随手持设备尺寸变化（比如横竖屏旋转）而发生变化（这可能会导致页面布局错乱），可以定义值为 none 或者 100%(早期版本的 Safari 会忽略 none 取值)。

语法：

```
text-size-adjust: auto | none | <percentage>
```

默认值：auto。

取值：

> auto：文本大小根据设备尺寸进行调整。

> none：文本大小不会根据设备尺寸进行调整。

> <percentage>：用百分比来指定文本大小在设备尺寸不同的情况下如何调整。

9. letter-spacing

指定字符之间的额外间隙。该属性可以将指定的额外间隙添加到每个字符之后，最后一个单词也会被添加。

语法：

```
letter-spacing: normal | <length>
```

默认值：normal。

取值：

> normal：默认间隔。计算值为 0。

> <length>：用长度值指定字符间隔。可以为负值。

10. word-spacing

指定单词之间的额外间隙。该属性可以将指定的额外间隙添加到每个单词之后，最后一个单词不添加，这意味着可以通过该属性控制单词间的间隙大小。判断是否为单词的依据是单词间是否有单词分割符，如空格。

语法：

```
word-spacing: normal | <length> | <percentage>
```

默认值：normal。

取值：

➢ normal：默认间隔。计算值为 0。

➢ <length>：用长度值指定单词间隔。可以为负值。

➢ <percentage>：用百分比指定单词间隔。可以为负值。

11．white-space

指定元素是否保留文本间的空格、换行；指定文本超过边界时是否换行。

语法：

```
white-space: normal | pre | nowrap | pre-wrap | pre-line
```

默认值：normal。

取值：

➢ normal：默认处理方式。会将序列的空格合并为一个，内部是否换行由换行规则决定。

➢ pre：原封不动地保留输入时的状态，空格、换行都会保留，并且当文字超出边界时不换行。等同 pre 元素效果。

➢ nowrap：与 normal 值一致，不同的是会强制所有文本在同一行内显示。

➢ pre-wrap：与 pre 值一致，不同的是文字超出边界时将自动换行。

➢ pre-line：与 normal 值一致，但是会保留文本输入时的换行。

12．word-break

定义元素内容文本的字间与字符间的换行行为。

作为 IE 的私有属性之一，IE 5.5 率先实现了 word-break，后期被 W3C 采纳成标准属性；对于解决防止页面中出现连续无意义的长字符打破布局，应该使用 break-all 或 break-word 属性值。

语法：

```
word-break: normal | keep-all | break-all | break-word
```

默认值：normal。

取值：

➢ normal：默认的换行规则。依据各自语言的规则，允许在字间发生换行。

➢ keep-all：对于 CJK（中文、韩文、日文）文本不允许在字符内发生换行。Non-CJK 文本表现同 normal。

➢ break-all：对于 Non-CJK 文本允许在任意字符内发生换行。该值适合包含一些非亚洲文本的亚洲文本，比如使连续的英文字符断行。

➢ break-word：与 break-all 相同，不同的地方在于它要求一个没有断行破发点的词必须保持为一个整体单位。这与 word-wrap 的 break-word 值效果相同。

13．word-wrap/overflow-wrap

设置或检索当内容超过指定容器的边界时是否断行。

作为 IE 的私有属性之一，IE 5.5 率先实现了 word-wrap，后期被 W3C 采纳成标准属性；

CSS3 中将 word-wrap 改名为 overflow-wrap。

语法：

```
word-wrap, overflow-wrap: normal | break-word | break-spaces
```

默认值：normal。

取值：

➤ normal：允许内容顶开或溢出指定的容器边界。

➤ break-word：内容将在边界内换行，如果需要，单词内部允许断行。它要求一个没有断行破发点的词必须保持为一个整体单位，如果当前行无法放下需要被打断的单词，为了保持完整性，会将整个单词放到下一行进行展示。这与 word-break 的 break-word 值效果相同。

14. tab-size

定义元素内容中制表符的长度。

该属性决定了制表符（U + 0009）的宽度，number 代表空格（U + 0020）的倍数（如"tab-size：" 表示制表符宽度是 4 个空格的宽度）。只有当 white-space 的属性值为 pre 或 pre-wrap 时，该属性的定义才有效。

语法：

```
tab-size: < number > | < length >
```

取值：

➤ < number >：用整数值指定制表符的长度。不允许负值。

➤ < length >：用长度值指定制表符的长度。不允许负值。

4.6 文本修饰（TextDecoration）

CSS 中对文本的修饰由更加细致的属性来进行设置，如表 4 – 14 所示，包括文本阴影、文本装饰线的颜色、形状等高级属性。

表 4 – 14 CSS 中有关文本修饰的属性

名　　称	描　　述
text-shadow	定义文字是否有阴影及模糊效果
text-decoration-line	定义元素文本装饰线条位于文本的哪个位置
text-decoration-color	指定元素文本装饰线条的颜色
text-decoration-style	定义元素文本装饰线条的形状
text-decoration-skip	定义元素文本装饰线条必须跳过内容中的哪些部分
text-underline-position	定义元素装饰线的位置
text-decoration	简写属性。定义元素文本装饰

1. text-shadow

定义文字是否有阴影及模糊效果。参阅 box-shadow 属性。

可以设定多组效果，每组参数值以逗号分隔。如果定义了多组阴影效果，它们的 z-ordering 和多个 box-shadow 规则相同，第一个阴影在最上面，依此类推。

语法：

```
text-shadow: none | < shadow > [, < shadow > ]*
< shadow > = < length > {2,3} && < color > ?
```

取值：

➢ none：无阴影。

➢ < length >：第 1 个长度值用来设置对象的阴影水平偏移值。可以为负值。

➢ < length >：第 2 个长度值用来设置对象的阴影垂直偏移值。可以为负值。

➢ < length >：如果提供了第 3 个长度值则用来设置对象的阴影模糊值。不允许负值。

➢ < color >：设置对象的阴影的颜色。

2. text-decoration-line

定义元素文本装饰线条位于文本的哪个位置。相当于 CSS 2.1 的 text-decoration 属性。需要注意的是大部分浏览器都不支持 blink 值，因为规范允许用户代理忽略该效果。

语法：

```
text-decoration-line: none | [ underline ‖ overline ‖ line-through ‖ =|blink ]
```

默认值：none。

取值：

➢ none：指定文字无装饰。

➢ underline：指定文字的装饰是下画线。

➢ overline：指定文字的装饰是上画线。

➢ line-through：指定文字的装饰是删除线。

➢ blink：指定文字的装饰是闪烁。

3. text-decoration-color

指定元素文本装饰线条的颜色。

语法：

```
text-decoration-color: < color >
```

默认值：currentColor。

取值：

➢ < color >：指定颜色。

4. text-decoration-style

定义元素文本装饰线条的形状。

语法：

```
text-decoration-style: solid | double | dotted | dashed | wavy
```

默认值：solid。

取值：

➢ solid：实线。

➢ double：双线。

➢ dotted：点状线条。

➢ dashed：虚线。

➢ wavy：波浪线。

5. text-decoration-skip

定义元素文本装饰线条必须跳过内容中的哪些部分。

语法：

```
text-decoration-skip: none | [ objects ‖ spaces ‖ ink ‖ edges ‖ box-decoration ]
```

默认值：objects。

取值：

➢ none：不跳过。文本装饰将绘制在所有文本及原子内联级盒上。

➢ objects：跳过原子内联级盒（如图片或内联块）。

➢ spaces：跳过空白。包括常规空白（U+0020）、制表符（U+0009）以及不间断空格（U+00A0）、表意空格（U+3000）、所有固定宽度空格（U+2000 至 U+200A、U+202F 和 U+205F），以及相邻的字母间隔或单词间隔。

➢ ink：跳过字符绘制处。中断装饰线，以显示文本装饰件将穿过该字形的文本。用户代理可能还会在该字形轮廓的两侧额外跳过一段距离。

➢ edges：用户代理应当将装饰线的起始、结束放置在文本内容边缘更靠内的位置，使得诸如两个紧密相邻的元素的下画线不会显示为一条下画线。（这在中文里很重要，对于中文，下画线是一种标点符号。）

➢ box-decoration：跳过盒子的 margin、border、padding 区域。需要注意的是，这只针对祖先的装饰效果，装饰盒不会绘制自身的装饰。

6. text-underline-position

定义元素装饰线的位置。

语法：

```
text-underline-position: auto | [ under ‖ [ left | right ] ]
```

默认值：auto。

取值：

➢ auto：用户代理可能会使用任意算法确定下画线的位置。

➢ under：下画线的定位与元素内容盒子的下边缘相关。

➢ left：下画线的定位与元素内容盒子的左边缘相关。

➢ right：下画线的定位与元素内容盒子的右边缘相关。

7. text-decoration

简写属性。定义元素文本装饰。所有浏览器均支持 CSS 2.1 中的 text-decoration 属性，在 CSS 3 中，该属性定义被移植到其新的分解属性 text-decoration-line 上。

语法：

```
text-decoration: text-decoration-line ‖ text-decoration-style ‖ text-decoration-color
```

默认值：看每个独立属性。

取值：

➤ text-decoration-line：指定文本装饰的种类。相当于 CSS 2.1 的 text-decoration 属性，可取值：none、underline、overline、line-through 和 blink。

➤ text-decoration-style：指定文本装饰的样式。

➤ text-decoration-color：指定文本装饰的颜色。

4.7　颜色和背景（Color and Background）

CSS 3 中有丰富的属性来设置网页的颜色和背景色。如表 4 - 15 所示，不仅仅包括传统的前景色、背景色、背景图像这些设置，还包括不透明度、背景图像裁剪和尺寸等高级属性。

表 4 - 15　CSS 中有关颜色和背景的属性

名　　称	描　　述
color	指定颜色
opacity	定义元素的不透明度
background-color	定义元素使用的背景颜色
background-image	定义元素使用的背景图像
background-repeat	定义元素的背景图像如何填充
background-attachment	定义滚动时背景图像相对于谁固定
background-position	指定背景图像在元素中出现的位置
background-origin	指定的背景图像计算 background-position 时的参考原点（位置）
background-clip	指定对象的背景图像向外裁剪的区域
background-size	定义背景图像的尺寸大小
background	简写属性。定义元素的背景特性

1. color

检索或设置对象的文本颜色。无默认值。

可以使用 Color Name（颜色名称），HEX、RGB、RGBA、HSL、HSLA、transparent 来指定 color。注意，用颜色名称指定 color 可能不被一些浏览器接受。

语法：

```
color: < color >
```

默认值：由 user agent 决定。

2. opacity

定义元素的不透明度。

当一个元素定义了 opacity 属性，并且值小于 1 时，那么它的子元素也会同样拥有相同的透明度。

当一个元素定义了 opacity 属性，并且值小于 1 时，将会创建一个新的堆叠上下文；如果其他的元素为非定位元素，那么该元素的堆叠级别将会高于其他元素。

语法：

```
opacity: < number >
```

默认值：1。

3. background-color

定义元素使用的背景颜色。

在同一组背景定义中，如果背景颜色和背景图像都设置了，那么背景图像会覆盖在背景颜色之上。如果设置了 background-image，同时也建议设置 background-color 用于当背景图像不可见时保持与文本颜色有一定的对比度。

语法：

```
background-color: < color >
```

默认值：transparent。

4. background-image

定义元素使用的背景图像。

在同一组背景定义中，如果背景颜色和背景图像都设置了，那么背景图像会覆盖在背景颜色之上。如果设置了 background-image，同时也建议设置 background-color 用于当背景图像不可见时保持与文本颜色有一定的对比度。

语法：

```
background-image: < bg-image > [ , < bg-image > ]*  < bg-image >= < image >  | none
```

默认值：none。

5. background-repeat

定义元素的背景图像如何填充。

该属性接受 1~2 个参数值，如果提供两个参数值，第一个用于横向，第二个用于纵向；如果提供一个，则同时应用于横向与纵向。特殊值 repeat-x 和 repeat-y 除外，因为 repeat-x 相当于 repeat no-repeat，repeat-y 相当于 no-repeat repeat，即其实 repeat-x 和 repeat-y 等价于提供了两个参数值。

语法：

```
background-repeat: < repeat-style > [ , < repeat-style > ]*
 < repeat-style >= repeat-x | repeat-y |[ repeat | no-repeat | space | round]{1,2}
```

默认值：repeat。

取值：

➢ repeat-x：背景图像在横向上平铺。

➢ repeat-y：背景图像在纵向上平铺。

➢ repeat：背景图像在横向和纵向平铺。

➢ no-repeat：背景图像不平铺。

➢ round：当背景图像不能以整数次平铺时，会根据情况缩放图像。

➢ space：当背景图像不能以整数次平铺时，会用空白间隙填充在图像周围。

6. background-attachment

定义滚动时背景图像相对于谁固定。

语法：

```
background-attachment: <attachment> [, <attachment>]*
<attachment>=|fixed | scroll | local
```

默认值：scroll。

取值：

➢ fixed：背景图像相对于视口（viewport）固定。

➢ scroll：背景图像相对于元素固定，也就是说当元素内容滚动时背景图像不会跟着滚动，因为背景图像总是要跟着元素本身。但会随元素的祖先元素或窗体一起滚动。

➢ local：背景图像相对于元素内容固定，也就是说当元素随元素滚动时背景图像也会跟着滚动，因为背景图像总是要跟着内容。

7. background-position

指定背景图像在元素中出现的位置。

该属性接受 1~4 个参数值。如果提供三或四个，每个 <percentage> 或 <length> 偏移量之前都必须跟着一个边界关键字（即 left、right、top、bottom，不包括 center），偏移量相对关键字位置进行偏移。

语法：

```
background-position: <position> [, <position>]*
<position>=[[ left | center | right | top | bottom | <percentage> | <length> ] |[
left | center | right | <percentage> | <length> ] [ top | center | bottom | <percentage>
| <length> ] |[ center |[ left | right ] [ <percentage> | <length> ]? && [ center |[
top | bottom ] [ <percentage> | <length> ]? ]
```

默认值：0。0，效果等同于 left top。

取值：

➢ <percentage>：用百分比指定背景图像在元素中出现的位置。可以为负值。参考容器尺寸减去背景图像尺寸进行换算。

➢ <length>：用长度值指定背景图像在元素中出现的位置。可以为负值。

➢ center：背景图像横向或纵向居中。

➢ left：背景图像从元素左边开始出现。

➢ right：背景图像从元素右边开始出现。

➢ top：背景图像从元素顶部开始出现。

➢ bottom：背景图像从元素底部开始出现。

8. background-origin

指定的背景图像计算 background-position 时的参考原点（位置）。

语法：

```
background-origin: <box> [, <box>]*
<box>=|border-box | padding-box | content-box
```

默认值：padding-box。

取值：

➢ border-box：从 border 区域（含 border）开始显示背景图像。

➢ padding-box：从 padding 区域（含 padding）开始显示背景图像。

> content-box：从 content 区域开始显示背景图像。

9. background-clip

指定对象的背景图像向外裁剪的区域。

语法：

```
background-clip: <box> [, <box> ]*
<box>=|border-box | padding-box | content-box | text
```

默认值：border-box。

取值：

> border-box：从 border 区域（含 border）开始向外裁剪背景。

> padding-box：从 padding 区域（含 padding）开始向外裁剪背景。

> content-box：从 content 区域开始向外裁剪背景。

> text：从前景内容的形状（如文字）作为裁剪区域向外裁剪，如此即可实现使用背景作为填充色之类的遮罩效果。

10. background-size

定义背景图像的尺寸大小。

该属性接受 1 ~ 2 个参数值（cover 和 contain 关键字只接受一个）。如果提供两个，第一个用于定义背景图像宽度，第二个定义高度；如果只提供一个，该值用于定义背景图像的宽度，高度将依据图像宽度定义进行等比缩放计算得到。

当属性值为百分比时，参照背景图像的 background-origin 区域大小进行换算（而不是包含块大小）。

语法：

```
background-size: <bg-size> [, <bg-size> ]*
<bg-size>=|[ <length> | <percentage> | auto ]{1,2} | cover | contain
```

默认值：auto。

取值：

> <length>：用长度值指定背景图像大小。不允许负值。

> <percentage>：用百分比指定背景图像大小。不允许负值。

> auto：背景图像的真实大小。

> cover：将背景图像等比缩放到完全覆盖容器，背景图像有可能超出容器。

> contain：将背景图像等比缩放到宽度或高度与容器的宽度或高度相等，背景图像始终被包含在容器内。

11. background

简写属性。定义元素的背景特性（背景色 background-color 不能设置多组）。

一个元素可以设置多组背景图像，每组属性间使用逗号分隔。

如果设置的多组背景图之间存在着交集（即存在着重叠关系），前面的背景图会覆盖在后面的背景图之上。

语法：

```
background:[ <bg-layer>,]*  <final-bg-layer>
<bg-layer>=|<bg-image> || <position> [ / <bg-size> ]? || <repeat-style> || <attachment> || <box> || <box>
```

```
<final-bg-layer>=|<bg-image> || <position> [ / <bg-size> ]? || <repeat-style> || <
attachment> || <box> || <box> || background-color
```

默认值：看每个独立属性。

取值：

➤ background-image：指定元素使用的背景图像。可以是图片路径或使用渐变创建的"背景图像"。

➤ background-position：指定背景图像在元素中出现的位置。

➤ background-size：指定背景图像尺寸。

➤ background-repeat：指定背景图像如何填充。

➤ background-attachment：定义滚动时背景图像相对于谁固定。

➤ background-origin：指定背景图像从元素的哪个区域作为显示的原点。

➤ background-clip：指定背景图像向外裁剪的区域。

➤ background-color：指定背景颜色。

4.8　轮廓和边框 （Outline and Border）

Border 属性在 CSS1 中就有定义，它设置了边框的样式风格。表 4-16 总结了 CSS3 中有关轮廓和边框的属性，其大大拓展了 CSS 盒模型中边框属性的设置。

表 4-16　CSS3 中有关轮廓和边框的属性

名　　称	描　　述
border-width	简写属性。定义元素的边框厚度
border-style	简写属性。定义元素的边框样式
border-color	简写属性。定义元素的边框颜色
border	简写属性。定义元素边框的外观特性
border-radius	简写属性。定义元素的圆角
border-image	简写属性。定义将图像应用到元素的边框上
border-image-source	定义元素边框样式所使用的图像
border-image-slice	用以指定从哪 4 个位置分割图像（遵循上右下左的顺序）
border-image-width	定义元素边框图像的厚度
border-image-outset	定义边框图像从边框边界向外偏移的距离
border-image-repeat	定义分割图像怎样填充边框图像区域
outline-width	设置或检索对象外的线条轮廓的宽度
outline-style	设置或检索对象外的线条轮廓的样式
outline-color	设置或检索对象外的线条轮廓的颜色
outline-offset	设置或检索对象外的线条轮廓偏移位置的值
outline	复合属性。设置或检索对象外的线条轮廓
box-shadow	定义元素的阴影

1. border-width

定义元素的边框厚度。

如果 border-width 属性提供全部 4 个参数值，将按上、右、下、左的顺序作用于四边；只提供 1 个，将用于全部的四边；提供 2 个，第一个用于上、下，第二个用于左、右；提供 3 个，第一个用于上，第二个用于左、右，第三个用于下。

如果 border-style 设置为 none、hidden，border-width 及其分拆独立属性的计算值将为 0。

简写属性语法：

```
border-width: < line-width >{1,4}
```

分拆独立属性语法：

```
border-* -width: < line-width >
border-* -width =border-top-width,border-right-width,border-bottom-width,border-left-width
```

默认值：medium。

取值：

➢ < length > ：用长度值来定义边框的厚度。不允许负值。

➢ medium：定义默认厚度的边框。计算值为 3px。

➢ thin：定义比默认厚度细的边框。计算值为 1px。

➢ thick：定义比默认厚度粗的边框。计算值为 5px。

2. border-style

定义元素的边框样式。

如果 border-style 属性提供全部 4 个参数值，将按上、右、下、左的顺序作用于四边；只提供 1 个，将用于全部的四边；提供 2 个，第一个用于上、下，第二个用于左、右；提供 3 个，第一个用于上，第二个用于左、右，第三个用于下。

如果 border-width 等于 0，border-style 及其分拆独立属性将失效。

简写属性语法：

```
border-style: < line-style >{1,4}
```

分拆独立属性语法：

```
border-* -style: < line-style >
border-* -style =border-top-style,border-right-style,border-bottom-style,border-left-style
```

默认值：none。

取值：

➢ none：无轮廓。当定义了该值时，border-color 将被忽略，border-width 计算值为 0，除非边框轮廓应用了 border-image。

➢ hidden：隐藏边框。

➢ dotted：点状轮廓。

➢ dashed：虚线轮廓。

➢ solid：实线轮廓。

➢ double：双线轮廓。两条单线与其间隔的和等于指定的 border-width 值。

➢ groove：3D 凹槽轮廓。

➢ ridge：3D 凸槽轮廓。

➢ inset：3D 凹边轮廓。

➢ outset：3D 凸边轮廓。

3. border-color

定义元素的边框颜色。

如果 border-color 属性提供全部 4 个参数值，将按上、右、下、左的顺序作用于四边；只提供 1 个，将用于全部的四边；提供 2 个，第一个用于上、下，第二个用于左、右；提供 3 个，第一个用于上，第二个用于左、右，第三个用于下。

如果 border-width 等于 0 或 border-style 设置为 none、hidden，border-color 及其分拆独立属性将失效。

简写属性语法：

```
border-color: <color>{1,4}
```

分拆独立属性语法：

```
border-* -color: <color>
border-* -color =border-top-color,border-right-color,border-bottom-color,border-left-color
```

默认值：currentColor。

4. border

简写属性。定义元素边框的外观特性。如使用 border 或 border-＊ 短属性只定义了单个参数值，则其他参数的默认值将无条件覆盖各自对应的单个属性值定义。

简写属性语法：

```
border: <line-width> ‖ <line-style> ‖ <color>
```

分拆简写属性语法：

```
border-* : <line-width> ‖ <line-style> ‖ <color>
border-* =border-top,border-right,border-bottom,border-left
```

默认值：看每个独立属性。

5. border-radius

简写属性。定义元素的圆角。

如果 border-radius 属性提供 2 个参数，参数间以/分隔，每个参数允许设置 1～4 个参数值，第一个参数表示水平半径或半轴，第二个参数表示垂直半径或半轴，如第二个参数值省略未定义，则直接复制第一个参数值。

简写属性语法：

```
border-radius:[ <length> | <percentage> ]{1,4}[ / [ <length> | <percentage> ]
{1,4}]?
```

分拆独立属性语法：

```
border-* -radius:[ <length> | <percentage> ]{1,2}
border-* -radius = border-top-left-radius, border-top-right-radius, border-bottom-
right-radius,border-bottom-left-radius
```

默认值：0。

6. border-image

简写属性。定义将图像应用到元素的边框上。

使用图像替代 border-style 去定义边框样式。当 border-image 为 none 或图像不可见时，将会显示 border-style 所定义的边框样式效果。

Border-image 属性生效的前提是定义了 border-width 和 border-style。

语法：

```
border-image: border-image-source || border-image-slice [ / border-image-width | /
border-image-width ? / border-image-outset ]? || border-image-repeat
```

取值：

- border-image-source：定义元素边框背景图像，可以是图片路径或使用渐变创建的"背景图像"。
- border-image-slice：定义元素边框背景图像从什么位置开始分割。
- border-image-width：定义元素边框背景图像厚度。
- border-image-outset：定义元素边框背景图像的外延尺寸。
- border-image-repeat：定义元素边框背景图像的平铺方式。

7. border-image-source

定义元素边框样式所使用的图像。

指定一个图像用来替代 border-style 所定义的边框样式。当 border-image 为 none 或图像不可见时，将会显示 border-style 所定义的边框样式效果。

除了直接使用图片来作为边框样式外，还可以绘制渐变来作为边框样式。

语法：

```
border-image-source:none | <image>
```

默认值：none。

8. border-image-slice

用以指定从哪 4 个位置分割图像（遵循上右下左的顺序）。

该属性指定从上，右，下，左 4 个方位来分割图像，将图像分成 4 个角、4 条边和中间区域共 9 份，中间区域始终是透明的（即没图像填充），除非加上关键字 fill。

除 fill 关键字外，该属性接受 1~4 个参数值，如果提供全部 4 个参数值，将按上、右、下、左的顺序进行分割；提供 3 个，第一个用于上，第二个用于左、右，第三个用于下；提供 2 个，第一个用于上、下，第二个用于左、右；只提供 1 个，上右下左都使用该值进行分割。

语法：

```
border-image-slice:[ <number> | <percentage> ]{1,4} && fill?
```

默认值：100%。

取值：

- <number>：用浮点数指定图像分割的位置。数字代表在图像上的像素位置或向量坐标。不允许负值。

> ➤ < percentage >：用百分比指定图像分割的位置。垂直和水平方向的百分比分别参照
> 图片的宽和高进行换算。不允许负值。

> ➤ fill：保留裁减后的中间区域，其铺排方式遵循 border-image-repeat 的定义。

9. border-image-width

定义元素边框图像的厚度。

该属性用于指定使用多厚的边框来承载被裁剪后的图像。

当该属性省略未定义时，因为默认值是 1，所以该属性的计算值会是 1 * border-width，相当于会直接使用 border-width 的定义。

当该属性的值定义为 auto，将会直接使用 border-image-slice 的定义。

当该属性的值定义为百分比时，其垂直和水平方向的计算值要分别参照图像边框区域的宽和高进行换算。

语法：

```
border-image-width:[ <length> | <percentage> | <number> |auto ]{1,4}
```

默认值：1。

取值：

> ➤ < length >：用长度值指定图像边框的厚度。不允许负值。

> ➤ < percentage >：用百分比指定图像边框的厚度。参照图像边框区域的大小（包含
> border 和 padding）进行换算。不允许负值。

> ➤ < number >：用浮点数指定图像边框的厚度。该值表示为 border-width 的倍数，若值
> 为 2，则使用值为 2 * border-width。不允许负值。

> ➤ auto：如果 auto 值被设置，则 border-image-width 采用与 border-image-slice 相同的值。

10. border-image-outset

定义边框图像从边框边界向外偏移的距离。

该属性接受 1 ~ 4 个参数值，如果提供全部 4 个参数值，将按上、右、下、左的顺序作用于四边；提供 3 个，第一个用于上，第二个用于左、右，第三个用于下；提供 2 个，第一个用于上、下，第二个用于左、右；只提供 1 个，同时作用于四边。

该属性用于指定边框图像向外偏移的距离，如果值为 10px，则图像在原本的基础上往外延展 10px 再显示，但并不会影响布局，因为它本身并不占据布局空间。这有点类似 outline-offset。

语法：

```
border-image-outset:[ <length> | <number> ]{1,4}
```

默认值：0。

取值：

> ➤ < length >：用长度值指定边框图像向外偏移的距离。不允许负值。

> ➤ < number >：用浮点数指定边框图像向外偏移的距离。该值表示为 border-width 的倍
> 数，若值为 2，则使用值为 2 * border-width。不允许负值。

11. border-image-repeat

定义分割图像怎样填充边框图像区域。

该属性接受 1 ~ 2 个参数值，如果提供 2 个参数，第一个用于水平方向，第二个用于垂直方向；只提供 1 个，则水平和垂直方向都应用该值。

语法：

```
border-image-repeat:[ stretch | repeat | round | space ]{1,2}
```

默认值：stretch。

取值：

➢ stretch：将被分割的图像使用拉伸的方式来填充满边框图像区域。

➢ repeat：将被分割的图像使用重复平铺的方式来填充满边框图像区域。当图像碰到边界时，如果超过则被截断。

➢ round：与 repeat 关键字类似。不同在于，当背景图像不能以整数次平铺时，会根据情况缩放图像。

➢ space：与 repeat 关键字类似。不同在于，当背景图像不能以整数次平铺时，会用空白间隙填充在图像周围。

12. outline-width

设置或检索对象外的线条轮廓的宽度。

Outlines 相关属性不占据布局空间，不会影响元素的尺寸；outlines 可能是非矩形；不允许类似 <'border-width'> 属性那样能将自身拆分为 <'border-top-width'> <'border-right-width'> <'border-bottom-width'> <'border-left-width'> 。

语法：

```
outline-width: <length> | thin | medium | thick
```

默认值：medium。

取值：

➢ <length>：用长度值来定义轮廓的厚度。不允许负值。

➢ medium：定义默认宽度的轮廓。

➢ thin：定义比默认宽度细的轮廓。

➢ thick：定义比默认宽度粗的轮廓。

13. outline-style

设置或检索对象外的线条轮廓的样式。不允许类似 <'border-style'> 属性那样能将自身拆分为 <'border-top-style'> <'border-right-style'> <'border-bottom-style'> <'border-left-style'> 。

语法：

```
outline-style:none | dotted | dashed | solid | double | groove | ridge | inset | outset
```

默认值：none。

取值：

➢ none：无轮廓。与任何指定的 <'outline-width'> 值无关。

➢ dotted：点状轮廓。

➢ dashed：虚线轮廓。

➢ solid：实线轮廓。

➢ double：双线轮廓。两条单线与其间隔的和等于指定的 < 'outline-width' > 值。

➢ groove：3D 凹槽轮廓。

➢ ridge：3D 凸槽轮廓。

➢ inset：3D 凹边轮廓。

➢ outset：3D 凸边轮廓。

14. outline-color

设置或检索对象外的线条轮廓的颜色。不允许类似 < 'border-color' > 属性那样能将自身拆分为 < 'border-top-color' > < 'border-right-color' > < 'border-bottom-color' > < 'border-left-color' > 。

语法：

```
outline-color: <color> | invert
```

默认值：invert。

取值：

➢ < color > ：指定颜色。

➢ invert：使用背景色的反色。该参数值当前仅在 IE 及 Opera 下有效。

15. outline-offset

设置或检索对象外的线条轮廓偏移位置的值。Outline-offset 是以 border 边界作为参考点的，从 0 开始，正值从 border 边界往外延，负值从 border 边界往里缩。

语法：

```
outline-offset: <length>
```

默认值：0。

16. outline

复合属性。设置或检索对象外的线条轮廓。Outline 画在 < 'border' > 外面；outlines 相关属性不占据布局空间，不会影响元素的尺寸；outlines 可能是非矩形；不允许类似 < 'border' > 属性那样能将自身拆分为 < 'border-top' > < 'border-right' > < 'border-bottom' > < 'border-left' > 。

语法：

```
outline: <'outline-width'> || <'outline-style'> || <'outline-color'>
```

取值：

➢ < 'outline-width' > ：指定轮廓边框的宽度。

➢ < 'outline-style' > ：指定轮廓边框的样式。

➢ < 'outline-color' > ：指定轮廓边框的颜色。

17. box-shadow

定义元素的阴影。box-shadow 可以设定多组阴影效果，每组参数值以逗号分隔。该属性可以对绝大多数元素的生成框产生阴影。如果元素同时设置了 border-radius，阴影也会有圆角效果。

如果定义了多组阴影效果，它们的 z-ordering 和多个 text-shadow 规则相同，第一个阴影在最上面，依此类推。

语法：

```
box-shadow: none | < shadow > [, < shadow > ]*
 < shadow >=|inset? && < length >{2,4} && < color >?
```

默认值：none。

取值：

> none：无阴影。

> < length >：第一个长度值定义元素的阴影水平偏移值。正值，则阴影出现在元素右侧；负值，则阴影出现在元素左侧。

> < length >：第二个长度值定义元素的阴影垂直偏移值。正值，则阴影出现在元素底部；负值，则阴影出现在元素顶部。

> < length >：第三个长度值定义元素的阴影模糊值半径（如果提供了）。该值越大阴影边缘越模糊；若该值为 0，则阴影边缘不出现模糊。不允许负值。

> < length >：第四个长度值定义元素的阴影外延值（如果提供了）。正值，则阴影将向四面扩展；负值，则阴影向里收缩。

> < color >：定义元素阴影的颜色。如果该值未定义，则阴影颜色将默认取当前最近的文本颜色。

> inset：定义元素的阴影类型为内阴影。该值为空时，则元素的阴影类型为外阴影。

4.9　列　表　（List）

在 HTML 中，一般使用列表来表示导航等网页重要元素。表 4 – 17 总结了 CSS 中有关列表的属性。

表 4 – 17　CSS 中有关列表的属性

名　　称	描　　述
list-style-image	设置或检索作为对象的列表项标记的图像
list-style-position	设置或检索作为对象的列表项标记如何根据文本排列
list-style-type	设置或检索对象的列表项所使用的预设标记
list-style	复合属性。设置列表项目相关内容

1. list-style-image

设置或检索作为对象的列表项标记的图像。若 < 'list-style-image' > 属性为 none 或指定图像不可用时，< 'list-style-type' > 属性将发生作用。

语法：

```
list-style-image: none | < url >
```

默认值：none。

取值：

> none：不指定图像，默认内容标记将被 < 'list-style-type' > 代替。

> < url >：使用绝对或相对地址指定列表项标记图像。如果图像地址无效，默认内容标

记将被 < 'list-style-type' > 代替。

2. list-style-position

设置或检索作为对象的列表项标记如何根据文本排列。仅作用于具有 < 'display' > 值等于 list-item 的对象（如 li 对象）。

语法：

```
list-style-position: outside | inside
```

默认值：outside。

取值：

➢ outside：列表项目标记放置在文本以外，且环绕文本不根据标记对齐。

➢ inside：列表项目标记放置在文本以内，且环绕文本根据标记对齐。

3. list-style-type

设置或检索对象的列表项所使用的预设标记。

若 < 'list-style-image' > 属性为 none 或指定图像不可用时， < 'list-style-type' > 属性将发生作用。

仅作用于具有 < 'display' > 值等于 list-item 的对象（如 li 对象）。

语法：

```
list-style-type: disc | circle | square | decimal | lower-roman | upper-roman | lower-
alpha | upper-alpha | none | armenian | cjk-ideographic | georgian | lower-greek | hebrew |
hiragana | hiragana-iroha | katakana | katakana-iroha | lower-latin | upper-latin
```

默认值：disc。

取值：

➢ disc：实心圆。（CSS1）

➢ circle：空心圆。（CSS1）

➢ square：实心方块。（CSS1）

➢ decimal：阿拉伯数字。（CSS1）

➢ lower-roman：小写罗马数字。（CSS1）

➢ upper-roman：大写罗马数字。（CSS1）

➢ lower-alpha：小写英文字母。（CSS1）

➢ upper-alpha：大写英文字母。（CSS1）

➢ none：不使用项目符号。（CSS1）

➢ armenian：传统的亚美尼亚数字。（CSS2）

➢ cjk-ideographic：浅白的表意数字。（CSS2）

➢ georgian：传统的乔治数字。（CSS2）

➢ lower-greek：基本的希腊小写字母。（CSS2）

➢ hebrew：传统的希伯来数字。（CSS2）

➢ hiragana：日文平假名字符。（CSS2）

➢ hiragana-iroha：日文平假名序号。（CSS2）

➢ katakana：日文片假名字符。（CSS2）

➢ katakana-iroha：日文片假名序号。（CSS2）

➤ lower-latin：小写拉丁字母。（CSS2）

➤ upper-latin：大写拉丁字母。（CSS2）

4. list-style

复合属性。设置列表项目相关内容。

需要注意的是，如果使用 < 'list-style' > 复合属性，< 'list-style-image' > 属性必须放在最后，否则部分浏览器（包括所有的 webkit/blink 内核浏览器）将会解析出错。

语法：

```
list-style: < 'list-style-type' > ‖ < 'list-style-position' > ‖ < 'list-style-image' >
```

取值：

➤ < 'list-style-type' >：设置或检索对象的列表项所使用的预设标记。

➤ < 'list-style-position' >：设置或检索作为对象的列表项标记如何根据文本排列。

➤ < 'list-style-image' >：设置或检索作为对象的列表项标记的图像。

4.10　表　格　（Table）

在最早的网页布局中，使用了 Table + CSS 的方式进行网页布局，这种布局方式代码比较冗长，最重要的是它完全不符合语义，已经被完全淘汰。在现在的网页布局中，表格一般就单纯地表示需要用表格来呈现的数据。表 4 – 18 总结了 CSS 中有关表格的属性。

表 4 – 18　CSS 中有关表格的属性

名　称	描　述
table-layout	设置或检索表格的布局算法
border-collapse	设置或检索表格的行和单元格的边是合并在一起，还是按照标准的 HTML 样式分开
border-spacing	设置或检索当表格边框独立时，行和单元格的边框在横向和纵向上的间距
caption-side	设置或检索表格的 caption 对象是在表格的哪一边
empty-cells	设置或检索当表格的单元格无内容时，是否显示该单元格的边框

1. table-layout

设置或检索表格的布局算法。通常 fixed 算法会比 auto 算法高效，尤其是对于那些长表格来说。fixed 算法使得表格可以像其他元素一样一行一行地渲染。

语法：

```
table-layout: auto | fixed
```

默认值：auto。

取值：

➤ auto：默认的自动算法。布局将基于各单元格的内容，换言之，可能开发者给某个单元格定义宽度为 100 px，但结果可能并不是 100 px。表格在每一单元格读取计算之后才会显示出来，速度很慢。

➤ fixed：固定布局的算法。在这算法中，水平布局是仅仅基于表格的宽度，表格边框的宽度，单元格间距，列的宽度，而和表格内容无关。也就是说，内容可能被裁切。

2. border-collapse

设置或检索表格的行和单元格的边是合并还是独立。

只有当表格边框独立（即 <'border-collapse'> 属性等于 separate 时），<'border-spacing'> 和 <'empty-cells'> 才起作用。

语法：

```
border-collapse: separate | collapse
```

默认值：separate。

取值：

➢ separate：边框独立。

➢ collapse：相邻边被合并。

3. border-spacing

设置或检索当表格边框独立时，行和单元格的边框在横向和纵向上的间距。

该属性作用等同于标签属性 cellspacing（单元格边距）。border-spacing：0 等同于 cellspacing = "0"。

只有当表格边框独立（即 <'border-collapse'> 属性等于 separate 时）此属性才起作用。

如果提供全部两个 length 值，第一个作用于横向间距，第二个作用于纵向间距。

如果只提供一个 length 值，这个值将作用于横向和纵向上的间距。

语法：

```
border-spacing: <length>{1,2}
```

取值：

➢ <length>：用长度值来定义行和单元格的边框在横向和纵向上的间距。不允许负值。

4. caption-side

设置或检索表格的 caption 对象是在表格的哪一边。

要在 IE 7 及以下浏览器中实现 top 与 bottom 参数值的效果，可直接在 <caption> 标签内定义标签属性 valign 为 top 和 bottom。

Firefox 还额外支持 right 和 left 两个非标准值。

语法：

```
caption-side: top | bottom
```

默认值：top。

取值：

➢ top：指定 caption 在表格上边。

➢ bottom：指定 caption 在表格下边。

5. empty-cells

设置或检索当表格的单元格无内容时，是否显示该单元格的边框。

IE 7 及以下浏览器中默认隐藏无内容的单元格边框，要想使其获得与 show 参数值相同的效果，可以变相给该空单元格加个占位且不可见的元素，如全角空格或 ；等。

只有当表格边框独立（即 <'border-collapse'> 属性等于 separate 时）此属性才起作用。

语法：

```
empty-cells:hide | show
```

默认值：show。

取值：

➢ hide：指定当表格的单元格无内容时，隐藏该单元格的边框。

➢ show：指定当表格的单元格无内容时，显示该单元格的边框。

4.11　内　容　（Content）

可以通过 CSS 来为 HTML 页面中增加少量的内容，并且对其进行样式的调整。表 4 – 19 总结了 CSS 中有关内容的属性。

表 4 – 19　CSS 中有关内容的属性

名　　称	描　　述
content	用来与：after 及：before 伪元素一起使用，在对象前或后显示内容
counter-increment	设定当一个 selector 发生时计数器增加的值
counter-reset	将指定 selector 的计数器复位
quotes	设置或检索对象内使用的嵌套标记

1. content

用来与：after 及：before 伪元素一起使用，在对象前或后显示内容。

语法：

```
content:[ [ <uri> |icon] ',' ]* [ normal |none | inhibit | <content-list> ]
  <content-list> = |[ pending( <identifier> ) | <string> | contents | footnote |
endnote | section-note | list-item | <counter> | <named-string> | open-quote | close-
quote |no-open-quote |no-close-quote |icon | <glyph> | <uri> | <datetime> |document-
url | <target> ] +
  <counter> =|counter( name) | counter( name, list-style-type) | counters( name, string) |
counters( name, string, list-style-type)
```

默认值：normal。

取值：

➢ normal：默认值。表现与 none 值相同。

➢ none：不生成任何值。

➢ <attr>：插入标签属性值。

➢ <url>：使用指定的绝对或相对地址插入一个外部资源（图像、音频、视频或浏览器支持的其他任何资源）。

➢ <string>：插入字符串。

➢ counter（name）：使用已命名的计数器。

➢ counter（name, list-style-type）：使用已命名的计数器并遵从指定的 list-style-type 属性。

➢ counters（name, string）：使用所有已命名的计数器。

➢ counters（name, string, list-style-type）：使用所有已命名的计数器并遵从指定的 list-style-type 属性。

➢ no-close-quote：并不插入 quotes 属性的后标记。但增加其嵌套级别。

➢ no-open-quote：并不插入 quotes 属性的前标记。但减少其嵌套级别。

➢ close-quote：插入 quotes 属性的后标记。

➢ open-quote：插入 quotes 属性的前标记。

2. counter-increment

设定当一个 selector 发生时计数器增加的值。

语法：

```
counter-increment: none |[ < identifier > < integer >] +
```

默认值：none。

取值：

➢ none：阻止计数器增加。

➢ < identifier >：identifier 定义一个或多个将被增加的 selector、id 或 class。

➢ < integer >：定义计算器每次增加的数值，可以为负值，默认值是 1。

3. counter-reset

将指定 selector 的计数器复位。

语法：

```
counter-reset: none |[ < identifier > < integer >] +
```

默认值：none。

取值：

➢ none：阻止计数器复位

➢ < identifier >：identifier 定义一个或多个将被复位的 selector、id 或 class。

➢ < integer >：定义被复位的数值，可以为负值，默认值是 0。

4. quotes

设置或检索对象内使用的嵌套标记。

语法：

```
quotes: none |[ < string > < string >] +
```

默认值：none。

取值：

➢ none：content 属性的 open-quote 和 close-quote 值将不会生成任何标记。

➢ < string >：定义 content 属性的 open-quote 和 close-quote 值的标记，两个为一组。

4.12　尺寸与补白（Dimension）

盒模型是 CSS 的基本概念，也是最重要的概念，一般公式如下：

元素的宽度 = 内容宽度 + 水平内边距 + 边框宽度 + 水平外边距

元素的高度 = 内容高度 + 垂直内边距 + 边框宽度 + 垂直外边距

如果，当设置了元素的 width 属性，如果增加内边距、边框或外边距，增加的宽度会使盒子宽度变宽。

如果，没有设置元素的 width 属性，如果增加内边距、边框或外边距，则盒子宽度不变，内容区向内部减少。

表 4 – 20 总结了 CSS 中有关尺寸和补白的属性。

表 4 – 20　CSS 中有关尺寸和补白的属性

名　称	描　述
width	定义元素内容区（Content Area）的宽度
min-width	定义元素内容区（Content Area）的最小宽度
max-width	定义元素内容区（Content Area）的最大宽度
height	定义元素内容区（Content Area）的高度
min-height	定义元素内容区（Content Area）的最小高度
max-height	定义元素内容区（Content Area）的最大高度
margin	简写属性。为元素设置所有四个方向（上右下左）的外边距
padding	简写属性。为元素设置所有四个方向（上右下左）的内边距，即内容和元素边界之间的空间

1. width

定义元素内容区的宽度。

对于 img 元素来说，若仅指定此属性，其 height 值将会根据图片源尺寸进行等比例缩放。width 属性是盒模型的重要组成部分，对于盒模型规则，请参阅 box-sizing 属性。

语法：

```
width: < length > | < percentage > | auto
```

默认值：auto。

取值：

➤ auto：无特定宽度值，取决于其他属性值。

➤ < length >：用长度值来定义宽度。不允许负值。

➤ < percentage >：用百分比来定义宽度。百分比参照包含块宽度。不允许负值。

2. min-width

定义元素的最小宽度。

当 min-width 属性的值小于 width 时，min-width 属性将会被忽略。

当 min-width 属性的值大于 width 时，min-width 属性将会被忽略，同时 width 会忽略自己的值定义而使用 min-width 的值作为自己的使用值。

当 min-width 属性的值大于 max-width 时，max-width 属性将会被忽略。

语法：

```
min-width: < length > | < percentage >
```

默认值：0。

取值：

➤ < length >：用长度值来定义最小宽度。不允许负值。

➤ < percentage >：用百分比来定义最小宽度。不允许负值。

3. max-width

定义元素的最大宽度。

当 max-width 属性的值小于 width 时，max-width 属性将会被忽略，同时 width 会忽略自己的值定义而使用 max-width 的值作为自己的使用值。

当 max-width 属性的值大于 width 时，max-width 属性将会被忽略。

当 max-width 属性的值小于 min-width 时，max-width 属性将会被忽略。

语法：

```
max-width: < length > | < percentage > | none
```

默认值：none。

取值：

➤ none：无最大宽度限制。

➤ < length >：用长度值来定义最大宽度。不允许负值。

➤ < percentage >：用百分比来定义最大宽度。不允许负值。

4. height

定义了元素的高度。

对于 img 元素来说，若仅指定此属性，其 width 值将会根据图片源尺寸进行等比例缩放。width 属性是盒模型的重要组成部分，对于盒模型规则，请参阅 box-sizing 属性。

语法：

```
height: < length > | < percentage > | auto
```

默认值：auto。

取值：

➤ auto：无特定高度值，取决于其他属性值。

➤ < length >：用长度值来定义高度。不允许负值。

➤ < percentage >：用百分比来定义高度。不允许负值。

5. min-height

定义元素的最小高度。

当 min-height 属性的值小于 height 时，min-height 属性将会被忽略。

当 min-height 属性的值大于 height 时，min-height 属性将会被忽略，同时 height 会忽略自己的值定义而使用 min-height 的值作为自己的使用值。

当 min-height 属性的值大于 max-height 时，max-height 属性将会被忽略。

语法：

```
min-height: < length > | < percentage >
```

默认值：0。

取值：

➤ < length >：用长度值来定义最小高度。不允许负值。

➤ < percentage >：用百分比来定义最小高度。不允许负值。

6. max-height

定义元素的最大高度。

当 max-height 属性的值小于 height 时，max-height 属性将会被忽略，同时 height 会忽略自己的值定义而使用 max-height 的值作为自己的使用值。

当 max-height 属性的值大于 height 时，max-height 属性将会被忽略。

当 max-height 属性的值小于 min-height 时，max-height 属性将会被忽略。

语法：

```
max-height: <length> | <percentage> | none
```

默认值：none。

取值：

➢ none：无最小高度限制。

➢ <length>：用长度值来定义最大高度。不允许负值。

➢ <percentage>：用百分比来定义最大高度。不允许负值。

7. margin

简写属性。为元素设置所有四个方向（上右下左）的外边距。

Margin 属性接受 1~4 个参数值。如果提供 4 个参数值，将按上、右、下、左的顺序作用于四边；提供 3 个，第一个用于上，第二个用于左、右，第三个用于下；提供 2 个，第一个用于上、下，第二个用于左、右；只提供 1 个，同时作用于四边。

非替代（Non-replaced）行内元素可以使用该属性定义 horizontal-margin；若要定义 vertical-margin，必须改变元素为块级或行内块级。

外边距始终透明，即不可见也无法设置背景等任何样式。

某些相邻的 margin 会发生合并，称为 margin 折叠：margin 折叠只发生在块级元素上；浮动元素的 margin 不与任何 margin 发生折叠；设置了属性 overflow 且值为非 visible 的块级元素，将不与它的子元素发生 margin 折叠；绝对定位元素的 margin 不与任何 margin 发生折叠；根元素的 margin 不与其他任何 margin 发生折叠。

简写属性语法：

```
margin:[ <length> | <percentage> | auto ]{1,4}
```

分拆纵向独立属性语法：

```
vertical-margin: <length> | <percentage> | auto
vertical-margin = margin-top, margin-bottom
```

默认值：0。

分拆横向独立属性语法：

```
horizontal-margin: <length> | <percentage> | auto
horizontal-margin = margin-right, margin-left
```

默认值：0。

取值：

➢ auto：水平（默认）书写模式下，vertical-margin 计算值为 0，horizontal-margin 取决于包含块的剩余可用空间。

➢ <length>：用长度值来定义外补白。可以为负值。

➢ <percentage>：用百分比来定义外补白。水平（默认）书写模式下，参照其包含块的 width 进行计算，其他情况参照 height，可以为负值。

8. padding

简写属性。为元素设置所有 4 个方向（上右下左）的内边距。

Padding 属性接受 1~4 个参数值。如果提供 4 个参数值，将按上、右、下、左的顺序作用于四边；提供 3 个，第一个用于上，第二个用于左、右，第三个用于下；提供 2 个，第一个用于上、下，第二个用于左、右；只提供 1 个，同时作用于四边。

需要注意的是，当为行内元素定义纵向内补白（padding-top／padding-bottom）时，虽然不需要将之转化为行内块或者块级，但是给行内元素设置纵向内补白并不会影响布局。内补白会在当前元素的行框基础上向顶部和顶部外延，但是这些外延不会拓展新的布局大小（甚至可以把它想象成类似 outline）。

简写属性语法：

```
padding:[ ＜length＞ | ＜percentage＞ ]{1,4}
```

分拆独立属性语法：

```
padding-* : ＜length＞ | ＜percentage＞
padding-* = padding-top,padding-right,padding-bottom,padding-left
```

默认值：0。

取值：

➢ ＜length＞：用长度值来定义内补白。不允许负值。

➢ ＜percentage＞：用百分比来定义内补白。水平（默认）书写模式下，参照其包含块的 width 进行计算，其他情况参照 height，不允许负值。

小　　结

本章讲解了 CSS 的基础知识，CSS 位于移动 Web 前端的表现层，是移动 Web 前端的重要基础知识。CSS 控制网页的外观和样式。熟练掌握 CSS 的引用方法、CSS 选择器和单位等基础内容，尤其是 CSS 选择器，是移动 Web 前端开发人员的基本必备技能之一。由于 CSS3 的内容非常多，将它的内容拆成了两部分，本章主要讲解了 HTML 和 CSS 的结合方式，CSS 选择器以及优先级，CSS 的单位以及基础的 CSS 属性。本章讲解的 CSS 属性主要侧重于基础的 CSS 属性，包括字体、文本、颜色和背景等基础的内容。本章的重点内容是 CSS 的选择器和基础 CSS 的属性，希望读者务必熟练掌握。

习　　题

1. CSS3 有哪些新内容，至少说出 5 个。

2. CSS 选择器有哪些？

3. CSS 的伪类有哪些？有什么作用？在各个浏览器下都兼容吗？

4. CSS 中的 id 标签和 class 标签，哪个定义的级别高？

5. CSS 层叠是什么？

6. 请解释一下 CSS 的优先级，并说明优先级算法如何计算？

7. font-size：62.5%，解释如此设计字体大小的原因。

8. 如何区别 CSS 中的 display：none 与 visibility：hidden？

9. 当内部容器使用了 float：left 后，可用哪些方法对父容器清除，并谈一下各自优缺点？

10. 定位的值有哪几种？区别是什么？

更多实例和题目，请访问作者博客的相关页面，网址如下：

http://www.everyinch.net/index.php/category/frontend/css3/

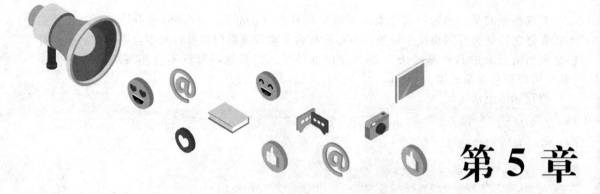

第5章
Web 前端的表现层：CSS 布局

CSS 在移动 Web 前端的主要职能就是用于布局。本章详细讲解了 CSS 的布局以及最新的伸缩盒布局等知识点。CSS 的最新规范中，新增了多列布局、渐变、变换、过渡以及动画等内容，大大增强了 CSS 的表现力。下面从 CSS 的定位属性开始。

5.1 定 位 （Positioning）

定位是 CSS 中的一个重要概念，掌握 position 属性的含义，对于 CSS 布局具有重要意义。表 5-1 总结了 CSS 中有关定位的属性。需要注意，top、right、bottom 和 left 属性表示的是偏移量，如 top：10px；表示距离顶部 10 像素。

表 5-1 CSS 中有关定位的属性

名 称	描 述
position	用于指定一个元素在文档中的定位方式
top	定义了元素的上外边距边界与其包含块上边界之间的偏移
right	定义了元素的右外边距边界与其包含块右边界之间的偏移
bottom	定义了元素的下外边距边界与其包含块下边界之间的偏移
left	定义了元素的左外边距边界与其包含块左边界之间的偏移
z-index	定义一个元素在文档中的层叠顺序
clip	定义了元素的哪一部分是可见的。区域外的部分是透明的

1. position

用于指定一个元素在文档中的定位方式。

当 position 的值为非 static 时，其层叠级别通过 z-index 属性定义。

绝对定位的元素，在 top、right、bottom 和 left 属性未设置时，会紧随在其前面的兄弟元素之后，但在位置上不影响常规流中的任何元素。

语法：

```
position: static | relative | absolute | fixed | sticky
```

默认值：static。

取值：

➤ static：对象遵循常规流。此时 4 个定位偏移属性不会被应用。

➤ relative：对象遵循常规流，并且参照自身在常规流中的位置通过 top、right、bottom 和 left 这 4 个定位偏移属性进行偏移时不会影响常规流中的任何元素。

➤ absolute：对象脱离常规流，此时偏移属性参照的是离自身最近的定位祖先元素，如果没有定位的祖先元素，则一直回溯到 body 元素。盒子的偏移位置不影响常规流中的任何元素，其 margin 不与其他任何 margin 折叠。

➤ fixed：与 absolute 一致，但偏移定位是以窗口为参考。当出现滚动条时，对象不会随着滚动。

➤ sticky：对象在常态时遵循常规流。它就像是 relative 和 fixed 的合体，当在屏幕中时按常规流排版，当卷动到屏幕外时则表现如 fixed 属性值。该属性的表现是现实中用户见到的吸附效果。

2. top

定义了元素的上外边距边界与其包含块上边界之间的偏移。

该属性用来指定盒子参照相对物顶边界向下偏移。相对定位元素的相对物是自身，绝对定位和居中定位元素是从包含块的 padding 边界开始计算偏移值。

语法：

```
top: auto | < length > | < percentage >
```

默认值：auto。

取值：

➤ auto：无特殊定位，根据 HTML 定位规则在文档流中分配。

➤ < length > ：用长度值来定义距离顶部的偏移量。可以为负值。

➤ < percentage > ：用百分比来定义距离顶部的偏移量。百分比参照包含块的高度。可以为负值。

3. right

定义了元素的右外边距边界与其包含块右边界之间的偏移。

该属性用来指定盒子参照相对物右边界向左偏移。相对定位元素的相对物是自身，绝对定位和居中定位元素是从包含块的 padding 边界开始计算偏移值的。

语法：

```
right: auto | < length > | < percentage >
```

默认值：auto。

取值：

➤ auto：无特殊定位，根据 HTML 定位规则在文档流中分配。

➤ < length > ：用长度值来定义距离右边的偏移量。可以为负值。

➤ < percentage > ：用百分比来定义距离右边的偏移量。百分比参照包含块的宽度。可以为负值。

4. bottom

定义了元素的下外边距边界与其包含块下边界之间的偏移。

该属性用来指定盒子参照相对物底边界向上偏移。相对定位元素的相对物是自身，绝对定位和居中定位元素是从包含块的 padding 边界开始计算偏移值。

语法：

```
bottom: auto | < length > |.< percentage >
```

默认值：auto。

取值：

➢ auto：无特殊定位，根据 HTML 定位规则在文档流中分配。

➢ < length >：用长度值来定义距离底部的偏移量。可以为负值。

➢ < percentage >：用百分比来定义距离底部的偏移量。百分比参照包含块的高度。可以为负值。

5. left

定义了元素的左外边距边界与其包含块左边界之间的偏移。

该属性用来指定盒子参照相对物左边界向右偏移。相对定位元素的相对物是自身，绝对定位和居中定位元素是从包含块的 padding 边界开始计算偏移值。

语法：

```
left: auto | < length > | < percentage >
```

默认值：auto。

取值：

➢ auto：无特殊定位，根据 HTML 定位规则在文档流中分配。

➢ < length >：用长度值来定义距离左边的偏移量。可以为负值。

➢ < percentage >：用百分比来定义距离左边的偏移量。百分比参照包含块的宽度。可以为负值。

6. z-index

定义一个元素在文档中的层叠顺序。

z-index 用于确定元素在当前层叠上下文中的层叠级别，并确定该元素是否创建新的局部层叠上下文。

每个元素层叠顺序由所属的层叠上下文和元素本身的层叠级别决定（每个元素仅属于一个层叠上下文）。

同一个层叠上下文中，层叠级别大的显示在上面，反之显示在下面。

同一个层叠上下文中，层叠级别相同的两个元素，依据它们在 HTML 文档流中的顺序，写在后面的将会覆盖前面的。

不同层叠上下文中，元素的显示顺序依据祖先的层叠级别来决定，与自身的层叠级别无关。

语法：

```
z-index: auto | < integer >
```

默认值：auto。

取值：

➤ auto：元素在当前层叠上下文中的层叠级别是 0。元素不会创建新的局部层叠上下文，除非它是根元素。

➤ <integer>：用整数值来定义堆叠级别。可以为负值。

7. clip

定义了元素的哪一部分是可见的。区域外的部分是透明的。

这个属性将被废弃，推荐使用 clip-path 代替，在过渡阶段，仍然可以使用。

必须将 position 的值设为 absolute 或者 fixed，此属性方可使用。

语法：

```
clip: auto | <shape>
 <shape>: rect(<number> |auto <number> |auto <number> |auto <number> |auto)
```

默认值：auto。

取值：

➤ auto：对象无剪切。

➤ rect（<number> | auto <number> | auto <number> | auto <number> | auto）：依据上右下左的顺序提供自对象左上角为（0，0）坐标计算的四个偏移数值，其中任一数值都可用 auto 替换，即此边不剪切。

　➤ 上—左方位的裁剪：从 0 开始剪裁直到设定值，即上—左方位的 auto 值等同于 0。

　➤ 右—下方位的裁剪：从设定值开始剪裁直到最右边和最下边，即右—下方位的 auto 值为盒子的实际宽度和高度。

　示例：

```
clip: rect( auto 50px 20px auto)
```

说明：上边不剪切，右边从左起第 50 像素开始剪切直至最右边，下边从上起第 20 像素开始剪切直至最底部，左边不剪切。

5.2　布　局 （Layout）

CSS 中有关布局的属性，如表 5 - 2 所示。本节讲解的都是 CSS 的重要概念，理解 display、float、clear 等属性的含义，对于掌握 CSS 布局具有重要作用。

表 5 - 2　CSS 中有关布局的属性

名　称	描　述
display	设置或检索元素是否显示，以及生成哪种盒用于显示
float	定义元素向左或者向右浮动放置。请参阅 clear 属性
clear	定义一个元素是否可以放置在它之前的浮动元素旁边，或者必须向下移动在新行中放置。请参阅 float 属性
visibility	定义了元素是否可见。与 display 属性不同，此属性为隐藏的对象保留其占据的物理空间
overflow	简写属性。定义元素处理溢出内容的方式
box-sizing	设置或检索对象的盒模型组成模式
resize	设置或检索对象的区域是否允许用户缩放，调节元素尺寸大小

1. display

设置或检索对象是否显示，以及生成哪种盒用于显示。

如果 display 设置为 none、float 及 position 属性定义将不生效；如果 position 既不是 static 也不是 relative，或者 float 不是 none，或者该元素是根元素，当 display：inline-table 时，display 的计算值为 table；当 display：inline | inline-block | run-in | table- * 系时，display 的计算值为 block，其他情况为指定值。

语法：

```
display: none | inline | block | list-item | inline-block | table | inline-table | table-
caption | table-cell | table-row | table-row-group | table-column | table-column-group |
table-footer-group | table-header-group | run-in | box | inline-box | flexbox | inline-
flexbox | flex | inline-flex
```

默认值：inline。

取值：

> none：隐藏对象。与 visibility 属性的 hidden 值不同，其不为被隐藏的对象保留其物理空间。

> inline：指定对象为内联元素。

> block：指定对象为块元素。

> list-item：指定对象为列表项目。

> inline-block：指定对象为内联块元素。（CSS2）

> table：指定对象作为块元素级的表格。类同于 HTML 标签 < table >。（CSS2）

> inline-table：指定对象作为内联元素级的表格。类同于 HTML 标签 < table >。（CSS2）

> table-caption：指定对象作为表格标题。类同于 HTML 标签 < caption >。（CSS2）

> table-cell：指定对象作为表格单元格。类同于 HTML 标签 < td >。（CSS2）

> table-row：指定对象作为表格行。类同于 HTML 标签 < tr >。（CSS2）

> table-row-group：指定对象作为表格行组。类同于 HTML 标签 < tbody >。（CSS2）

> table-column：指定对象作为表格列。类同于 HTML 标签 < col >。（CSS2）

> table-column-group：指定对象作为表格列组显示。类同于 HTML 标签 < colgroup >。（CSS2）

> table-header-group：指定对象作为表格标题组。类同于 HTML 标签 < thead >。（CSS2）

> table-footer-group：指定对象作为表格脚注组。类同于 HTML 标签 < tfoot >。（CSS2）

> run-in：根据上下文决定对象是内联对象还是块级对象。（CSS3）

> box：将对象作为弹性伸缩盒显示。（伸缩盒最老版本）（CSS3）

> inline-box：将对象作为内联块级弹性伸缩盒显示。（伸缩盒最老版本）（CSS3）

> flexbox：将对象作为弹性伸缩盒显示。（伸缩盒过渡版本）（CSS3）

> inline-flexbox：将对象作为内联块级弹性伸缩盒显示。（伸缩盒过渡版本）（CSS3）

> flex：将对象作为弹性伸缩盒显示。（伸缩盒最新版本）（CSS3）

> inline-flex：将对象作为内联块级弹性伸缩盒显示。（伸缩盒最新版本）（CSS3）

2. float

定义元素向左或者向右浮动放置。

如果 float 不是 none，当 display：inline-table 时，display 的计算值为 table；当 display：

inline｜inline-block｜run-in｜table-﹡系时，display 的计算值为 block，其他情况为指定值；当一个元素是绝对定位元素或者定义了 display 为 none 时，float 定义不生效。

语法：

```
float:none | left | right
```

默认值：none。

取值：

➢ none：设置元素不浮动。

➢ left：设置元素浮在左边。

➢ right：设置元素浮在右边。

3. clear

定义一个元素是否可以放置在它之前的浮动元素旁边，或者必须向下移动在新行中放置。

当一个元素定义了 clear 值不为 none 时，可以被用来清除其之前的浮动元素对自身的影响（不同的取值，对应不同方向的浮动）。

语法：

```
clear:none | left | right | both
```

默认值：none。

取值：

➢ none：允许两边都可以有浮动对象。

➢ both：不允许有浮动对象。

➢ left：不允许左边有浮动对象。

➢ right：不允许右边有浮动对象。

4. visibility

定义了元素是否可见。与 display 属性不同，visibility 会为隐藏的元素保留其占据的物理空间。

如果希望某个元素为可见，其父元素也必须是可见的。

语法：

```
visibility:visible | hidden | collapse
```

默认值：visible。

取值：

➢ visible：设置对象可视。

➢ hidden：设置对象隐藏。

➢ collapse：主要用来隐藏表格的行或列。隐藏的行或列能够被其他内容使用。对于表格外的其他对象，其作用等同于 hidden。

5. overflow

简写属性。定义元素处理溢出内容的方式。

Overflow 的效果等同于 overflow-x + overflow-y。

当块级元素定义了 overflow 属性（包括 overflow-x 与 overflow-y）值为非 visible 时，将会

为它的内容创建一个新的块格式化上下文（BFC）。

对于 table 元素来说，假如其 table-layout 属性设置为 fixed，则 td、th 元素支持将 overflow 设为 hidden、scroll 或 auto，此时超出单元格尺寸的内容将被剪切。如果设为 visible，将导致额外的文本溢出到右边或左边（视 direction 属性设置而定）的单元格。

Overflow-x 属性用于指定元素水平方向上的内容溢出时的处理方式，overflow-y 属性用于指定元素垂直方向上的内容溢出时的处理方式。

当 overflow-x，overflow-y 中任意一个属性值的定义为非 visible 时，另一个属性会自动将默认值 visible 计算为 auto。

简写属性语法：

```
overflow: visible | hidden | scroll | auto | clip
```

分拆独立属性语法：

```
overflow-* : visible | hidden | scroll | auto | clip
overflow-* = overflow-x, overflow-y
```

默认值：visible。

取值：

➢ visible：对溢出内容不做处理，内容可能会超出容器。

➢ hidden：隐藏溢出容器的内容且不出现滚动条。

➢ scroll：隐藏溢出容器的内容，溢出的内容可以通过滚动呈现。

➢ auto：当内容没有溢出容器时不出现滚动条；当内容溢出容器时，按需出现滚动条。textarea 元素的 overflow 默认值就是 auto。

➢ clip：与 hidden 一样，clip 也被用来隐藏溢出容器的内容且不出现滚动条。不同的地方在于，clip 是一个完全禁止滚动的容器，而 hidden 仍然可以通过编程机制让内容可以滚动。

6. box-sizing

设置或检索对象的盒模型组成模式。

语法：

```
box-sizing: content-box | border-box
```

默认值：content-box。

取值：

➢ content-box：padding 和 border 不被包含在定义的 width 和 height 之内。对象的实际宽度等于设置的 width 值和 border、padding 之和，即（Element width = width + border + padding）此属性表现为标准模式下的盒模型。

➢ border-box：padding 和 border 被包含在定义的 width 和 height 之内。对象的实际宽度就等于设置的 width 值，即使定义有 border 和 padding 也不会改变对象的实际宽度，即（Element width = width）此属性表现为怪异模式下的盒模型。

7. resize

设置或检索对象的区域是否允许用户缩放，调节元素尺寸大小。如果希望此属性生效，需要设置对象的 overflow 属性，值可以是 auto、hidden 或 scroll。

语法：

```
resize:none | both | horizontal | vertical
```

默认值：none。

取值：

➢ none：不允许用户调整元素大小。

➢ both：用户可以调节元素的宽度和高度。

➢ horizontal：用户可以调节元素的宽度。

➢ vertical：用户可以调节元素的高度。

5.3　伸缩盒（Flexible Box Layout）

伸缩盒布局是现代 CSS 布局的重要方法，已经获得大多数浏览器的支持，表 5 – 3 中总结了 CSS3 中有关伸缩盒的属性。伸缩盒布局中包括以下重要概念：

（1）主轴、主轴方向：用户代理沿着一个伸缩容器的主轴配置伸缩项目，主轴是主轴方向的延伸。伸缩容器的主轴，伸缩项目主要沿着这条轴进行布局小心，它不一定是水平的，这主要取决于 justify-content 属性。如果其取值为 column，主轴的方向为纵向的。

（2）主轴起点、主轴终点：伸缩项目的配置从容器的主轴起点边开始，往主轴终点边结束。也就是说，伸缩项目放置在伸缩容器内从主轴起点（main-start）向主轴终点（ main-end）方向。

（3）主轴长度、主轴长度属性：伸缩项目在主轴方向的宽度或高度就是项目的主轴长度，伸缩项目的主轴长度属性是 width 或 height 属性，由哪一个对着主轴方向决定。

（4）侧轴、侧轴方向：与主轴垂直的轴称为侧轴，侧轴是侧轴方向的延伸。主要取决于主轴方向。

（5）侧轴起点、侧轴终点：填满项目的伸缩行的配置从容器的侧轴起点边开始，往侧轴终点边结束。

（6）侧轴长度、侧轴长度属性：伸缩项目在侧轴方向的宽度或高度就是项目的侧轴长度，伸缩项目的侧轴长度属性是 width 或 height 属性，由哪一个对着侧轴方向决定。

表 5 – 3　CSS3 中有关伸缩盒的属性

名　　称	描　　述
flex-grow	设置或检索弹性盒的扩展比率
flex-shrink	设置或检索弹性盒的收缩比率
flex-basis	设置或检索弹性盒伸缩基准值
flex	复合属性。设置或检索伸缩盒对象的子元素如何分配空间
flex-direction	设置或检索伸缩盒对象的子元素在父容器中的位置
flex-wrap	设置或检索伸缩盒对象的子元素超出父容器时是否换行
flex-flow	复合属性。设置或检索伸缩盒对象的子元素排列方式
align-content	设置或检索弹性盒堆叠伸缩行的对齐方式
align-items	设置或检索弹性盒子元素在侧轴（纵）方向上的对齐方式
align-self	设置或检索弹性盒子元素自身在侧轴（纵轴）方向上的对齐方式
justify-content	设置或检索弹性盒子元素在主轴（横轴）方向上的对齐方式
order	设置或检索伸缩盒对象的子元素出现的顺序

1. flex-grow

设置或检索弹性盒的扩展比率。

根据弹性盒子元素所设置的扩展因子作为比率来分配剩余空间。

语法：

```
flex-grow: <number>
```

默认值：0。

取值：

➤ <number>：用数值来定义扩展比率。不允许负值。

2. flex-shrink

设置或检索弹性盒的收缩比率。

根据弹性盒子元素所设置的收缩因子作为比率来收缩空间。

语法：

```
flex-shrink: <number>
```

默认值：1。

取值：

➤ <number>：用数值来定义收缩比率。不允许负值。

3. flex-basis

设置或检索弹性盒伸缩基准值。如果所有子元素的基准值之和大于剩余空间，则会根据每项设置的基准值，按比率伸缩剩余空间。

语法：

```
flex-basis: <length> | <percentage> | auto | content
```

默认值：auto。

取值：

➤ <length>：用长度值来定义宽度。不允许负值。

➤ <percentage>：用百分比来定义宽度。不允许负值。

➤ auto：无特定宽度值，取决于其他属性值。

➤ content：基于内容自动计算宽度。

4. flex

复合属性。设置或检索弹性盒模型对象的子元素如何分配空间。

如果缩写 flex：1，则其计算值为 1 1 0%；如果缩写 flex：auto，则其计算值为 1 1 auto；如果 flex：none，则其计算值为 0 0 auto；如果 flex：0 auto 或者 flex：initial，则其计算值为 0 1 auto，即 flex 初始值。

语法：

```
flex: none | <'flex-grow'> <'flex-shrink'>'? ‖ <'flex-basis'>
```

取值：

➤ none：none 关键字的计算值为 0 0 auto。

➤ <'flex-grow'>：用来指定扩展比率，即剩余空间是正值时，此 flex 子项相对于 flex 容器里其他 flex 子项能分配到空间比例。在 flex 属性中该值如果被省略则默认为 1。

➢ < 'flex-shrink' > ：用来指定收缩比率，即剩余空间是负值时，此 flex 子项相对于 flex 容器里其他 flex 子项能收缩的空间比例。在收缩的时候收缩比率会以伸缩基准值加权。在「flex」属性中该值如果被省略则默认为 1。

➢ < 'flex-basis' > ：用来指定伸缩基准值，即在根据伸缩比率计算出剩余空间的分布之前，flex 子项长度的起始数值。在 flex 属性中该值如果被省略则默认为 0。在 flex 属性中该值如果被指定为 auto，则伸缩基准值的计算值是自身的 < 'width' > 设置，如果自身的宽度没有定义，则长度取决于内容。

5. flex-direction

该属性通过定义 flex 容器的主轴方向来决定 flex 子项在 flex 容器中的位置。这将决定 flex 需要如何进行排列。

该属性的反转取值不影响元素的绘制、语音和导航顺序，只改变流动方向。这与 < 'writing-mode' > 和 < 'direction' > 相同。

语法：

```
flex-direction: row | row-reverse | column | column-reverse
```

默认值：row。

取值：

➢ row：主轴与行内轴方向作为默认的书写模式，即横向从左到右排列（左对齐）。

➢ row-reverse：对齐方式与 row 相反。

➢ column：主轴与块轴方向作为默认的书写模式，即纵向从上往下排列（顶对齐）。

➢ column-reverse：对齐方式与 column 相反。

6. flex-wrap

该属性控制 flex 容器是单行或者多行，同时横轴的方向决定了新行堆叠的方向。

语法：

```
flex-wrap: nowrap | wrap | wrap-reverse
```

默认值：nowrap。

取值：

➢ nowrap：flex 容器为单行。该情况下 flex 子项可能会溢出容器。

➢ wrap：flex 容器为多行。该情况下 flex 子项溢出的部分会被放置到新行，子项内部会发生断行。

➢ wrap-reverse：反转 wrap 排列。

7. flex-flow

复合属性。设置或检索伸缩盒对象的子元素排列方式。

语法：

```
flex-flow: < 'flex-direction' > || < 'flex-wrap' >
```

取值：

➢ < 'flex-direction' > ：定义弹性盒子元素的排列方向。

➢ < 'flex-wrap' > ：控制 flex 容器是单行或者多行。

8. align-content

当伸缩容器的侧轴还有多余空间时，本属性可以用来调准伸缩行在伸缩容器里的对齐方式，这与调准伸缩项目在主轴上对齐方式的 < ' justify-content' > 属性类似。请注意本属性在只有一行的伸缩容器上没有效果。

语法：

```
align-content: flex-start | flex-end | center | space-between | space-around | stretch
```

默认值：stretch。

取值：

➢ flex-start：各行向弹性盒容器的起始位置堆叠。弹性盒容器中第一行的侧轴起始边界紧靠该弹性盒容器的侧轴起始边界，之后的每一行都紧靠前面一行。

➢ flex-end：各行向弹性盒容器的结束位置堆叠。弹性盒容器中最后一行的侧轴起结束界紧靠该弹性盒容器的侧轴结束边界，之后的每一行都紧靠前面一行。

➢ center：各行向弹性盒容器的中间位置堆叠。各行两两紧靠同时在弹性盒容器中居中对齐，保持弹性盒容器的侧轴起始内容边界和第一行之间的距离与该容器的侧轴结束内容边界与第最后一行之间的距离相等。（如果剩下的空间是负数，则各行会向两个方向溢出相等的距离。）

➢ space-between：各行在弹性盒容器中平均分布。如果剩余的空间是负数或弹性盒容器中只有一行，该值等效于 < 'flex-start' >。在其他情况下，第一行的侧轴起始边界紧靠弹性盒容器的侧轴起始内容边界，最后一行的侧轴结束边界紧靠弹性盒容器的侧轴结束内容边界，剩余的行则按一定方式在弹性盒窗口中排列，以保持两两之间的空间相等。

➢ space-around：各行在弹性盒容器中平均分布，两端保留子元素与子元素之间间距大小的一半。如果剩余的空间是负数或弹性盒容器中只有一行，该值等效于 < 'center' >。在其他情况下，各行会按一定方式在弹性盒容器中排列，以保持两两之间的空间相等，同时第一行前面及最后一行后面的空间是其他空间的一半。

➢ stretch：各行将会伸展以占用剩余的空间。如果剩余的空间是负数，该值等效于 < 'flex-start' >。在其他情况下，剩余空间被所有行平分，以扩大它们的侧轴尺寸。

9．align-items

定义 flex 子项在 flex 容器的当前行的侧轴（纵轴）方向上的对齐方式。

语法：

```
align-items: flex-start | flex-end | center | baseline | stretch
```

默认值：stretch。

取值：

➢ flex-start：弹性盒子元素的侧轴（纵轴）起始位置的边界紧靠该行的侧轴起始边界。

➢ flex-end：弹性盒子元素的侧轴（纵轴）结束位置的边界紧靠该行的侧轴结束边界。

➢ center：弹性盒子元素在该行的侧轴（纵轴）上居中放置。（如果该行的尺寸小于弹性盒子元素的尺寸，则会向两个方向溢出相同的长度。）

➢ baseline：如果弹性盒子元素的行内轴与侧轴为同一条，则该值与 < 'flex-start' > 等效。在其他情况下，该值将与基线对齐。

➢ stretch：如果指定侧轴大小的属性值为 auto，则其值会使项目的边距盒的尺寸尽可能接近所在行的尺寸，但同时会遵照 < 'min/max-width/height' > 属性的限制。

10. align-self

定义 flex 子项单独在侧轴（纵轴）方向上的对齐方式。

语法：

```
align-self:auto | flex-start | flex-end | center | baseline | stretch
```

默认值：auto。

取值：

➤ auto：如果 < 'align-self' > 的值为 auto，则其计算值为元素的父元素的 < 'align-items' > 值，如果其没有父元素，则计算值为 stretch。

➤ flex-start：弹性盒子元素的侧轴（纵轴）起始位置的边界紧靠该行的侧轴起始边界。

➤ flex-end：弹性盒子元素的侧轴（纵轴）起始位置的边界紧靠该行的侧轴结束边界。

➤ center：弹性盒子元素在该行的侧轴（纵轴）上居中放置。（如果该行的尺寸小于弹性盒子元素的尺寸，则会向两个方向溢出相同的长度。）

➤ baseline：如弹性盒子元素的行内轴与侧轴为同一条，则该值与 < 'flex-start' > 等效。在其他情况下，该值将与基线对齐。

➤ stretch：如果指定侧轴大小的属性值为 auto，则其值会使项目的边距盒的尺寸尽可能接近所在行的尺寸，但同时会遵照 < 'min/max-width/height' > 属性的限制。

11. justify-content

设置或检索弹性盒子元素在主轴（横轴）方向上的对齐方式。

当弹性盒里一行上的所有子元素都不能伸缩或已经达到其最大值时，这一属性可协助对多余的空间进行分配。当元素溢出某行时，这一属性同样会在对齐上进行控制。

语法：

```
justify-content:flex-start | flex-end | center | space-between | space-around
```

默认值：flex-start。

取值：

➤ flex-start：弹性盒子元素将向行起始位置对齐。该行的第一个子元素的主起始位置的边界将与该行的主起始位置的边界对齐，同时所有后续的伸缩盒项目与其前一个项目对齐。

➤ flex-end：弹性盒子元素将向行结束位置对齐。该行的第一个子元素的主结束位置的边界将与该行的主结束位置的边界对齐，同时所有后续的伸缩盒项目与其前一个项目对齐。

➤ center：弹性盒子元素将向行中间位置对齐。该行的子元素将相互对齐并在行中居中对齐，同时第一个元素与行的主起始位置的边距等同于最后一个元素与行的主结束位置的边距（如果剩余空间是负数，则保持两端相等长度的溢出）。

➤ space-between：弹性盒子元素会平均地分布在行里。如果最左边的剩余空间是负数，或该行只有一个子元素，则该值等效于 < 'flex-start' >。在其他情况下，第一个元素的边界与行的主起始位置的边界对齐，同时最后一个元素的边界与行的主结束位置的边距对齐，而剩余的伸缩盒项目则平均分布，并确保两两之间的空白空间相等。

➤ space-around：弹性盒子元素会平均地分布在行里，两端保留子元素与子元素之间间距大小的一半。如果最左边的剩余空间是负数，或该行只有一个伸缩盒项目，则该值等效于 < 'center' >。在其他情况下，伸缩盒项目则平均分布，并确保两两之间的空白空间相等，同时第一个元素前的空间以及最后一个元素后的空间为其他空白空间的一半。

12. order

设置或检索弹性盒模型对象的子元素出现的顺序。

语法：

```
order: < integer >
```

默认值：0。

取值：

< integer >：用整数值来定义排列顺序，数值小的排在前面。可以为负值。

5.4　多列布局（Multi-column）

CSS3 多列布局可以自动将内容按指定的列数排列，这种特性实现的布局效果和报纸、杂志类排版非常相似。表 5 - 4 总结了 CSS3 中有关多列布局的属性，CSS3 中的多列布局包含 columns（column-width 和 column-count 的缩写）、column-gap、column-span 和 column-fill 等属性。

表 5 - 4　CSS3 中有关多列布局的属性

名　　称	描　　述
column-width	设置或检索对象每列的宽度
column-count	设置或检索对象的列数
columns	复合属性。设置或检索对象的列数和每列的宽度
column-gap	设置或检索对象的列与列之间的间隙
column-rule-width	设置或检索对象的列与列之间的边框厚度
column-rule-style	设置或检索对象的列与列之间的边框样式
column-rule-color	设置或检索对象的列与列之间的边框颜色
column-rule	复合属性。设置或检索对象的列与列之间的边框
column-span	设置或检索对象元素是否横跨所有列
column-fill	设置或检索对象所有列的高度是否统一
column-break-before	设置或检索对象之前是否断行
column-break-after	设置或检索对象之后是否断行
column-break-inside	设置或检索对象内部是否断行

1. column-width

设置或检索对象每列的宽度。

语法：

```
column-width: < length > | auto
```

默认值：auto。

取值：

➢ < length > ：用长度值来定义列宽。不允许负值。

➢ auto：根据 < 'column-count' > 自动分配宽度。

2. column-count

设置或检索对象的列数。

语法：

```
column-count: < integer > | auto
```

默认值：auto。

取值：

➢ < integer > ：用整数值来定义列数。不允许负值。

➢ auto：根据 < 'column-width' > 自动分配宽度。

3. columns

复合属性。设置或检索对象的列数和每列的宽度。

语法：

```
columns: < 'column-width' > || < 'column-count' >
```

取值：

➢ < 'column-width' > ：设置或检索对象每列的宽度。

➢ < 'column-count' > ：设置或检索对象的列数。

4. column-gap

设置或检索对象的列与列之间的间隙。

语法：

```
column-gap: < length > | normal
```

默认值：normal。

取值：

➢ < length > ：用长度值来定义列与列之间的间隙。不允许负值。

➢ normal：与 < 'font-size' > 大小相同。假设该对象的 font-size 为 16px，则 normal 值为
16px，依此类推。

5. column-rule-width

设置或检索对象的列与列之间的边框厚度。如果 < 'column-rule-style' > 设置为 none 或者
hidden，本属性将失去作用。

语法：

```
column-rule-width: < length > | thin | medium | thick
```

默认值：medium。

取值：

➢ < length > ：用长度值来定义边框的厚度。不允许负值。

➢ medium：定义默认厚度的边框。

➤ thin：定义比默认厚度细的边框。

➤ thick：定义比默认厚度粗的边框。

6. column-rule-style

设置或检索对象的列与列之间的边框样式。如果 < 'column-rule-width' > 等于 0，本属性将失去作用。

语法：

```
column-rule-style:none | hidden | dotted | dashed | solid | double | groove | ridge |
inset | outset
```

默认值：none。

取值：

➤ none：无轮廓。< 'column-rule-color' > 与 < 'column-rule-width' > 将被忽略。

➤ hidden：隐藏边框。

➤ dotted：点状轮廓。

➤ dashed：虚线轮廓。

➤ solid：实线轮廓。

➤ double：双线轮廓。两条单线与其间隔的和等于指定的 < 'column-rule-width' > 值。

➤ groove：3D 凹槽轮廓。

➤ ridge：3D 凸槽轮廓。

➤ inset：3D 凹边轮廓。

➤ outset：3D 凸边轮廓。

7. column-rule-color

设置或检索对象的列与列之间的边框颜色。如果 < 'column-rule-width' > 等于 0 或 < 'column-rule-style' > 设置为 none 或 hidden，本属性将被忽略。

语法：

```
column-rule-color: < color >
```

默认值：采用文本颜色。

取值：

< color >：指定颜色。

8. column-rule

复合属性。设置或检索对象的列与列之间的边框。

语法：

```
column-rule: < 'column-rule-width' > ‖ < 'column-rule-style' > ‖ < 'column-rule-color' >
```

取值：

➤ < 'column-rule-width' >：设置或检索对象的列与列之间的边框厚度。

➤ < 'column-rule-style' >：设置或检索对象的列与列之间的边框样式。

➤ < 'column-rule-color' >：设置或检索对象的列与列之间的边框颜色。

9. column-span

设置或检索对象元素是否横跨所有列。

语法：

```
column-span: none | all
```

默认值：none。

取值：

➢ none：不跨列。

➢ all：横跨所有列。

10. column-fill

设置或检索对象所有列的高度是否统一。

语法：

```
column-fill: auto | balance
```

默认值：auto。

取值：

➢ auto：列高度自适应内容。

➢ balance：所有列的高度以其中最高的一列统一。

11. column-break-before

设置或检索对象之前是否断行。

语法：

```
column-break-before: auto | always | avoid | left | right | page | column | avoid-page |
avoid-column
```

默认值：auto。

取值：

➢ auto：既不强迫也不禁止在元素之前断行并产生新列。

➢ always：总是在元素之前断行并产生新列。

➢ avoid：避免在元素之前断行并产生新列。

12. column-break-after

设置或检索对象之后是否断行。

语法：

```
column-break-after: auto | always | avoid | left | right | page | column | avoid-page |
avoid-column
```

默认值：auto。

取值：

➢ auto：既不强迫也不禁止在元素之后断行并产生新列。

➢ always：总是在元素之后断行并产生新列。

➢ avoid：避免在元素之后断行并产生新列。

13. column-break-inside

设置或检索对象内部是否断行。

语法：

```
column-break-inside: auto | avoid | avoid-page | avoid-column
```

默认值：auto。

取值：

➤ auto：既不强迫也不禁止在元素内部断行并产生新列。

➤ avoid：避免在元素内部断行并产生新列。

5.5 渐 变 （Gradient）

渐变是两种或多种颜色之间的平滑过渡。表 5 - 5 总结了 CSS 中有关渐变的属性，在 CSS 中包括线性渐变、径向渐变和重复渐变三种形式。

表 5 - 5　CSS 中有关渐变的属性

名　　称	描　　述
< gradient >	使用简单的语法实现颜色渐变，以便 UA 在渲染页面自动生成图像
linear-gradient()	用线性渐变创建图像
radial-gradient()	用径向渐变创建图像
repeating-linear-gradient()	用重复的线性渐变创建图像
repeating-radial-gradient()	用重复的径向渐变创建图像

1. < gradient >

< gradient > 允许使用简单的语法实现颜色渐变，以便 UA 在渲染页面自动生成图像。渐变在一个拥有尺寸的盒子中被生成，被称为渐变盒，但是渐变本身并没有内在的尺寸，也就说如果在一个没有尺寸的容器上定义渐变，将无法被呈现。< gradient > 可以应用在所有接受图像的属性上。例如：

```
background-image: linear-gradient(white, gray);
list-style-image: radial-gradient(circle, #006, #00a 90%, #0000af 100%, white 100%);
```

语法：

```
< gradient > = |linear-gradient() | repeating-linear-gradient() | radial-gradient() | repeating-radial-gradient()
```

2. linear-gradient ()

用线性渐变创建图像。如果想创建以对角线方式渐变的图像，可以使用 to top left 这样的多关键字方式来实现。用默认的渐变方向绘制一个最简单的线性渐变。例如：

```
linear-gradient(#fff, #333);
linear-gradient(to bottom, #fff, #333);
linear-gradient(to top, #333, #fff);
linear-gradient(180deg, #fff, #333);
linear-gradient(to bottom, #fff 0%, #333 100%);
```

语法：

```
< linear-gradient > = |linear-gradient([ [ < angle > | to < side-or-corner > ],]? < color-stop >[, < color-stop >] +) < side-or-corner >=|[ left | right] ‖ [ top | bottom]
< color-stop >=|< color > [ < length > | < percentage > ]?
```

下述值用来表示渐变的方向，可以使用角度或者关键字来设置：

➢ ＜angle＞：用角度值指定渐变的方向（或角度）。

➢ to left：设置渐变为从右到左。相当于：270deg。

➢ to right：设置渐变从左到右。相当于：90deg。

➢ to top：设置渐变从下到上。相当于：0deg。

➢ to bottom：设置渐变从上到下。相当于：180deg。这是默认值，等同于留空不写。

＜color-stop＞用于指定渐变的起止颜色：

➢ ＜color＞：指定颜色。

➢ ＜length＞：用长度值指定起止颜色位置。不允许负值。

➢ ＜percentage＞：用百分比指定起止颜色位置。

3. radial-gradient ()

用径向渐变创建图像。用默认的渐变方向绘制一个最简单的径向渐变。例如：

```
radial-gradient(circle,#f00,#ff0,#080);
radial-gradient(circle at center,#f00,#ff0,#080);
radial-gradient(circle at 50%,#f00,#ff0,#080);
radial-gradient(circle farthest-corner,#f00,#ff0,#080);
```

语法：

```
＜radial-gradient＞=|radial-gradient([ [ ＜shape＞ ‖ ＜size＞ ] [ at ＜position＞ ]?,|
at ＜position＞,]? ＜color-stop＞[, ＜color-stop＞ ] +)
    ＜position＞=[ ＜length＞① | ＜percentage＞① |left |center① |right ]?[ ＜length＞②
| ＜percentage＞② |top | center② | bottom ]?
    ＜shape＞=|circle |ellipse
    ＜size＞=|＜extent-keyword＞ |[ ＜circle-size＞ ‖ ＜ellipse-size＞ ]
    ＜extent-keyword＞=|closest-side |closest-corner | farthest-side | farthest-corner
    ＜circle-size＞=|＜length＞
    ＜ellipse-size＞=[ ＜length＞ | ＜percentage＞ ]{2}
    ＜shape-size＞=|＜length＞ | ＜percentage＞
    ＜color-stop＞=|＜color＞ [ ＜length＞ | ＜percentage＞ ]?
```

取值：

（1）＜position＞确定圆心的位置。如果提供 2 个参数，第一个表示横坐标，第二个表示纵坐标；如果只提供 1 个，第二个值默认为 50%，即 center。

➢ ＜percentage＞①：用百分比指定径向渐变圆心的横坐标值。可以为负值。

➢ ＜length＞①：用长度值指定径向渐变圆心的横坐标值。可以为负值。

➢ left：设置左边为径向渐变圆心的横坐标值。

➢ center①：设置中间为径向渐变圆心的横坐标值。

➢ right：设置右边为径向渐变圆心的横坐标值。

➢ ＜percentage＞②：用百分比指定径向渐变圆心的纵坐标值。可以为负值。

➢ ＜length＞②：用长度值指定径向渐变圆心的纵坐标值。可以为负值。

➢ top：设置顶部为径向渐变圆心的纵坐标值。

➢ center②：设置中间为径向渐变圆心的纵坐标值。

➢ bottom：设置底部为径向渐变圆心的纵坐标值。

（2） < shape > 确定圆的类型。

➢ circle：指定圆的径向渐变。

➢ ellipse：指定椭圆的径向渐变。

（3） < extent-keyword > 的 circle 和 ellipse 属性都接受该值作为 size。

➢ closest-side：指定径向渐变的半径长度为从圆心到离圆心最近的边。

➢ closest-corner：指定径向渐变的半径长度为从圆心到离圆心最近的角。

➢ farthest-side：指定径向渐变的半径长度为从圆心到离圆心最远的边。

➢ farthest-corner：指定径向渐变的半径长度为从圆心到离圆心最远的角。

（4） < circle-size > 的 circle 属性接受该值作为 size。

➢ < length >：用长度值指定正圆径向渐变的半径长度。不允许负值。

（5） < ellipse-size > 的 ellipse 属性接受该值作为 size。

➢ < length >：用长度值指定椭圆径向渐变的横向或纵向半径长度。不允许负值。

➢ < percentage >：用百分比指定椭圆径向渐变的横向或纵向半径长度。不允许负值。

（6） < color-stop > 用于指定渐变的起止颜色。

➢ < color >：指定颜色。

➢ < length >：用长度值指定起止颜色位置。不允许负值。

➢ < percentage >：用百分比指定起止颜色位置。不允许负值。

4. repeating-linear-gradient ()

用重复的线性渐变创建图像。repeating-linear-gradient() 的语法与 linear-gradient() 相同。例如：

```
repeating-linear-gradient(#f00,#ff0 10%,#f00 15%);
repeating-linear-gradient(to bottom,#f00,#ff0 10%,#f00 15%);
repeating-linear-gradient(180deg,#f00,#ff0 10%,#f00 15%);
repeating-linear-gradient(to top,#f00,#ff0 10%,#f00 15%);
```

5. repeating-radial-gradient ()

用重复的径向渐变创建图像。repeating-radial-gradient() 的语法与 radial-gradient() 相同。例如：

```
repeating-radial-gradient(circle closest-side,#f00,#ff0 10%,#f00 15%);
```

5.6 变 换 （Transform）

CSS3 变换是一些效果的集合，如平移、旋转、缩放和倾斜效果，每个效果都称为变形函数（Transform Function），它们可以操控元素发生旋转、缩放、平移等变化。这些效果在之前都需要依赖图片、Flash 或 JavaScript 才能完成。而现在使用 CSS 就可以完成这些变换，提升了开发效率，提高了页面的执行效率。表 5 - 6 总结了 CSS 中有关变换的属性。

表 5 - 6　CSS 中有关变换的属性

名　称	描　述
transform	设置或检索对象的变换

续表

名　　称	描　　述
transform-origin	设置或检索对象中的变换所参照的原点
transform-style	指定某元素的子元素是否位于三维空间内
perspective	指定观察者与「z = 0」平面的距离
perspective-origin	指定透视点的位置
backface-visibility	指定元素背面面向用户时是否可见

1. transform

设置或检察对象的变换。

语法：

```
transform: none | < transform-function > +
transform-function list:
matrix() = matrix( < number >[, < number >]{5,5})
matrix3d() = matrix3d( < number >[, < number >]{15,15})
translate() = translate( < translation-value >[, < translation-value >]?)
translate3d() = translate3d( < translation-value >, < translation-value >, < length >)
translatex() = translatex( < translation-value >)
translatey() = translatey( < translation-value >)
translatez() = translatez( < length >)
rotate() = rotate( < angle >)
rotate3d() = rotate3d( < number >, < number >, < number >, < angle >)
rotatex() = rotatex( < angle >)
rotatey() = rotatey( < angle >)
rotatez() = rotatez( < angle >)
scale() = scale( < number >[, < number >]?)
scale3d() = scale3d( < number >, < number >, < number >)
scalex() = scalex( < number >)
scaley() = scaley( < number >)
scalez() = scalez( < number >)
skew() = skew( < angle >[, < angle >]?)
skewx() = skewx( < angle >)
skewy() = skewy( < angle >)
perspective() = perspective( < length >)
 < translation-value >=|< length > | < percentage >
```

默认值：none。

取值：

none：无转换。

2D 变换函数：

➢ matrix()：以一个含六值的（a，b，c，d，e，f）变换矩阵的形式指定一个 2D 变换，相当于直接应用一个 [a，b，c，d，e，f] 变换矩阵。

➢ translate()：指定对象的 2D translation（2D 平移）。第一个参数对应 X 轴，第二个参数对应 Y 轴。如果第二个参数未提供，则默认值为 0。

➢ translatex()：指定对象 X 轴（水平方向）的平移。

➢ translatey()：指定对象 Y 轴（垂直方向）的平移。

➢ rotate()：指定对象的 2D rotation（2D 旋转），需先有 < 'transform-origin' > 属性的定义。

➢ scale()：指定对象的 2D scale（2D 缩放）。第一个参数对应 X 轴，第二个参数对应 Y 轴。如果第二个参数未提供，则默认取第一个参数的值。

➢ scalex()：指定对象 X 轴的（水平方向）缩放。

➢ scaley()：指定对象 Y 轴的（垂直方向）缩放。

➢ skew()：指定对象 skew transformation（斜切扭曲）。第一个参数对应 X 轴，第二个参数对应 Y 轴。如果第二个参数未提供，则默认值为 0。

➢ skewx()：指定对象 X 轴的（水平方向）扭曲。

➢ skewy()：指定对象 Y 轴的（垂直方向）扭曲。

（3）3D 变换函数：

➢ matrix3d()：以一个 4×4 矩阵的形式指定一个 3D 变换。

➢ translate3d()：指定对象的 3D 位移。第一个参数对应 X 轴，第二个参数对应 Y 轴，第三个参数对应 Z 轴，参数不允许省略。

➢ translatez()：指定对象 Z 轴的平移。

➢ rotate3d()：指定对象的 3D 旋转角度，其中前三个参数分别表示旋转的方向 X、Y、Z，第四个参数表示旋转的角度，参数不允许省略。

➢ rotatex()：指定对象在 X 轴上的旋转角度。

➢ rotatey()：指定对象在 Y 轴上的旋转角度。

➢ rotatez()：指定对象在 Z 轴上的旋转角度。

➢ scale3d()：指定对象的 3D 缩放。第一个参数对应 X 轴，第二个参数对应 Y 轴，第三个参数对应 Z 轴，参数不允许省略。

➢ scalez()：指定对象的 Z 轴缩放。

➢ perspective()：指定透视距离。

2. transform-origin

设置或检索对象以某个原点进行转换。该属性提供两个参数值。如果提供两个，第一个用于横坐标，第二个用于纵坐标；如果只提供一个，该值将用于横坐标，纵坐标将默认为 50%。

语法：

```
transform-origin:[ <percentage> | <length> |left |center | right ] [ <percentage> |
<length> |top |center |bottom ]?
```

默认值：50% 。50%,效果等同于 center center。

取值：

➢ <percentage>：用百分比指定坐标值。可以为负值。

➢ <length>：用长度值指定坐标值。可以为负值。

➢ left：指定原点的横坐标为 left。

➢ center：指定原点的横坐标为 center。

➢ right：指定原点的横坐标为 right。

➢ top：指定原点的纵坐标为 top。

➢ center：指定原点的纵坐标为 center。

➢ bottom：指定原点的纵坐标为 bottom。

3．transform-style

指定某元素的子元素是（看起来）位于三维空间内，还是在该元素所在的平面内被扁平化。当该属性值为 preserve-3d 时，元素将会创建局部堆叠上下文。

决定一个变换元素看起来是处在三维空间还是平面内，需要在该元素的父元素上定义 < 'transform-style' > 属性。

语法：

```
transform-style: flat | preserve-3d
```

默认值：flat。

取值：

➢ flat：指定子元素位于此元素所在平面内。

➢ preserve-3d：指定子元素定位在三维空间内。

4．perspective

指定观察者与 z = 0 平面的距离，使具有三维位置变换的元素产生透视效果。z > 0 的三维元素比正常大，而 z < 0 时则比正常小，大小程度由该属性的值决定。

当该属性值为非 none 时，元素将会创建局部堆叠上下文。

语法：

```
perspective: none | < length >
```

默认值：none。

取值：

➢ none：不指定透视。

➢ < length >：指定观察者距离 z = 0 平面的距离，为元素及其内容应用透视变换。不允许负值。

5．perspective-origin

指定透视点的位置。该属性提供两个参数值。如果提供两个，第一个用于横坐标，第二个用于纵坐标；如果只提供一个，该值将用于横坐标，纵坐标将默认为 center。

语法：

```
perspective-origin: [ < percentage > | < length > | left | center | right ] [ <
percentage > | < length > | top | center | bottom ] ?
```

默认值：50%，50%，效果等同于 center center。

取值：

➢ < percentage >：用百分比指定透视点坐标值，相对于元素宽度。可以为负值。

➢ < length >：用长度值指定透视点坐标值。可以为负值。

➢ left：指定透视点的横坐标为 left。

➢ center：指定透视点的横坐标为 center。

➢ right：指定透视点的横坐标为 right。

➢ top：指定透视点的纵坐标为 top。

➤ center：指定透视点的纵坐标为 center。

➤ bottom：指定透视点的纵坐标为 bottom。

6. backface-visibility

指定元素背面面向用户时是否可见。

决定一个元素背面面向用户时是否可见，需要直接在该元素上定义 < 'backface-visibility' > 属性，而不能在其父元素上定义，因为该属性默认为不可继承。

语法：

```
backface-visibility: visible | hidden
```

默认值：visible。

取值：

➤ visible：指定元素背面可见，允许显示正面的镜像。

➤ hidden：指定元素背面不可见。

5.7 过 渡 （Transition）

CSS3 的 Transition 允许 CSS 的属性值在一定的时间区间内平滑地过渡。这种效果可以在鼠标单击、获得焦点、被点击或对元素任何改变中触发，并平滑地以动画效果改变 CSS 的属性值。表 5-7 中总结了 CSS 中有关过渡的属性。

以下是使用 CSS 创建简单过渡的步骤：

（1）在默认样式中声明元素的初始状态样式。

（2）声明过渡元素最终状态样式，如悬浮状态。

（3）在默认样式中通过添加过渡函数，添加一些不同的样式。

表 5-7 CSS 中有关过渡的属性

名　称	描　述
transition-property	检索或设置对象中的参与过渡的属性
transition-duration	检索或设置对象过渡的持续时间
transition-timing-function	检索或设置对象中过渡的动画类型
transition-delay	检索或设置对象延迟过渡的时间
transition	复合属性。检索或设置对象变换时的过渡效果

1. transition-property

检索或设置对象中的参与过渡的属性。默认值为 all。默认为所有可以进行过渡的 CSS 属性。如果提供多个属性值，以逗号进行分隔。

语法：

```
transition-property: none | < single-transition-property > [, < single-transition-property > ]* < single-transition-property >=|all | < IDENT >
```

默认值：all。

取值：

➤ none：不指定过渡的 CSS 属性。

➢ all：所有可以进行过渡的 CSS 属性。

➢ ＜IDENT＞：指定要进行过渡的 CSS 属性。

2. transition-duration

检索或设置对象过渡的持续时间。如果提供多个属性值，以逗号进行分隔。

语法：

```
transition-duration: <time>[, <time> ]*
```

默认值：0。

取值：

＜time＞：指定对象过渡的持续时间。

3. transition-timing-function

检索或设置对象中过渡的动画类型。如果提供多个属性值，以逗号进行分隔。

语法：

```
transition-timing-function: < single-transition-timing-function > [, < single-
transition-timing-function >]*
    <single-transition-timing-function >=|ease |linear |ease-in |ease-out |ease-in-out
|step-start |step-end |steps( <integer >[,[ start |end ] ]?) |cubic-bezier( <number >, <
number >, <number >, <number >)
```

默认值：ease。

取值：

➢ linear：线性过渡。等同于贝塞尔曲线（0.0，0.0，1.0，1.0）。

➢ ease：平滑过渡。等同于贝塞尔曲线（0.25，0.1，0.25，1.0）。

➢ ease-in：由慢到快。等同于贝塞尔曲线（0.42，0，1.0，1.0）。

➢ ease-out：由快到慢。等同于贝塞尔曲线（0，0，0.58，1.0）。

➢ ease-in-out：由慢到快再到慢。等同于贝塞尔曲线（0.42，0，0.58，1.0）。

➢ step-start：等同于 steps（1，start）。

➢ step-end：等同于 steps（1，end）。

➢ steps（＜integer＞［，［ start | end ］]?）：接受两个参数的步进函数。第一个参数必须为正整数，指定函数的步数。第二个参数取值可以是 start 或 end，指定每一步的值发生变化的时间点。第二个参数是可选的，默认值为 end。

➢ cubic-bezier（＜number＞，＜number＞，＜number＞，＜number＞）：特定的贝塞尔曲线类型，4 个数值需在［0，1］区间内。

4. transition-delay

检索或设置对象延迟过渡的时间。

语法：

```
transition-delay: <time>[, <time> ]*
```

默认值：0。

取值：

＜time＞：指定对象过渡的延迟时间。

5. transition

复合属性。检索或设置对象变换时的过渡效果。

注意：如果只提供一个 < time > 参数，则为 < ' transition-duration' > 的值定义；如果提供两个 < time > 参数，则第一个为 < ' transition-duration' > 的值定义，第二个为 < ' transition-delay' > 的值定义。可以为同一元素的多个属性定义过渡效果。

示例：

缩写方式：

```
transition:
    border-color.5s ease-in.1s,
    background-color.5s ease-in.1s,
    color.5s ease-in.1s;
```

拆分方式：

```
transition-property: border-color, background-color, color;
transition-duration:.5s,.5s,.5s;
transition-timing-function: ease-in, ease-in, ease-in;
transition-delay:.1s,.1s,.1s;
```

如果定义了多个过渡的属性，而其他属性只有一个参数值，则表明所有需要过渡的属性都应用同一个参数值。据此可以对上面的例子进行缩写。

拆分方式：

```
transition-property: border-color, background-color, color;
transition-duration:.5s;
transition-timing-function: ease-in;
transition-delay:.1s;
```

如果需要定义多个过渡属性且不想指定具体是哪些属性过渡，同时其他属性只有一个参数值，据此可以对上面的例子进行缩写。

缩写方式：

```
transition: all.5s ease-in.1s;
```

拆分方式：

```
transition-property: all;
transition-duration:.5s;
transition-timing-function: ease-in;
transition-delay:.1s;
```

语法：

```
transition: < single-transition >[, < single-transition >]*
 < single-transition >=[ none | < single-transition-property > ] ‖ < time > ‖ < single-
transition-timing-function > ‖ < time >
```

取值：

➢ < ' transition-property' > ：检索或设置对象中的参与过渡的属性。

➢ < ' transition-duration' > ：检索或设置对象过渡的持续时间。

➢ < ' transition-timing-function' > ：检索或设置对象中过渡的动画类型。

➢ < ' transition-delay' > ：检索或设置对象延迟过渡的时间。

5.8　动　画 （Animation）

CSS3 中新增了动画属性，其属性如表 5 - 8 所示。一般步骤如下：

（1）通过关键帧来声明一个动画。

（2）在 Animation 属性中调用关键帧声明的动画，从而实现一个更为复杂的动画效果。

表 5 - 8　CSS 中有关动画的属性

名　　称	描　　述
animation-name	检索或设置对象所应用的动画名称
animation-duration	检索或设置对象动画的持续时间
animation-timing-function	检索或设置对象动画的过渡类型
animation-delay	检索或设置对象动画延迟的时间
animation-iteration-count	检索或设置对象动画的循环次数
animation-direction	检索或设置对象动画在循环中是否反向运动
animation-fill-mode	检索或设置对象动画时间之外的状态
animation-play-state	检索或设置对象动画的状态
animation	复合属性。检索或设置对象所应用的动画特效

1. animation-name

检索或设置对象所应用的动画名称，必须与规则@ keyframes 配合使用，因为动画名称由@ keyframes 定义。

语法：

```
animation-name: < single-animation-name >[, < single-animation-name >]*
 < single-animation-name >=|none | < identifier >
```

默认值：none。

取值：

➤ none：不引用任何动画名称。

➤ < identifier >：定义一个或多个动画名称（identifier 标识）。

2. animation-duration

检索或设置对象动画的持续时间。

语法：

```
animation-duration: < time >[, < time >]*
```

默认值：0s。

取值：

< time >：指定对象动画的持续时间。

3. animation-timing-function

检索或设置对象动画的过渡类型。

语法：

```
animation-timing-function: < single-animation-timing-function >[, < single-animation-
timing-function >]*
  < single-animation-timing-function >=|ease |linear |ease-in |ease-out |ease-in-out |
step-start |step-end |steps( < integer >[,[ start |end ] ]?) |cubic-bezier( < number >, <
number >, < number >, < number >)
```

默认值：ease。

取值：

➢ linear：线性过渡。等同于贝塞尔曲线（0.0，0.0，1.0，1.0）。

➢ ease：平滑过渡。等同于贝塞尔曲线（0.25，0.1，0.25，1.0）。

➢ ease-in：由慢到快。等同于贝塞尔曲线（0.42，0，1.0，1.0）。

➢ ease-out：由快到慢。等同于贝塞尔曲线（0，0，0.58，1.0）。

➢ ease-in-out：由慢到快再到慢。等同于贝塞尔曲线（0.42，0，0.58，1.0）。

➢ step-start：等同于 steps（1，start）。

➢ step-end：等同于 steps（1，end）。

➢ steps（< integer > [，[start| end]]?）：接受两个参数的步进函数。第一个参数必须为正整数，指定函数的步数。第二个参数取值可以是 start 或 end，指定每一步的值发生变化的时间点。第二个参数是可选的，默认值为 end。

➢ cubic-bezier（< number >，< number >，< number >，< number >）：特定的贝塞尔曲线类型，4 个数值需在 ［0，1］ 区间内。

4. animation-delay

检索或设置对象动画的延迟时间。

语法：

```
animation-delay: < time >[, < time >]*
```

默认值：0s。

取值：

< time >：指定对象动画延迟的时间。

5. animation-iteration-count

检索或设置对象动画的循环次数。

语法：

```
animation-iteration-count: < single-animation-iteration-count >[, < single-animation-
iteration-count >]*
  < single-animation-iteration-count >=|infinite | < number >
```

默认值：1。

取值：

➢ infinite：无限循环。

➢ < number >：指定对象动画的具体循环次数。

6. animation-direction

检索或设置对象动画在循环中是否反向运动。

语法：

```
animation-direction: < single-animation-direction >[, < single-animation-direction >]*
< single-animation-direction >=|normal | reverse | alternate | alternate-reverse
```

默认值：normal。

取值：

➤ normal：正常方向。

➤ reverse：反方向运行。

➤ alternate：动画先正常运行再反方向运行，并持续交替运行。

➤ alternate-reverse：动画先反方向运行再正方向运行，并持续交替运行。

7. animation-fill-mode

检索或设置对象动画时间之外的状态。

语法：

```
animation-fill-mode: < single-animation-fill-mode >[, < single-animation-fill-mode >]*
< single-animation-fill-mode >=|none | forwards | backwards | both
```

默认值：none。

取值：

➤ none：默认值。不设置对象动画之外的状态。

➤ forwards：设置对象状态为动画结束时的状态。

➤ backwards：设置对象状态为动画开始时的状态。

➤ both：设置对象状态为动画结束或开始的状态。

8. animation-play-state

检索或设置对象动画的状态。

语法：

```
animation-play-state: < single-animation-play-state >[, < single-animation-play-state >]*
< single-animation-play-state >=|running | paused
```

默认值：running。

取值：

➤ running：运动。

➤ paused：暂停。

9. animation

复合属性。检索或设置对象所应用的动画特效。

语法：

```
animation: < single-animation >[, < single-animation >]*
< single-animation > = | < single-animation-name > ‖ < time > ‖ < single-animation-
timing-function > ‖ < time > ‖ < single-animation-iteration-count > ‖ < single-animation-
direction > ‖ < single-animation-fill-mode > ‖ < single-animation-play-state >
```

取值：

➤ < 'animation-name' >：检索或设置对象所应用的动画名称。

➤ < 'animation-duration' >：检索或设置对象动画的持续时间。

➤ < 'animation-timing-function' >：检索或设置对象动画的过渡类型。

> ➤ < ' animation-delay' > ：检索或设置对象动画延迟的时间。
>
> ➤ < ' animation-iteration-count' > ：检索或设置对象动画的循环次数。
>
> ➤ < ' animation-direction' > ：检索或设置对象动画在循环中是否反向运动。
>
> ➤ < ' animation-fill-mode' > ：检索或设置对象动画时间之外的状态。
>
> ➤ < ' animation-play-state' > ：检索或设置对象动画的状态。W3C 正考虑是否将该属性移
>   除，因为动画的状态可以通过其他的方式实现，如重设样式。

例如：

```
< !DOCTYPE html >
< html lang = "zh-cmn-Hans" >
< head >
< meta charset = "utf-8" / >
< title >animation_CSS 参考手册_web 前端开发参考手册系列 < /title >
< meta name = "author" content = "Joy Du(飘零雾雨), dooyoe@ gmail. com, www. doyoe. com" / >
< style >
div{position: absolute; top: 50%; left: 50%; overflow: hidden; width: 300px; height: 150px;
margin: -75px 0 0 -150px; border: 3px solid #eee; background: #e0e0e0; }
span{display: block; height: 50px; font: bold 14px/50px Georgia; }
.a1{
    -webkit-transform: translate(60px);
    -moz-transform: translate(60px);
    transform: translate(60px);
    -webkit-animation: animations 2s ease-out forwards;
    -moz-animation: animations 2s ease-out forwards;
    animation: animations 2s ease-out forwards;
}
@ -webkit-keyframes animations{
    0% {-webkit-transform: translate(0); opacity: 0; }
    50% {-webkit-transform: translate(30px); opacity: 1; }
    70% {-webkit-transform: translate(35px); opacity: 1; }
    100% {-webkit-transform: translate(60px); opacity: 0; }
}
@ -moz-keyframes animations{
    0% {-moz-transform: translate(0); opacity: 0; }
    50% {-moz-transform: translate(30px); opacity: 1; }
    70% {-moz-transform: translate(35px); opacity: 1; }
    100% {-moz-transform: translate(60px); opacity: 0; }
}
@ keyframes animations{
    0% {transform: translate(0); opacity: 0; }
    50% {transform: translate(30px); opacity: 1; }
    70% {transform: translate(35px); opacity: 1; }
    100% {transform: translate(60px); opacity: 0; }
}
.a3{
    opacity: 0;
    -webkit-transform: translate(100px);
```

```
            -moz-transform: translate(100px);
            transform: translate(100px);
            -webkit-animation: animations3 2s ease-out 2s forwards;
            -moz-animation: animations3 2s ease-out 2s forwards;
            animation: animations3 2s ease-out 2s forwards;
    }
    @ -webkit-keyframes animations3{
            0% {-webkit-transform: translate(160px);opacity:0; }
            50% {-webkit-transform: translate(130px);opacity:1; }
            70% {-webkit-transform: translate(125px);opacity:1; }
            100% {-webkit-transform: translate(100px);opacity:0; }
    }
    @ -moz-keyframes animations3{
            0% {-moz-transform: translate(160px);opacity:0; }
            50% {-moz-transform: translate(130px);opacity:1; }
            70% {-moz-transform: translate(125px);opacity:1; }
            100% {-moz-transform: translate(100px);opacity:0; }
    }
    @ keyframes animations3{
            0% {transform: translate(160px);opacity:0; }
            50% {transform: translate(130px);opacity:1; }
            70% {transform: translate(125px);opacity:1; }
            100% {transform: translate(100px);opacity:0; }
    }
    . a2 {
            opacity:0;
            text-align: center; font-size:26px;
            -webkit-animation: animations2 5s ease-in-out 4s forwards;
            -moz-animation: animations2 5s ease-in-out 4s forwards;
            animation: animations2 5s ease-in-out 4s forwards;
    }
    @ -webkit-keyframes animations2{
            0% {opacity:0; }
            40% {opacity:.8; }
            45% {opacity:.3; }
            50% {opacity:.8; }
            55% {opacity:.3; }
            60% {opacity:.8; }
            100% {opacity:0; }
    }
    @ -moz-keyframes animations2{
            0% {opacity:0; }
            40% {opacity:.8; }
            45% {opacity:.3; }
            50% {opacity:.8; }
            55% {opacity:.3; }
            60% {opacity:.8; }
            100% {opacity:0; }
```

```
}
@ keyframes animations2{
    0% {opacity:0;}
    40% {opacity:.8;}
    45% {opacity:.3;}
    50% {opacity:.8;}
    55% {opacity:.3;}
    60% {opacity:.8;}
    100% {opacity:0;}
}
</style>
</head>
<body>
<div>
    <span class = "a1">CSS3 Animations</span>
    <span class = "a2">CSS3 Animations</span>
    <span class = "a3">CSS3 Animations</span>
</div>
</body>
</html>
```

5.9 打 印 （Print）

在浏览器中需要打印 Web 页面时，有时需要调整网页的样式用来适合打印机，CSS 中新增了有关打印的属性如表 5-9 所示。

表 5-9 CSS 中有关打印的属性

名 称	描 述
page	检索或指定显示对象容器时使用的页面类型
page-break-before	检索或设置对象之前出现的页分隔符
page-break-after	检索或设置对象之后出现的页分隔符
page-break-inside	检索或设置对象容器内部出现的页分隔符

1. page

检索或指定显示对象容器时使用的页面类型。示例代码：

```
@ page rotated{size: landscape;}
p{page: rotated;page-break-before: left;}
```

语法：

```
page: auto | <identifier>
```

默认值：auto。

取值：

➢ auto：参照当前的默认页面。

➢ <identifier>：指定@ page 规则下的页面类型定义。

2. page-break-before

检索或设置对象之前出现的页分隔符。

语法：

```
page-break-before: auto | always | avoid | left | right
```

默认值：auto。

取值：

➤ auto：如果需要，在对象之前插入页分隔符。

➤ always：始终在对象之前插入页分隔符。

➤ avoid：避免在对象前面插入页分隔符。

➤ left：在对象前面插入页分隔符直到它到达一个空白的左页边。

➤ right：在对象前面插入页分隔符直到它到达一个空白的右页边。

3. page-break-after

检索或设置对象之后出现的页分隔符。

语法：

```
page-break-after: auto | always | avoid | left | right
```

默认值：auto。

取值：

➤ auto：如果需要，在对象之后插入页分隔符。

➤ always：始终在对象之后插入页分隔符。

➤ avoid：避免在对象之后插入页分隔符。

➤ left：在对象之后插入页分隔符直到它到达一个空白的左页边。

➤ right：在对象之后插入页分隔符直到它到达一个空白的右页边。

4. page-break-inside

检索或设置对象容器内部出现的页分隔符。

语法：

```
page-break-inside: auto | avoid
```

默认值：auto。

取值：

➤ auto：如果需要，在当前对象内部插入页分隔符。

➤ avoid：避免在当前对象内部插入页分隔符。

5.10　媒体查询（Media Queries）

语法：

```
<media_query_list>:[<media_query>[','<media_query>]*]?
<media_query>:[only|not]?<media_type> [and <expression>]*  | <expression>
[and <expression>]*
<expression>:'('<media_feature>[:<value>]?')'
```

说明：

通过不同的媒体类型和条件定义样式表规则。媒体查询让 CSS 可以更精确作用于不同的媒体类型和同一媒体的不同条件。媒体查询的大部分媒体特性都接受 min 和 max 用于表达"大于或等于"和"小于或等于"，如 width 会有 min-width 和 max-width。媒体查询可以被用在 CSS 中的@ media 和@ import 规则上，也可以被用在 HTML 和 XML 中。

示例代码：

```
@ media screen and(width:800px) { ... }
@ import url(example.css) screen and(width:800px);
< link media = "screen and(width:800px)" rel = "stylesheet" href = "example.css" />
<?xml-stylesheet media = "screen and(width:800px)" rel = "stylesheet" href = "example.css"?>
```

表 5-10 总结了 CSS 中有关媒体特性的属性。

表 5-10　CSS 中有关媒体特性的属性

媒体特性	取值	接受 min/max	描述
width	< length >	yes	定义输出设备中的页面可见区域宽度
height	< length >	yes	定义输出设备中的页面可见区域高度
device-width	< length >	yes	定义输出设备的屏幕可见宽度
device-height	< length >	yes	定义输出设备的屏幕可见高度
orientation	portrait | landscape	no	定义 'height' 是否大于或等于 'width'。值 portrait 代表是，landscape 代表否
aspect-ratio	< ratio >	yes	定义 'width' 与 'height' 的比率
device-aspect-ratio	< ratio >	yes	定义 'device-width' 与 'device-height' 的比率，如常见的显示器比率为 4/3、16/9、16/10
color	< integer >	yes	定义每一组输出设备的彩色原件个数。如果不是彩色设备，则值等于 0
color-index	< integer >	yes	定义在输出设备的彩色查询表中的条目数。如果没有使用彩色查询表，则值等于 0
monochrome	< integer >	yes	检测单色帧缓冲区域中，每个像素的位数。如果不是单色设备，则值等于 0
resolution	< resolution >	yes	定义设备的分辨率，如 96dpi、300dpi、118dpcm
scan	progressive | interlace	no	定义电视类设备的扫描工序
grid	< integer >	no	用来查询输出设备是否使用栅格或点阵。只有 1 和 0 才是有效值，1 代表是，0 代表否

1. width

定义输出设备中的页面可见区域宽度。与盒模型 width 不同，媒体特性 width 的取值只能是 < length >。本特性接受 min 和 max 前缀，因此可以派生出 min-width 和 max-width 两个媒体特性。简单列举几个应用示例：

```
@ media screen and(width) { ... }
@ import url(example.css) screen and(width:800px);
```

```
< link media = "screen and( min-width: 400px) and( max-width: 900px) " rel = "stylesheet"
href = "example. css" / >
 < ?xml-stylesheet media = "not screen and( width: 800px) " rel = "stylesheet" href = "
example. css" ? >
```

语法：

```
width: < length >
```

取值：

< length >：用长度值来定义宽度。不允许负值。

2. height

定义输出设备中的页面可见区域高度。与盒模型 height 不同，媒体特性 height 的取值只能是 < length >。本特性接受 min 和 max 前缀，因此可以派生出 min-height 和 max-height 两个媒体特性。简单列举几个应用示例：

```
@ media( min-height:400px) { ... }
@ media screen and( height:600px) { ... }
@ import url( example. css) screen and( height:800px);
```

语法：

```
height: < length >
```

取值：

< length >：用长度值来定义高度。不允许负值。

3. device-width

定义输出设备的屏幕可见宽度。本特性接受 min 和 max 前缀，因此可以派生出 min-device-width 和 max-device-width 两个媒体特性。简单列举几个应用示例：

```
@ media screen and( device-width:1024px) { ... }
@ import url( example. css) screen and( min-device-width:800px);
 < link media = "screen and( min-device-width: 300px) and( max-device-width: 900px) " rel =
"stylesheet" href = "example. css" / >
```

语法：

```
device-width: < length >
```

取值：

< length >：用长度值来定义宽度。不允许负值。

4. device-height

定义输出设备的屏幕可见高度。本特性接受 min 和 max 前缀，因此可以派生出 min-device-height 和 max-device-height 两个媒体特性。简单列举几个应用示例：

```
@ media screen and( device-height:800px) { ... }
@ import url( example. css) screen and( min-device-height:800px);
 < link media = "screen and( min-device-height: 300px) and( max-device-height: 900px) " rel
= "stylesheet" href = "example. css" / >
```

语法：

```
device-height: < length >
```

取值：

<length>：用长度值来定义高度。不允许负值。

5. orientation

定义输出设备中的页面可见区域高度是否大于或等于宽度。本特性不接受 min 和 max 前缀。简单列举几个应用示例：

```
@ media screen and(orientation:portrait){ ... }
@ import url(example.css)screen and(orientation:landscape);
```

语法：

```
orientation:portrait | landscape
```

取值：

➢ portrait：指定输出设备中的页面可见区域高度大于或等于宽度。

➢ landscape：除 portrait 值情况外，都是 landscape。

6. aspect-ratio

定义输出设备中的页面可见区域宽度与高度的比率。本特性接受 min 和 max 前缀，因此可以派生出 min-aspect-ratio 和 max-aspect-ratio 两个媒体特性。简单列举几个应用示例：

```
@ media screen and(aspect-ratio:1680/957){ ... }
@ import url(example.css)screen and(max-aspect-ratio:20/11);
```

语法：

```
aspect-ratio: <ratio>
```

取值：

<ratio>：指定比率。

7. device-aspect-ratio

定义输出设备的屏幕可见宽度与高度的比率。如常见的显示器屏幕比率为 4/3、16/9、16/10。本特性接受 min 和 max 前缀，因此可以派生出 min-device-aspect-ratio 和 max-device-aspect-ratio 两个媒体特性。简单列举几个应用示例：

```
@ media screen and(device-aspect-ratio:4/3){ ... }
@ import url(example.css)screen and(min-device-aspect-ratio:4/3);
```

语法：

```
device-aspect-ratio: <ratio>
```

取值：

<ratio>：指定比率。

8. color

定义输出设备每一组彩色原件的个数。如果不是彩色设备，则值等于 0。与色彩 color 不同，媒体特性 color 的取值只能是 <integer>，用来表示色彩数。本特性接受 min 和 max 前缀，因此可以派生出 min-color 和 max-color 两个媒体特性。简单列举几个应用示例：

```
@ media screen and(color){ ... }
@ import url(example.css)screen and(color:0);
<link media = "screen and(min-color:1)" rel = "stylesheet" href = "example.css" />
```

语法：

```
color: <integer>
```

取值：

<integer>：用整数值来定义彩色原件数。不允许负值。

9. color-index

定义在输出设备的彩色查询表中的条目数。如果没有使用彩色查询表，则值等于 0。本特性接受 min 和 max 前缀，因此可以派生出 min-color-index 和 max-color-index 两个媒体特性。简单列举几个应用示例：

```
@ media screen and(color-index) { ... }
@ import url(example. css) screen and(min-color-index:1);
<link media = "screen and(color-index:0)" rel = "stylesheet" href = "example. css" />
```

语法：

```
color-index: <integer>
```

取值：

<integer>：用整数值来定义彩色查询表中的条目数。不允许负值。

10. monochrome

定义在一个单色框架缓冲区中每像素包含的单色原件个数。如果不是单色设备，则值等于 0。本特性接受 min 和 max 前缀，因此可以派生出 min-monochrome 和 max-monochrome 两个媒体特性。简单列举几个应用示例：

```
@ media screen and(monochrome) { ... }
@ import url(example. css) screen and(monochrome:0);
<link media = " screen and ( min-monochrome: 0 ) and ( max-monochrome: 10 )" rel = "
stylesheet" href = "example. css" />
<?xml-stylesheet media = "not screen and(monochrome)" rel = "stylesheet" href = "
example. css" ? >
```

语法：

```
monochrome: <integer>
```

取值：

<integer>：用整数值来定义单色的位宽。不允许负值。

11. resolution

定义设备的分辨率，如 96dpi、300dpi、118dpcm。本特性接受 min 和 max 前缀，因此可以派生出 min-resolution 和 max-resolution 两个媒体特性。简单列举几个应用示例：

```
@ media screen and(resolution) { ... }
@ import url(example. css) screen and(min-resolution:96dpi);
<link media = "screen and(resolution:96dpi)" rel = "stylesheet" href = "example. css" />
```

语法：

```
resolution: <resolution>
```

取值：

<resolution>：用整数值来定义分辨率。不允许负值。

12. scan

定义电视类设备的扫描工序。本特性不接受 min 和 max 前缀。简单列举几个应用示例：

```
@ media tv and( scan: progressive) { ... }
@ import url( example. css) tv and( scan: interlace);
```

语法：

```
scan: progressive | interlace
```

取值：

➢ progressive：连续扫描。

➢ interlace：交织扫描。

13. grid

用来查询输出设备是否使用栅格或点阵。本特性不接受 min 和 max 前缀。简单列举几个应用示例：

```
@ media all and( grid) { ... }
@ import url( example. css) all and( grid: 0);
```

语法：

```
grid: < integer >
```

取值：

< integer >：用整数值来定义是否使用栅格或点阵。只有 1 和 0 才是有效值，1 代表是，0 代表否。

小　　结

本章详细讲解了 CSS3 的定位和布局。CSS 的相对定位、绝对定位以及盒模型是掌握 CSS 布局的关键。媒体查询是使页面布局符合移动平台的关键技术，也是实现响应式设计的基础。掌握变换、渐变、过渡和动画是掌握后续移动前端框架中过渡与动画的重要基础。

习　　题

1. 定位的值有哪几种？区别是什么？

2. CSS 中的 position 属性有几种取值？分别简述它们的作用。

3. 在 position 值中，relative 和 absolute 如何定位原始点？

4. position 都有哪些属性？fixed 是相对谁来定位的？

5. 关于元素的定位有哪些？其中对 z-index 样式的理解及 z-index 对不同浏览器默认的样式是什么？

6. 描述浮动会造成什么影响，如何居中一个浮动元素？

7. 简单说明绝对定位和浮动的区别和应用。

8. 实现布局：side 左边宽度固定，main 右边宽度自适应。

9. 实现布局：两列和左边宽度自适应，右边宽度固定为 200px。

10. 分别使用 2 个、3 个、5 个 div 画出一个大的红十字。

11. 说说弹性盒布局。

12. 了解弹性盒模型属性（Flexible Box）。

13. CSS3 如何实现圆角、阴影效果？

14. box-sizing 属性有哪些，各代表什么含义？

15. 请列出 CSS 代码的 7 个优化准则。

更多实例和题目，请访问作者博客的相关页面，网址如下：

http://www.everyinch.net/index.php/category/frontend/layout/

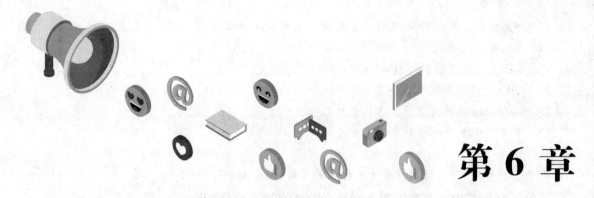

第6章
Web 前端的行为层：JavaScript 语言

JavaScript 是面向 Web 的编程语言。基于桌面系统、游戏机、平板电脑和智能手机的浏览器均包含 JavaScript 解释器。这使得 JavaScript 称得上是使用最广泛的编程语言。JavaScript 是前端工程师必须掌握的三种技能之一：描述网页内容的 HTML、描述网页样式的 CSS 和描述网页行为的 JavaScript。

JavaScript 是一门高端的、动态的、弱类型的编程语言。JavaScript 的语法源自 Java，它的一等函数（First-class Function）来自于 Scheme，它的基于原型（Prototype-based）的继承来自于 Self。

通常每种编程语言都有各自的开发平台、标准库和 API 函数。JavaScript 语言核心针对文本、数组、日期和正则表达式定义了 API，输入/输出是由 JavaScript 所属的宿主环境（Host Environment）提供的。

6.1　词　法　结　构

编程语言的词法结构是一套基础性规则，用来描述如何使用这门语言来编写程序。作为语法的基础，它规定了诸如变量名是什么样的、怎么写注释，以及程序语句之间如何分隔等规则。

6.1.1　字符集

JavaScript 程序是用 Unicode 字符集编写的。Unicode 是 ASCII 编码和 ISO Latin-1 的超集。ECMAScript 5 要求支持 Unicode 3.0 及后续版本。

1. 区分大小写

JavaScript 是一种区分大小写的语言。这就是说，在输入语言的关键字、变量、函数名以及所有的标识符（Identifier）都必须采取一致的字符大小写形式。

但是要注意，HTML 并不区分大小写（尽管 XHTML 是区分大小写的）。由于它和客户端 JavaScript 紧密相关，所以这一点是很容易混淆的。

2. 空格、换行符和格式控制符

JavaScript 会忽略程序中标识（Token）之间的空格。多数情况下，JavaScript 同样会忽略换行符。由于可以在代码中随意使用空格和换行，因此可以采用整齐、一致的缩进来形成统一的编码风格，从而提高代码的可读性。

除了可以识别普通的空格符（\ uoo2o），JavaScript 还可以识别如下这些表示空格的字符：水平制表符（\ u0009）、垂直制表符（\ u000B）、换页符（\ uoooC）、不中断空白（\ u00A0）、字节序标记（\ uFEFF），以及在 Unicode 中所有 Zs 类别的字符。JavaScript 将如下字符识别为行结束符：换行符（\ u000A）、回车符（\ u000D）、行分隔符（\ u2028）、段分隔符（\ u2029）。回车符加换行符在一起被解析为一个单行结束符。

3. Unicode 转义序列

JavaScript 定义了一种特殊序列，使用 6 个 ASCII 字符来代表任意 16 位 Unicode 内码。这些 Unicode 转义序列均以 \ u 为前缀，其后跟随 4 个十六进制数（使用数字以及大写或小写的字母 A ~ F 表示）。这种 Unicode 转义写法可以用在 JavaScript 字符串直接量、正则表达式直接量和标识符中（关键字除外）。

6.1.2　注释

和 Java 一样，JavaScript 也支持 C ++ 型的注释和 C 型注释 JavaScript 会把处于 "//" 和一行结尾之间的任何文本都当作注释忽略掉。此外/和/之间的文本也会被当作注释，这些 C 型的注释可以跨越多行，但是其中不能有嵌套的注释。

6.1.3　直接量

所谓直接量（Literal），就是程序中直接显示出来的数据值。

6.1.4　标识符

所谓标识符（Identifier），就是一个名字。在 JavaScript 中，标识符用来命名变量和函数，或者用作 JavaScript 代码中某些循环的标签。JavaScript 中合法的标识符的命名规则是第一个字符必须是字母、下画线（_）或美元符号（$），接下来的字符可以是字母、数字、下画线或美元符号。数字不允许作为首字符出现，这样 JavaScript 可以轻易地区别开标识符和数字了。

在 ECMAScript v3 中，标识符中的字母和数字来自完整的 Unicode 字符集。在这个标准之前的版本中，JavaScript 标识符中字符仅限于使用 ASCII 字符集。此外，ECMAScript v3 还允许标识符中有 Unicode 转义序列。所谓 Unicode 转义序列，是字符 \ u 后接 4 个十六进制的数字，用来指定一个 16 位的字符编码。例如，标识符 π 还能写作 \ u03c0。尽管这种语法比较笨拙，但是它却可以将含有 Unicode 字符的 JavaScript 程序转换成一个表单，这样即使是不支持 Unicode 完整字符集的文本编辑器和其他工具也能执行该表单了。

和其他任何编程语言一样，JavaScript 保留了一些标识符为自己所用。这些 "保留字" 不能用作普通的标识符。

6.1.5　保留字

下面列出了许多 JavaScript 的保留字，它们在 JavaScript 程序中不能被用作标识符（变量名、函数名以及循环标记）。表 6 - 1 总结了 JavaScript 中的保留字。

表 6 - 1　JavaScript 的保留字

break	delete	function	return	typeof
case	do	if	switch	var
catch	else	in	this	void
continue	false	instanceof	throw	while
debugger	finally	new	true	with
default	for	null	try	

表 6 - 2 列出了其他的保留关键字。虽然现在 JavaScript 已经不使用这些保留字了，但是 ECMAScript v3 保留了它们，以备扩展语言。

表 6 - 2　JavaScript 的保留关键字

abstract	double	goto	native	static
boolean	enum	implements	package	super
byte	export	import	private	synchronized
char	extends	int	protected	throws
class	final	interface	public	transient
const	float	long	short	volatile

除了上面列出的正式保留字外，当前 ECMAScript v4 标准的草案正在考虑关键字 as、is、namespace 和 use 的用法。虽然当前的 JavaScript 解释器不会阻止将这四个关键字用作标识符，但是应该避免使用它们。

此外，还应该避免把 JavaScript 预定义的全局变量名或全局函数名用作标识符。如果用这些名字创建变量或函数，就会得到一个错误或重定义了已经存在的变量或函数。表 6 - 3 列出了 ECMAScript v3 标准定义的全局变量和全局函数。不同的 JavaScript 版本可能会定义其他的全局属性，每个特定的 JavaScript 嵌入（客户端、服务器端等）会有自己的全局属性扩展列表。

表 6 - 3　ECMAScript v3 标准定义的全局变量和全局函数

arguments	encodeURI	Infinity	Object	String
Array	EncodeURIComponent	isFinite	parseFloat	SyntaxError
Boolean	Error	isNaN	parseInt	TypeError
Date	eval	Math	RangeError	undefined
decodeURI	EvalError	NaN	ReferenceError	unescape
decodeURIComponent	Function	Number	RegExp	URIError

6.1.6　可选的分号

许多 JavaScript 程序员使用分号来明确标记语句的结束，即使在并不完全需要分号的时候也是如此。另一种风格就是，在任何可以省略分号的地方都将其省略，只有在不得不用的时候才使用分号。

　　JavaScript 并不是在所有换行处都填补分号：只有在缺少了分号就无法正确解析代码时，JavaScript 才会填补分号。换句话讲，如果当前语句和随后的非空格字符不能当成一个整体来解析，JavaScript 就在当前语句行结束处填补分号。

　　通常来讲，如果一条语句以"（"、"［"、"/"、"＋"或"-"开始，那么它极有可能和前一条语句合在一起解析。以"/"、"＋"和"-"开始的语句并不常见，而以"（"和"［"开始的语句则非常常见，至少在一些 JavaScript 编码风格中是很普遍的。有些程序员喜欢保守地在语句前加上一个分号，这样哪怕之前的语句被修改了、分号被误删除了，当前语句还是会正确地解析。例如：

```
var x = 0                              //这里省略了分号
;[x, x + i, x + 2]. forEach( console. log)   //前面的分号保证正确地语句解析
```

　　如果当前语句和下一行语句无法合并解析，JavaScript 则在第一行后填补分号，这是通用规则，但有两个例外。第一个例外是在涉及 return、break 和 continue 语句的场景中。如果这三个关键字后紧跟着换行，JavaScript 则会在换行处填补分号。

　　第二个例外是在涉及"＋＋"和"－－"运算符时。这些运算符可以作为表达式的前缀，也可以当作表达式的后缀。如果将其用作后缀表达式，它和表达式应当在同一行。否则，行尾将填补分号，同时"＋＋"或"--"将会作为下一行代码的前缀操作符并与之一起解析，如以下代码：

```
x
 + +
y
```

　　这段代码将解析为"x；＋＋y"，而不是"x＋＋；y"。

6.2　数据类型和值

　　计算机程序的运行需要对值（Value）（如数字 3.14 或文本"hello world"）进行操作。

　　在编程语言中，能够表示并操作的值的类型称为数据类型（Type），编程语言最基本的特性就是能够支持多种数据类型。

　　当程序需要将值保存起来以备将来使用时，便将其赋值给（将值"保存"到）一个变量（Variable）。变量是一个值的符号名称，可以通过名称来获得对值的引用。变量的工作机制是编程语言的另一个基本特性。

　　JavaScript 的数据类型分为两类：原始类型（Primitive Type）和对象类型（Object Type）。JavaScript 中的原始类型包括数字、文本字符串和布尔值。

　　JavaScript 中还有两个特殊的原始值：null（空）和 undefined（未定义），它们通常分别代表各自特殊类型的唯一的成员。

　　除了这些基本的数据类型外，JavaScript 还支持对象类型（Object Type）。一个对象（是数据类型对象的成员之一）表示的是属性的集合，每个属性都由"名/值对"构成。其中有一个特殊的对象是全局对象（Global Object）。

　　JavaScript 还定义了另一种特殊的对象——函数（Function）。函数是具有可执行代码的

对象，可以通过调用函数执行某些操作。和数组一样，函数的行为与其他类型的对象不同，JavaScript 为函数定义了专用的语法。因此，常将函数看作独立于对象和数组的数据类型。

如果函数用来初始化（使用 new 运算符）一个新建的对象，称为构造函数（Constructor）。

每个构造函数定义了一类（Class）对象——由构造函数初始化的对象组成的集合。JavaScript 语言的核心还定义了三种有用的类。Date 类定义的是表示日期的对象，RegExp 类定义的是表示正则表达式的对象，Error 类定义的是表示 JavaScript 程序中发生的语法错误和运行时错误的对象。

6.2.1　数字

JavaScript 和其他程序设计语言不同，它并不区别整型数值和浮点型数值。在 JavaScript 中，所有的数字都是由浮点型表示的。JavaScript 采用 IEEE 754 标准定义的 64 位浮点格式表示数字，这意味着它能表示的最大值是 $\pm 1.7976931348623157 \times 10^{308}$，最小值是 $\pm 5 \times 10^{-324}$。

1. 整型直接量

在 JavaScript 程序中，用一个数字序列表示一个十进制整数。

除了十进制的整型直接量，JavaScript 还能识别十六进制（以 16 为基数）的直接量。所谓十六进制的直接量，是以 0x 或者 0X 开头，其后跟随十六进制数字串的直接量。

尽管 ECMAScript 标准不支持八进制的直接量，但是 JavaScript 的某些实现却允许采用八进制（基数为 8）格式的整型直接量。

2. 浮点型直接量

浮点型直接量可以具有小数点，它们采用的是实数的传统语法。

还可以使用指数记数法表示浮点型直接量，即实数后跟随字母 e 或 E，后面加上正负号，其后再加一个整型指数。该语法如下：

```
[digits][.digits][(E|e)[( + |-)]digits]
```

3. JavaScript 中的算术运算

JavaScript 是使用语言自身提供的算术运算符来进行数字运算的。这些运算符包括加法运算符（ + ）、减法运算符（ – ）、乘法运算符（ * ）、除法运算符（／）和求余运算符（%）。

除了基本的算术运算外，JavaScript 还采用大量的算术函数来支持更为复杂的算术运算，这些函数都被保存为 Math 对象的属性。

JavaScript 中的算术运算在溢出（Overflow）、下溢（Underflow）或被零整除时不会报错。

当数字运算结果超过了 JavaScript 所能表示的数字上限（溢出），结果为一个特殊的无穷大（Infinity）值，在 JavaScript 中以 Infinity 表示。

当负数的值超过了 JavaScript 所能表示的负数范围，结果为负无穷大，在 JavaScript 中以 -Infinity 表示。

下溢（Underflow）是当运算结果无限接近于零并比 JavaScript 能表示的最小值还小时发生的一种情形。这种情况下，JavaScript 将会返回 0。当一个负数发生下溢时，JavaScript 返回一个特殊的值"负零"。

JavaScript 预定义了全局变量 Infinity 和 NaN，用来表示正无穷大和非数字值。

负零值同样有些特殊，它和正零值是相等的（甚至使用 JavaScript 的严格相等测试来判断）。这意味着这两个值几乎一模一样，除了作为除数之外。

4. 二进制浮点数和四舍五入错误

JavaScript 中的数字具有足够的精度，并可以极其近似于 0.1。但事实是，数字不能精确表述的确带来一些问题。

5. 日期和时间

JavaScript 语言核心包括 Date() 构造函数，用来创建表示日期和时间的对象。这些日期对象的方法为日期计算提供了简单的 API。日期对象不像数字那样是基本数据类型。

6.2.2　字符串

字符串（String）是一组由 16 位值组成的不可变的有序序列，每个字符通常来自于 Unicode 字符集。JavaScript 中并没有表示单个字符的"字符型"。

1. 字符串直接量

在 JavaScript 程序中的字符串直接量，是由单引号或双引号括起来的字符序列。

在 ECMAScript 5 中，字符串直接量可以拆分成数行，每行必须以反斜线（\）结束，反斜线和行结束符都不算是字符串直接量的内容。

需要注意的是，当使用单引号来界定字符串时，必须留意英文的缩写和所有格，如 can 't 和 O' Reilly 's。由于撇号和单引号相同，所以必须使用反斜线符号（\）来转义带有单引号的字符串中出现的撇号。

在客户端 JavaScript 程序设计中，JavaScript 代码中常含有 HTML 代码串，HTML 代码中也常含有 JavaScript 代码串。

2. 转义字符

在 JavaScript 的字符串中，反斜线（\）具有特殊的用途。在反斜线符号后加一个字符就可以表示在字符串中无法出现的字符了。表 6 - 4 列出了 JavaScript 中的转义序列。

表 6 - 4　JavaScript 的转义序列以及它们所代表的字符

序　　列	所代表的字符
\ 0	NUL 字符（\ u0000）
\ b	退格符（\ u0008）
\ t	水平制表符（\ u0009）
\ n	换行符（\ u000A）
\ v	垂直制表符（\ u000B）
\ f	换页符（\ u000C）
\ r	回车符（\ u000D）
\ "	双引号（\ u0022）
\'	撇号或单引号（\ u0027）
\ \	反斜线符（\ u005C）
\ xXX	由两位十六进制数值 XX 指定的 Latin-1 字符
\ uXXXX	由四位十六进制数 XXXX 指定的 Unicode 字符

6.2.3　布尔值

这个类型只有两个值，保留字 true 和 false。布尔值通常用于 JavaScript 的控制结构中。

任意 JavaScript 的值都可以转换为布尔值。下面这些值会被转换成 false：undefined、null、0、-0、NaN 和""。所有其他值，包括所有对象（数组）都会转换成 true。

False 和上面 6 个可以转换成 false 的值有时称为"假值"（Falsy Value），其他值称为"真值"（Truthy Value）。

布尔值包含 toString() 方法，因此可以使用这个方法将字符串转换为"true"或"false"。

6.2.4　null 和 undefined

Null 是 JavaScript 语言的关键字，它表示一个特殊值，常用来描述"空值"。

对 null 执行 typeof 预算，结果返回字符串"object"，也就是说，可以将 null 认为是一个特殊的对象值，含义是"非对象"。

Undefined 则说明这个属性或元素不存在。如果函数没有返回任何值，则返回 undefined。

尽管 null 和 undefined 是不同的，但它们都表示"值的空缺"，两者往往可以互换。判断相等运算符"=="认为两者是相等的（要使用严格相等运算符"==="来区分它们）。

Undefined 是表示系统级的、出乎意料的或类似错误的值的空缺，而 null 是表示程序级的、正常的或在意料之中的值的空缺。

6.2.5　全局对象

全局对象（Global Object）在 JavaScript 中有着重要的用途：全局对象的属性是全局定义的符号，JavaScript 程序可以直接使用。当 JavaScript 解释器启动时（或者任何 Web 浏览器加载新页面时），它将创建一个新的全局对象，并给它一组定义的初始属性。

全局属性，如 undefined、Infinity 和 NaN。

全局函数，如 isNaN()、parseInt() 和 eval()。

构造函数，如 Date()、RegExp()、String()、Object() 和 Array()。

全局对象，如 Math 和 JSON，

在代码的顶级，可以使用 JavaScript 关键字 this 来引用全局对象：

```
var global = this;        //定义一个引用全局对象的全局变量
```

在客户端 JavaScript 中，在其表示的浏览器窗口中的所有 JavaScript 代码中，Window 对象充当了全局对象。

这个全局 Window 对象有一个属性 window 引用其自身，它可以代替 this 来引用全局对象。

6.2.6　包装对象

JavaScript 对象是一种复合值：它是属性或已命名值的集合。通过"."符号来引用属性值。当属性值是一个函数时，称其为方法。通过 o. m() 来调用对象中的方法。

字符串也同样具有属性和方法。字符串既然不是对象，为什么它会有属性呢？

只要引用了字符串 s 的属性，JavaScript 就会将字符串值通过调用 new String（s）的方式转换成对象，这个对象继承了字符串的方法，并被用来处理属性的引用。一旦属性引用结束，这个新创建的对象就会销毁。

6.2.7　类型转换

表 6 - 5 总结了 JavaScript 中的类型转换，并且针对一种特定类型的值用于一种特定的环境给出了所执行的转换。

表 6 - 5　JavaScript 中的类型转换

值	转换为			
	字符串	数字	布尔值	对象
undefined	" undefined"	NaN	false	throws TypeError
null	" null"	0	false	throws TypeError
true	" true"	1		new Boolean（true）
false	" false"	0		new Boolean（false）
"" 空字符串		0	false	new String（""）
" 1.2" 非空，数字		1.2	true	new String（" 1.2"）
" one" 非空，非数字		NaN	true	new String（" one"）
0	0		false	new Number（0）
-0	0		false	new Number（-0）
NaN	" NaN"		false	new Number（NaN）
Infinity	" Infinity"		true	new Number（Infinity）
-Infinity	" -Infinity"		true	new Number（-Infinity）
1（无穷大，非零）	1		true	
｛｝（任意对象）			true	
[ ]（任意数组）	""	0	true	
[9]（1 个数字元素）	" 9"	9	true	
['a']（其他数组）	使用 join() 方法	NaN	true	
function() ｛｝（任意函数）		NaN	true	

6.2.8　变量

在 JavaScript 程序中，使用一个变量之前应当先声明。变量是使用关键字 var 来声明的，如下所示：

```
var i;
var sum;
```

如果未在 var 声明语句中给变量指定初始值，那么虽然声明了这个变量，但在给它存入一个值之前，它的初始值就是 undefined。

在 JavaScript 中首先将数字赋值给一个变量，随后再将字符串赋值给这个变量，这是完全合法的，如下所示：

```
var i = 10;
i = "ten";
```

6.2.9　变量作用域

一个变量的作用域（Scope）是程序源代码中定义这个变量的区域。

全局变量拥有全局作用域，在 JavaScript 代码中的任何地方都是有定义的。在函数内声明的变量只在函数体内有定义。它们是局部变量，作用域是局部性的。

函数参数也是局部变量，它们只在函数体内有定义。在函数体内，局部变量的优先级高于同名的全局变量。

如果在函数内声明的一个局部变量或者函数参数中带有的变量和全局变量重名，那么全局变量就被局部变量所遮盖。

尽管在全局作用域编写代码时可以不写 var 语句，但在声明局部变量时必须使用 var 语句。

1. 函数作用域和声明提前

JavaScript 中没有块级作用域（Block Scope）。JavaScript 取而代之了函数作用域（Function Scope），变量在声明它们的函数体以及这个函数体嵌套的任意函数体内都是有定义的。

在如下所示的代码中，在不同位置定义了变量 i、j 和 k，它们都在同一个作用域内。这三个变量在函数体内均是有定义的。

```
function test( o) {
    var i = 0;                       // i 在函数内部声明
    if( typeof o == "object") {
        var j = 0;                   // j 不仅仅在 if 语句内有效
        for( var k = 0; k < 10; k ++) {   // k 不仅在 for 循环内有效
            console. log( k);
        }
        console. log( k);            // k 一直有效,输出 10
    }
console. log( j);                    // j 被定义了,但没有初始化
```

2. 作为属性的变量

当声明一个 JavaScript 全局变量时，实际上是定义了全局对象的一个属性。

当使用 var 声明一个变量时，创建的这个属性是不可配置的，也就是说这个变量无法通过 delete 运算符删除。

6.3　表达式和运算符

表达式（Expression）是 JavaScript 中的一个短语，JavaScript 解释器会将其计算（Evaluate）出一个结果。

程序中的常量是最简单的一类表达式。变量名也是一种简单的表达式，它的值就是赋值给变量的值。

将简单表达式组合成复杂表达式最常用的方法就是使用运算符（Operator）。运算符按照特定的运算规则对操作数（通常是两个）进行运算，并计算出新值。

6.3.1　表达式

最简单的表达式是"原始表达式"（Primary Expression）。JavaScript 中的原始表达式包含常量或直接量、关键字和变量。

对象和数组初始化表达式实际上是一个新创建的对象和数组。这些初始化表达式有时称为"对象直接量"和"数组直接量"。

数组初始化表达式是通过一对方括号和其内由逗号隔开的列表构成的。初始化的结果是一个新创建的数组。

对象初始化表达式和数组初始化表达式非常类似，只是方括号被花括号代替，并且每个子表达式都包含一个属性名和一个冒号作为前缀。

函数定义表达式可称为"函数直接量"。一个典型的函数定义表达式包含关键字 function，跟随其后的是一对圆括号，括号内是一个以逗号分隔的列表，列表含有 0 个或多个标识符（参数名），然后再跟随一个由花括号包裹的 JavaScript 代码段（函数体）。

属性访问表达式运算得到一个对象属性或一个数组元素的值。JavaScript 为属性访问定义了两种语法：

```
expression.identifier
expression[expression]
```

第一种写法是一个表达式后跟随一个句点和标识符。第二种写法是使用方括号，方括号内是另外一个表达式（这种方法适用于对象和数组）。

1. 运算符概述

JavaScript 中的运算符用于算术表达式、比较表达式、逻辑表达式、赋值表达式等。表 6－6 所示是按照运算符的优先级排序的，前面的运算符优先级要高于后面的运算符优先级。被水平分隔线分隔开来的运算符具有不同的优先级。

表 6－6　JavaScript 中的运算符优先级

优先级	结合性	运算符	运算数类型（s）	所执行的操作
15	L	.	对象，标识符	属性存取
	L	[]	数组，整数	数组下标
	L	()	函数，参数	函数调用
	R	new	构造函数调用	创建新对象
14	R	++	lvalue	先递增或后递增运算（一元的）
	R	--	lvalue	先递减或后递减运算（一元的）
	R	-	数字	一元减法（负）
	R	+	数字	一元加法
	R	~	整数	按位取补码的操作（一元的）
	R	!	布尔值	取逻辑补码的操作（一元的）
	R	delete	value	取消定义一个属性（一元的）
	R	typeof	任意	返回数据类型（一元的）
	R	void	任意	返回未定义的值（一元的）

优先级	结合性	运算符	运算数类型（s）	所执行的操作
13	L	*，/，%	数字	乘法、除法、取余运算
12	L	+，-	数字	加法、减法运算
	L	+	字符串	连接字符串
11	L	<<	整数	左移
	L	>>	整数	带符号扩展的右移
	L	>>>	整数	带零扩展的右移
10	L	<，<=	数字或字符串	小于或小于等于
	L	>，>=	数字或字符串	大于或大于等于
	L	instanceof	对象，构造函数	检查对象类型
	L	in	字符串，对象	检查一个属性是否存在
9	L	==	任意	测试相等性
	L	!=	任意	测试非相等性
	L	===	任意	测试等同性
	L	!==	任意	测试非等同性
8	L	&	整数	按位与操作
7	L	^	整数	按位异或操作
6	L	|	整数	按位或操作
5	L	&&	布尔值	逻辑与操作
4	L	||	布尔值	逻辑或操作
3	R	?:	布尔值，任意，任意	（由三个运算数构成的）条件运算符赋值运算
2	R	=	value，任意	赋值运算
	R	*=，/=，%=，+=，-=，<<=，>>=，>>>=，&=，^=，|=	value，任意	带操作的赋值运算
1	L	,	任意	多重计算的操作

可以根据运算符需要的运算数的个数对运算符进行分类。大多数 JavaScript 运算符都是二元运算符（Binary Operators）。此外，JavaScript 还支持大量的一元运算符（Unary Operators）。JavaScript 还支持一个三元运算符（Ternary Operator）——条件运算符"?:"，它可以将三个表达式的值合并到一个表达式。

一些运算符可以作用于任何数据类型，但仍然希望它们的操作数是指定类型的数据，并且大多数运算符返回一个特定类型的值。

表 6-6 中的赋值运算符和其他少数运算符期望它们的操作数是 lval 类型。左值（lvalue）是指"表达式只能出现在赋值运算符的左侧"。

在表 6-6 中，A 列说明了运算符的结合性（Associativity）。值 L 表示结合性从左到右，值 R 表示结合性从右到左。一个运算符的结合性说明了优先级相等时执行操作的顺序。从左到右的结合性表示操作是从左到右执行的。

运算符的优先级和结合性规定了它们在复杂的表达式中的运算顺序。JavaScript 总是严格按照从左至右的顺序来计算表达式。

2. 算术运算符

基本的算术运算符是＊（乘法）、／（除法）、%(求余)、＋（加法）和-（减法）。所有那些无法转换为数字的操作数都转换为 NaN 值。如果操作数（或者转换结果）是 NaN 值，算术运算的结果也是 NaN。

运算符"＋＋"是对它唯一的运算数进行递增操作的，这个运算数必须是一个变量、数组的一个元素或者对象的一个属性。如果该变量、元素或属性不是数字，运算符"＋＋"首先会将它转换成数字。不管是前增量还是后增量，这个运算符通常用在 for 循环中，用于控制循环内的计数器。

递减"--"运算符的操作数也是一个左值。它把操作数转换为数字，然后减 1，并将计算后的值重新赋值给操作数。

3. 位操作符

位运算符要求它的操作数是整数。

位运算符"&"对它的整型操作数逐位执行布尔与（AND）操作。位运算符"丨"对它的整型操作数逐位执行布尔或（OR）操作。位运算符"^"对它的整型操作数逐位执行布尔异或（XOR）操作。运算符"～"是一元运算符，位于一个整型参数之前，它将操作数的所有位取反。

运算符"＜＜"将第一个操作数的所有二进制位进行左移操作，移动的位数由第二个操作数指定，将一个值左移 1 位相当于它乘以 2。

运算符"＞＞"将第一个操作数的所有位进行右移操作，移动的位数由第二个操作数指定，移动的位数是 0～31 的一个整数。如果第一个操作数是正数，移位后用 0 填补最高位，如果第一个操作数是负的，移位后就用 1 填补高位。将一个值右移 1 位，相当于用它除以 2。

运算符"＞＞＞"和运算符"＞＞"一样，只是左边的高位总是填补 0，与原来的操作数符号无关。

4. 关系表达式

"＝＝"和"＝＝＝"运算符用于比较两个值是否相等。

"＝＝＝"又称为严格相等运算符（Strict Equality），有时又称为恒等运算符（Identity Operator），它用来检测两个操作数是否严格相等。

"＝＝"运算符称为相等运算符（Equality Operator），它用来检测两个操作数是否相等，这里"相等"的定义非常宽松，可以允许进行类型转换。

"！＝"和"！＝＝"运算符的检测规则是"＝＝"和"＝＝＝"运算符的求反。如果两个值通过"＝＝"的比较结果为 true，那么通过"！＝"的比较结果则为 false。如果两值通过"＝＝＝"的比较结果为 true，那么通过"！＝＝"的比较结果则为 false。

如果运算符＜的第一个运算数小于它的第二个运算数，它计算的值就为 true，否则它计算的值为 false。

如果运算符＞的第一个运算数大于它的第二个运算数，它计算的值就为 true，否则计算的值为 false。

如果运算符＜＝的第一个运算数小于或等于第二个运算数，那么它计算的值就为 true，否则它计算的值为 false。

如果运算符 > =的第一个运算数大于或等于第二个运算数，那么它计算的值就为 true，否则它计算的值为 false。

5. in 运算符

in 运算符希望它的左操作数是一个字符串或可以转换为字符串，希望它的右操作数是一个对象。如果右侧的对象拥有一个名为左操作数值的属性名，那么表达式返回 true。

6. instanceof 运算符

instanceof 运算符希望左操作数是一个对象，右操作数标识对象的类。如果左侧的对象是右侧类的实例，则表达式返回 true，否则返回 false。

7. 逻辑运算符

逻辑运算符"&&"、"∥"和"!"是对操作数进行布尔算术运算，经常和关系运算符一起配合使用，逻辑运算符将多个关系表达式组合起来组成一个更复杂的表达式。

当运算符"&&"的两个运算数都是布尔值时，它对这两个运算数执行布尔 AND 操作，即当且仅当它的两个运算数都是 true 时，它才返回 true。如果其中一个或两个运算数值为 false，它就返回 false。

"∥"运算符对两个操作数做布尔或（OR）运算。如果其中一个或者两个操作数是真值，它返回一个真值。如果两个操作数都是假值，它返回一个假值。

它会首先计算第一个操作数的值，也就是说会首先计算左侧的表达式。如果计算结果为真值，那么返回这个真值。否则，再计算第二个操作数的值，即计算右侧的表达式，并返回这个表达式的计算结果。

运算符"!"是一个一元运算符，它放在一个运算数之前，用来对运算数的布尔值取反。

和"&&"与"∥"运算符不同，"!"运算符首先将其操作数转换为布尔值，然后再对布尔值求反。

8. 赋值运算符

JavaScript 使用"="运算符来给变量或者属性赋值。"="具有非常低的优先级，通常在一个较长的表达式中用到了一条赋值语句的值时需要补充圆括号以保证正确的运算顺序。

除了常规的赋值运算"="之外，JavaScript 还支持许多其他的赋值运算符，如表 6 - 7 所示。这些运算符将赋值运算符和其他运算符连接起来，提供一种更为快捷的运算方式。

表 6 - 7　JavaScript 中的赋值运算符

运算符	示　　例	等价等式
+ =	a + = b	a = a + b
- =	a - = b	a = a - b
* =	a * = b	a = a * b
/ =	a / = b	a = a / b
% =	a % = b	a = a %b
< < =	a < < = b	a = a < < b
> > =	a > > = b	a = a > > b
> > > =	a > > > = b	a = a > > > b

续表

运算符	示　　例	等价等式
& =	a & = b	a = a & b
| =	a | = b	a = a| b
^ =	a ^ = b	a = a ^ b

6.3.2　表达式运算

和其他很多解释性语言一样，JavaScript 同样可以解释运行由 JavaScript 源代码组成的字符串，并产生一个值。JavaScript 通过全局函数 eval() 来完成这个工作。

eval() 只有一个参数。如果传入的参数不是字符串，它直接返回这个参数。如果参数是字符串，它会把字符串当成 JavaScript 代码进行编译（Parse），如果编译失败则抛出一个语法错误（SyntaxError）异常。

如果编译成功，则开始执行这段代码，并返回字符串中的最后一个表达式或语句的值，如果最后一个表达式或语句没有值，则最终返回 undefined。如果字符串抛出一个异常，这个异常将把该调用传递给 eval()。

eval() 具有改变局部变量的能力，这对于 JavaScript 优化器来说是一个很大的问题。

当脚本定义了 eval() 的一个别名，且用另一个名称调用它，JavaScript 解释器又会如何工作呢？

为了让 JavaScript 解释器的实现更加简化，ECMAScript 3 标准规定了任何解释器都不允许对 eval() 赋予别名。如果 eval() 函数通过别名调用，则会抛出一个 EvalError 异常。

ECMAScript 5 是反对使用 EvalError 的，并且规范了 eval() 的行为。"直接的 eval"，当直接使用非限定的 "eval" 名称来调用 eval() 函数时，通常称为 "直接 eval"（Direct eval）。直接调用 eval() 时，它总是在调用它的上下文作用域内执行。

6.3.3　其他操作符

1. 条件运算符（?:）

条件运算符是 JavaScript 中唯一的三元运算符，可以用如下方式来使用它：

```
x > 0 ? x:-x
```

条件运算符的第一个运算数必须是一个布尔值，通常它是一个比较表达式的结果。第二个和第三个运算数可以是任何类型的值。条件运算符的返回值是由第一个运算数的布尔值决定的。如果这个运算数的值为 true，那么条件表达式的值就是第二个运算数的值。如果第一个运算数的值为 false，那么条件表达式的值就是第三个运算数的值。

2. typeof 运算符

typeof 是个一元运算符，放在一个运算数之前，这个运算数可以是任意类型的。它的返回值是一个字符串，该字符串说明了运算数的类型。表 6 - 8 列出了 typeof 运算符的计算结果。

表 6 - 8　typeof 运算符的结果

x	typeof x
undefined	"undefined"
null	"object"
true 或 false	"boolean"
任意数字或 NaN	"number"
任意字符串	"string"
任意函数	"function"
任意内置对象	"object"
任意宿主对象	由编译器各自实现的字符串

3. delete 运算符

delete 运算符是个一元运算符，它将删除运算数所指定的对象的属性、数组元素或变量。如果删除操作成功，它将返回 true，如果运算数不能被删除，它将返回 false。

4. void 运算符

void 是一元运算符，它出现在操作数之前，操作数可以是任意类型。操作数会照常计算，但忽略计算结果并返回 undefined。由于 void 会忽略操作数的值，因此在操作数具有副作用时使用 void 来让程序更具语义。

5. 逗号运算符（,）

逗号运算符是二元运算符，它的操作数可以是任意类型。它首先计算左操作数，然后计算右操作数，最后返回右操作数的值。逗号运算符最常用的场景是在 for 循环中，这个 for 循环通常具有多个循环变量：

```
// for 循环中的第一个逗号是 var 语句的一部分
//第二个逗号是逗号运算符
//它将两个表达式( i ++ 和 j--)放在一条( for 循环中的)语句中
for( var i = 0,j = 10; i < j; i ++,j--)
    console. log( i + j);
```

6.4　语　　句

表达式在 JavaScript 中是短语，那么语句（Statement）就是 JavaScript 整句或命令。JavaScript 语句是以分号结束。表达式计算出一个值，但语句用来执行以使某件事发生。

JavaScript 中有很多语句和控制结构（Control Structure）来改变语句的默认执行顺序：

（1）条件（Conditional）语句，JavaScript 解释器可以根据一个表达式的值来判断是执行还是跳过这些语句，如 if 和 switch 语句。

（2）循环（Loop）语句，可以重复执行这些语句，如 while 和 for 语句。

（3）跳转（Jump）语句，可以让解释器转至程序的其他部分继续执行，如 break、return 和 throw 语句。

在 JavaScript 中，最简单的语句莫过于表达式了。赋值语句是一种主要的表达式语句。递增运算符（++）和递减运算符（--）都和赋值语句有关，它们的作用是改变一个变量的值，就像执行了一条赋值语句一样。

JavaScript 还有一种方法可以将几个语句联合起来，形成一条符合语句（Compound Statement）。这只需要用花括号把几个语句括起来即可。

空语句（Empty Statement）则恰好相反，它允许包含 0 条语句的语句。JavaScript 解释器执行空语句时它显然不会执行任何动作。

6.4.1　声明语句

var 和 function 都是声明语句，它们声明或定义变量或函数。

这些语句定义标识符（变量名和函数名）并给其赋值，这些标识符可以在程序中任意地方使用。

声明语句本身什么也不做，但它有一个重要的意义，通过创建变量和函数，可以更好地组织代码的语义。

1. var

var 语句用来声明一个或者多个变量，它的语法如下：

```
var name_1 [ = value_1 ] [,...,name_n [ = value_n ]]
```

如果 var 语句出现在函数体内，那么它定义的是一个局部变量，其作用域就是这个函数。如果在顶层代码中使用 var 语句，它声明的是全局变量，在整个 JavaScript 程序中都是可见的。

2. function

关键字 function 用来定义函数。函数定义也可以写成语句的形式。函数声明语句的语法如下：

```
function funcname((arg2[,arg2[...,argn]]]){
    statements
}
```

6.4.2　条件语句

if 语句是基本的控制语句，它使得 JavaScript 语句有条件地执行。

1. if 语句

if 语句有两种形式，第一种形式如下：

```
if(expression)
    statement
```

在这种形式中，需要计算 expression 的值，如果计算结果是真值，那么就执行 statement；如果 expression 的值是假值，那么就不执行 statement。

需要注意的是，if 语句中括起 expression 的圆括号在语法上是必需的。

If 语句的第二种形式是引入了 else 从句，当 expression 为 false 时，执行这个从词。它的语法如下：

```
if(expression)
    statement1
else
    statement2
```

2. else if 语句

if/else 语句通过判断一个表达式的计算结果来选择执行两条分支中的一条。但当代码中有多条分支时该怎么办呢？一种解决办法是使用 else if 语句。else if 语句并不是真正的 JavaScript 语句，它只不过是多条 if/else 语句连在一起时的一种惯用写法。

使用 else if 语句的思想是很可取的，而且比使用语法上和它等价的嵌套形式更易读。

3. switch 语句

当所有的分支都依赖于同一个表达式的值时，else if 并不是最佳解决方案。在这种情况下，重复计算多条 if 语句中的条件表达式是非常浪费的做法。

关键字 switch 之后紧跟着圆括号括起来的一个表达式，随后是一对花括号括起来的代码块：

```
switch(expression){
    statements
}
```

代码块中可以使用多个由 case 关键字标识的代码片段，case 之后是一个表达式和一个冒号。

当执行这条 switch 语句时，它首先计算 expression 的值，然后查找 case 子句中的表达式是否和 expression 的值相同（这里的“相同”是按照“===”运算符进行比较的）。如果找到匹配的 case，那么将会执行这个 case 对应的代码块。如果找不到匹配的 case，那么将会执行"default:"标签中的代码块。如果没有"default:"标签，switch 语句将跳过它的所有代码块。

6.4.3 循环

循环语句（Looping Statement）就是程序路径的一个回路，可以让一部分代码重复执行。JavaScript 中有 4 种循环语句：while、do/while、for 和 for/in。

1. while 语句

while 语句也是一个基本语句，它允许 JavaScript 执行重复的动作。它的语法如下：

```
while(expression)
    statement
```

就是当表达式 expression 是真值时，则循环执行 statement。注意，使用 while（true）则会创建一个死循环。

2. do/while 语句

do/while 循环和 while 循环非常相似，只不过它是在循环的尾部而不是顶部检测循环表达式，这就意味着循环体至少会执行一次。do/while 循环的语法如下：

```
do
    statement
while(expression);
```

do/while 循环并不像 while 循环那么常用。这是因为在实践中那种想要循环至少一次的情况并不常见。

在 do/while 循环和普通的 while 循环之间有两点语法方面的不同之处。

首先，do 循环要求必须使用关键字 do 来标识循环的开始，用 while 来标识循环的结尾并进入循环条件判断。

其次，和 while 循环不同，do 循环是用分号结尾的。如果 while 的循环体使用花括号括起来，则 while 循环也不用使用分号做结尾。

3. for 语句

for 语句提供了一种比 while 语句更加方便的循环控制结构。for 语句对常用的循环模式做了一些简化。

在循环中，计数器的三个关键操作是初始化、检测和更新。for 语句就将这三步操作明确声明为循环语法的一部分，各自使用一个表达式来表示。for 语句的语法如下：

```
for( initialize; test; increment)
    statement
```

initialize、test 和 increment 三个表达式之间用分号分隔，它们分别负责初始化操作、循环条件判断和计数器变量的更新。

4. for/in 语句

for/in 语句也使用 for 关键字，但它是和常规的 for 循环完全不同的一类循环。for/in 循环语句的语法如下：

```
for( variable in object)
    statement
```

variable 通常是一个变量名，也可以是一个可以产生左值的表达式或者一个通过 var 语句声明的变量，总之必须是一个适用于赋值表达式左侧的值。

object 是一个表达式，这个表达式的计算结果是一个对象。

statement 是一个语句或语句块，它构成了循环的主体。

JavaScript 会依次枚举对象的属性来执行循环。然而在每次循环之前，JavaScript 都会先计算 variable 表达式的值，并将属性名（一个字符串）赋值给它。

6.4.4　跳转

JavaScript 中另一类语句是跳转语句（Jump Statement）。从名称就可以看出，它使得 JavaScript 的执行可以从一个位置跳转到另一个位置。

break 语句是跳转到循环或者其他语句的结束。

continue 语句是终止本次循环的执行并开始下一次循环的执行。

JavaScript 中的语句可以命名或带有标签，break 和 continue 可以标识目标循环或者其他语句标签。

return 语句让解释器跳出函数体的执行，并提供本次调用的返回值。

throw 语句触发或者"抛出"一个异常，它是与 try/catch/finally 语句一同使用的，这些语句指定了处理异常的代码逻辑。

6.4.5　其他类型语句

本节讨论剩余的三种 JavaScript 语句 with、debugger 和 use strict。

1. with 语句

作用域链（Scope Chain），一个可以按序检索的对象列表，通过它可以进行变量名解析。with 语句用于临时扩展作用域链，它具有如下的语法：

```
with( object)
    statement
```

这条语句将 object 添加到作用域链的头部，然后执行 statement，最后把作用域链恢复到原始状态。

在严格模式中是禁止使用 with 语句的，并且在非严格模式里也是不推荐使用 with 语句的，尽可能避免使用 with 语句。

2. debugger 语句

当调试程序可用并运行时，JavaScript 解释器将会（非必需）以调式模式运行。实际上，这条语句用来产生一个断点（Breakpoint），JavaScript 代码的执行会停止在断点的位置，这时可以使用调试器输出变量的值、检查调用栈等。

3. use strict

use strict 是 ECMAScript 5 引入的一条指令。指令不是语句（但非常接近于语句）。use strict 指令和普通的语句之间有两个重要的区别：

（1）它不包含任何语言的关键字，指令仅仅是一个包含一个特殊字符串直接量的表达式（可以是使用单引号也可以使用双引号）。

（2）它只能出现在脚本代码的开始或者函数体的开始、任何实体语句之前。但它不必一定出现在脚本的首行或函数体内的首行，因为"use strict"指令之后或之前都可能有其他字符串直接量表达式语句，并且 JavaScript 的具体实现可能将它们解析为解释器自有的指令。

严格代码以严格模式执行。ECMAScript 5 中的严格模式是该语言的一个受限制的子集，它修正了语言的重要缺陷，并提供健壮的查错功能和增强的安全机制。严格模式和非严格模式之间的区别如下（前三条尤为重要）：

◇ 在严格模式中禁止使用 with 语句。

◇ 在严格模式中，所有的变量都要先声明，如果给一个未声明的变量、函数、函数参数、catch 从句参数或全局对象的属性赋值，将会抛出一个引用错误异常（在非严格模式中，这种隐式声明的全局变量的方法是给全局对象新添加一个新属性）。

◇ 在严格模式中，调用的函数（不是方法）中的一个 this 值是 undefined（在非严格模式中，调用的函数中的 this 值总是全局对象）。可以利用这种特性来判断 JavaScript 实现是否支持严格模式：var hasStrictMode = (function() {" use strict"; return this === undefined} ())；。

6.4.6　JavaScript 语句小结

表 6 - 9 列出了 JavaScript 中的语句以及相应的用途。

表 6 - 9　JavaScript 中的语句以及相应的用途

语句	语　法	用　途
break	break [label];	退出最内层循环或者退出 switch 语句，又或者退出 label 指定的语句
case	case expression:	在 switch 语句中标记一条语句
continue	continue [label];	重新开始最内层的循环或重新开始 label 指定的循环
debugger	debugger;	断点器调试
default	default;	在 switch 中标记默认的语句
do/while	do statement while (expression);	while 循环的一种替代形式

续表

语句	语　法	用　途
empty	；	什么都不做
for	far（init；test；incr）statement	一种简写的循环
for/in	for（var in object）statement	遍历一个对象的属性
function	function name（［param［］，…］）｛body｝	声明一个函数
if/else	if（expr）statement1［else statement2］	执行 statement1 或者 statement2
label	label：statement	给 statement 指定一个名字：Iabel
return	return［expression］；	从函数返回一个值
switch	switch（expression）｛sfafements｝	用 case 或者 "default：" 语句标记的多分支语句
throw	throw expression；	抛出异常
try	try｛statements｝ ［catch handler statements｝］ ［finally｛cleanup statements｝］	捕获异常
use strict	"use strict"	对脚本和函数应用严格模式
var	var name［＝expr］［，…］；	声明并初始化一个或多个变量
while	while（expression）statement	基本的循环结构
with	with（object）statement	扩展作用域链（不赞成使用）

6.5　对　　象

对象是 JavaScript 的基本数据类型。对象是一种复合值：它将很多值（原始值或者其他对象）聚合在一起，叫通过名字访问这些值。对象也可看作是属性的无序集合，每个属性都是一个名/值对。

JavaScript 对象还可以从一个称为原型的对象继承属性。对象的方法通常是继承的属性。这种"原型式继承"（Prototypal Inheritance）是 JavaScript 的核心特征。

对象最常见的用法是：创建（Create）、设置（Set）、查找（Query）、删除（Delete）、检测（Test）和枚举（Enumerate）它的属性。

属性包括名字和值。属性名可以是包含空字符串在内的任意字符串，但对象中不能存在两个同名的属性。值可以是任意 JavaScript 值，或者（在 ECMAScript 5 中）可以是一个 getter 或 setter 函数（或两者都有）。除了名字和值之外，每个属性还有一些与之相关的值，称为"属性特性"（Property Attribute）：

◇ 可写（Writable Attribute），表明是否可以设置该属性的值。

◇ 可枚举（Enumerable Attribute），表明是否可以通过 for/in 循环返回该属性。

◇ 可配置（Configurable Attribute），表明是否可以删除或修改该属性。

在 ECMAScript 5 之前，通过代码给对象创建的所有属性都是可写的、可枚举的和可配置的。在 ECMAScript 5 中则可以对这些特性加以配置。

除了包含属性之外，每个对象还拥有三个相关的对象特性（Object Attribute）：

◇ 对象的原型（Prototype）指向另外一个对象，本对象的属性继承自它的原型对象。

◇ 对象的类（Class）是一个标识对象类型的字符串。

◇ 对象的扩展标记（Extensible Flag）指明了（在 ECMAScript 5 中）是否可以向该对象添加新属性。

最后，通过以下术语来对三类 JavaScript 对象和两类属性作区分：

◇ 内置对象（Native Object）是由 ECMAScript 规范定义的对象或类。例如，数组、函数、日期和正则表达式都是内置对象。

◇ 宿主对象（Host Object）是由 JavaScript 解释器所嵌入的宿主环境（如 Web 浏览器）定义的。客户端 JavaScript 中表示网页结构的 HTMLElement 对象均是宿主对象。既然宿主环境定义的方法可以当成普通的 JavaScript 函数对象，那么宿主对象也可以当成内置对象。

◇ 自定义对象（User-Defined Object）是由运行中的 JavaScript 代码创建的对象。

◇ 自有属性（Own Property）是直接在对象中定义的属性。

◇ 继承属性（Inherited Property）是在对象的原型对象中定义的属性。

6.5.1 创建对象

可以通过对象直接量、关键字 new 和（ECMAScript 5 中的）Object. create() 函数来创建对象。

1. 对象直接量

创建对象最简单的方式就是在 JavaScript 代码中使用对象直接量。对象直接量是由若干名/值对组成的映射表，名/值对中间用冒号分隔，名/值对之间用逗号分隔，整个映射表用花括号括起来。

2. 通过 new 创建对象

new 运算符创建并初始化一个新对象。关键字 new 后跟随一个函数调用。这里的函数称为构造函数（Constructor），构造函数用以初始化一个新创建的对象。JavaScript 语言核心中的原始类型都包含内置构造函数。

3. 原型

所有通过对象直接量创建的对象都具有同一个原型对象，并可以通过 JavaScript 代码 Object. prototype 获得对原型对象的引用。通过关键字 new 和构造函数调用创建的对象的原型就是构造函数的 prototype 属性的值。因此，同使用 {} 创建对象一样，通过 new Object() 创建的对象也继承自 Object. prototype。同样，通过 new Array() 创建的对象的原型就是 Array. prototype，通过 new Date() 创建的对象的原型就是 Date. prototype。

4. Object. create ()

ECMAScript 5 定义了一个名为 Object. create() 的方法，它创建一个新对象。其中第一个参数是这个对象的原型。Object. create() 提供第二个可选参数，用以对对象的属性进行进一步描述。

Object. create() 是一个静态函数，而不是提供给某个对象调用的方法。使用它的方法很简单，只需传入所需的原型对象即可。

6.5.2 属性的查询和设置

可以通过点（.）或方括号（[]）运算符来获取属性的值。运算符左侧应当是一个表达式，它返回一个对象。

对于点（.）来说，右侧必须是一个以属性名称命名的简单标识符。

对于方括号来说（[]），方括号内必须是一个计算结果为字符串的表达式，这个字符串就是属性的名字。

和查询属性值的写法一样，通过点和方括号也可以创建属性或给属性赋值，但需要将它们放在赋值表达式的左侧。

下面两个 JavaScript 表达式的值相同：

```
object.property
object["property"]
```

第一种语法使用点运算符和一个标识符。

第二种语法使用方括号和一个字符串，看起来更像数组，只是这个数组元素是通过字符串索引而不是数字索引。这种数组就是关联数组（Associative Array）。

假设要查询对象 o 的属性 x，如果 o 中不存在 x，那么将会继续在 o 的原型对象中查询属性 x。如果原型对象中也没有 x，但这个原型对象也有原型，那么继续在这个原型对象的原型上执行查询，直到找到 x 或者查找到一个原型是 null 的对象为止。

查询一个不存在的属性并不会报错，如果在对象 o 自身的属性或继承的属性中均未找到属性 x，属性访问表达式 o.x 返回 undefined。

6.5.3　删除属性

delete 运算符可以删除对象的属性。它的操作数应当是一个属性访问表达式。delete 只是断开属性和宿主对象的联系，而不会去操作属性中的属性。delete 运算符只能删除自有属性，不能删除继承属性。

当 delete 表达式删除成功或没有任何副作用（如删除不存在的属性）时，它返回 true。如果 delete 后不是一个属性访问表达式，delete 同样返回 true。

6.5.4　检测属性

JavaScript 对象可以看作属性的集合，经常会检测集合中成员的所属关系——判断某个属性是否存在于某个对象中。

可以通过 in 运算符、hasOwnPreperty() 方法和 propertyIsEnumerable() 方法来完成这个工作，甚至仅通过属性查询也可以做到这一点。

in 运算符的左侧是属性名（字符串），右侧是对象。如果对象的自有属性或继承属性中包含这个属性则返回 true。

对象的 hasOwnProperty() 方法用来检测给定的名字是否是对象的自有属性。对于继承属性它将返回 false。

propertyIsEnumerable() 是 hasOwnProperty() 的增强版，只有检测到是自有属性且这个属性的可枚举性（Enumerable Attribute）为 true 时它才返回 true。某些内置属性是不可枚举的。

6.5.5　枚举属性

除了检测对象的属性是否存在，还会经常遍历对象的属性。通常使用 for/in 循环遍历，

ECMAScript 5 提供了两个更好用的替代方案。

for/in 循环可以在循环体中遍历对象中所有可枚举的属性，把属性名称赋值给循环变量。对象继承的内置方法是不可枚举的，但在代码中给对象添加的属性都是可枚举的（除非用下文中提到的一个方法将它们转换为不可枚举的）。

除了 for/in 循环之外，ECMAScript 5 定义了两个用以枚举属性名称的函数。第一个是 Object. keys()，它返回一个数组，这个数组由对象中可枚举的自有属性的名称组成。

ECMAScript 5 中第二个枚举属性的函数是 Object. getOwnPropertyNames ()，它和 Objbect. keys()类似，只是它返回对象的所有自有属性的名称，而不仅仅是可枚举的属性。在 ECMAScript 3 中是无法实现的类似的函数的，因为 ECMAScript 3 中没有提供任何方法来获取对象不可枚举的属性。

6.5.6 属性 getter 和 setter

对象属性是由名字、值和一组特性（Attribute）构成的。在 ECMAScript 5 中，属性值可以用一个或两个方法替代，这两个方法就是 getter 和 setter。由 getter 和 setter 定义的属性称为 "存取器属性"（Accessor Property），它不同于 "数据属性"（Data Property），数据属性只有一个简单的值。

当程序查询存取器属性的值时，JavaScript 调用 getter 方法（无参数）。这个方法的返回值就是属性存取表达式的值。当程序设置一个存取器属性的值时，JavaScript 调用 setter 方法，将赋值表达式右侧的值当作参数传入 setter。从某种意义上讲，这个方法负责 "设置"属性值。可以忽略 setter 方法的返回值。

和数据属性不同，存取器属性不具有可写性（Writable Attribute）。如果属性同时具有 getter 和 setter 方法，那么它是一个读/写属性。如果它只有 getter 方法，那么它是一个只读属性。如果它只有 setter 方法，那么它是一个只写属性（数据属性中有一些例外），读/写属性总是返回 undefined。

6.5.7 属性的特性

除了包含名字和值之外，属性还包含一些标识它们可写、可枚举和可配置的特性。在 ECMAScript 3 中无法设置这些特性，所有通过 ECMAScript 3 的程序创建的属性都是可写的、可枚举的和可配置的，且无法对这些特性做修改。

为了实现属性特性的查询和设置操作，ECMAScript 5 中定义了一个名为 "属性描述符"（Property Descriptor）的对象，这个对象代表 4 个特性。描述符对象的属性和它们所描述的属性特性是同名的。因此，数据属性的描述符对象的属性有值（Value）、可写性（Writable）、可枚举性（Enumerable）和可配置性（Configurable）。

6.5.8 对象的三个属性

每一个对象都有与之相关的原型（Prototype）、类（Class）和可扩展性（Extensible Attribute）。下面将会展开讲述这些属性有什么作用，以及如何查询和设置它们。

对象的原型属性是用来继承属性的，这个属性如此重要，以至于开发者经常把 "o 的原型属性"直接称为 "o 的原型"。

在 ECMAScript 5 中，将对象作为参数传入 Object. getPrototypeOf() 可以查询它的原型。在 ECMAScript 3 中，则没有与之等价的函数，但经常使用表达式 o. constructor. prototype 来检测一个对象的原型。通过 new 表达式创建的对象，通常继承一个 constructor 属性，这个属性指代创建这个对象的构造函数。

对象的类属性（Class Attribute）是一个字符串，用以表示对象的类型信息。ECMAScript 3 和 ECMAScript 5 都未提供设置这个属性的方法，并只有一种间接的方法可以查询它。默认的 toString() 方法（继承自 Object. prototype）返回了如下这种格式的字符串：

［object class］

对象的可扩展性用以表示是否可以给对象添加新属性。所有内置对象和自定义对象都是显式可扩展的，宿主对象的可扩展性是由 JavaScript 引擎定义的。在 ECMAScript 5 中，所有的内置对象和自定义对象都是可扩展的，除非将它们转换为不可扩展的，同样，宿主对象的可扩展性也是由实现 ECMAScript 5 的 JavaScript 引擎定义的。

6.5.9　序列化对象

对象序列化（Serialization）是指将对象的状态转换为字符串，也可将字符串还原为对象。ECMAScript 5 提供了内置函数 JSON. stringify () 和 JSON. parse () 用来序列化和还原 JavaScript 对象。这些方法都使用 JSON 作为数据交换格式，JSON 的全称是 "JavaScript Object Notation" —— JavaScript 对象表示法，它的语法和 JavaScript 对象与数组直接量的语法非常相近。

JSON 的语法是 JavaScript 语法的子集，它并不能表示 JavaScript 里的所有值。支持对象、数组、字符串、无穷大数字、true、false 和 null，并且它们可以序列化和还原。NaN、infinity 和-Infinity 序列化的结果是 null，日期对象序列化的结果是 ISO 格式的日期字符串（参照 Date. toJSON() 函数），但 JSON. parse() 依然保留它们的字符串形态，而不会将它们还原为原始日期对象。函数、RegExp、Error 对象和 undefined 值不能序列化和还原。JSON. stringify() 只能序列化对象可枚举的自有属性。对于一个不能序列化的属性来说，在序列化后的输出字符串中会将这个属性省略。JSON. stringify() 和 JSON. parse() 都可以接收第二个可选参数，通过传入需要序列化或还原的属性列表来定制自定义的序列化或还原操作。

6.5.10　对象方法

toString() 方法没有参数，它将返回一个表示调用这个方法的对象值的字符串。在需要将对象转换为字符串时，JavaScript 都会调用这个方法。比如，当使用 " + " 运算符连接一个字符串和一个对象时或者在希望使用字符串的方法中使用了对象时都会调用 toString()。

除了基本的 toString() 方法之外，对象都包含 toLocaleString() 方法，这个方法返回一个表示这个对象的本地化字符串。Object 中默认的 toLocaleString() 方法并不做任何本地化自身的操作，它仅调用 toString() 方法并返回对应值。

Object. prototype 实际上没有定义 toJSON() 方法，但对于需要执行序列化的对象来说，JSON. stringify() 方法会调用 toJSON() 方法。如果在待序列化的对象中存在这个方法，则调用它，返回值即是序列化的结果，而不是原始的对象。

valueOf() 方法和 toString() 方法非常类似，但往往当 JavaScript 需要将对象转换为某种原始值而非字符串时才会调用它，尤其是转换为数字时。如果在需要使用原始值的上下文中使用了对象，JavaScript 就会自动调用这个方法。

6.6 数   组

数组是值的有序集合。每个值称为一个元素，而每个元素在数组中有一个位置，以数字表示，称为索引。JavaScript 数组是无类型的：数组元素可以是任意类型，并且同一个数组中的不同元素也可能有不同的类型。数组的元素甚至也可能是对象或其他数组，这允许创建复杂的数据结构，如对象的数组和数组的数组。数组继承自 Array. prototype 中的属性，它定义了一套丰富的数组操作方法。

6.6.1 创建数组

使用数组直接量是创建数组最简单的方法，在方括号中将数组元素用逗号隔开即可。

```
var empty =[];                        // 没有元素的数组
var primes =[2,3,5,7,11];             // 有 5 个数值的数组
var misc =[ 1.1, true, "a",];         // 3 个不同类型的元素和结尾的逗号
```

使用 ［ ］ 操作符来访问数组中的一个元素。数组的引用位于方括号的左边。方括号中是一个返回非负整数值的任意表达式。使用该语法既可以读又可以写数组的一个元素。因此，如下代码都是合法的 JavaScript 语句：

```
var a =[ "world"];                    // 从一个元素的数组开始
var value = a[0];                     // 读第 0 个元素
```

每个数组有一个 length 属性，就是这个属性使其区别于常规的 JavaScript 对象。针对稠密（也就是非稀疏）数组，length 属性值代表数组中元素的个数。其值比数组中最大的索引大 1。在 ECMAScript 5 中，可以用 Object. defineProperty() 让数组的 length 属性变成只读的。

已经见过添加数组元素最简单的方法是为新索引赋值：

```
a =[]                                 // 开始是一个空数组
a[0] = "zero";                        // 然后向其中添加元素
a[1] = "one";
```

也可以使用 push() 方法在数组末尾增加一个或多个元素：

```
a =[];                                // 开始是一个空数组
a. push( "zero")                      // 在末尾添加一个元素, a =[ "zero"]
a. push( "one", "two")                // 再添加两个元素, a =[ "zero", "one", "two"]
```

可以像删除对象属性一样使用 delete 运算符来删除数组元素：

```
a =[1,2,3];
delete a[1];                          // a 在索引 1 的位置不再有元素
1 in a                                //结果是 false, 数组索引 1 并未在数组中定义
a. length                             //结果是 3: delete. 操作并不影响数组长度
```

6.6.2 数组遍历

使用 for 循环是遍历数组元素最常见的方法：

```
var keys = Object. keys( o);              // 获得 o 对象属性名组成的数组
var values =[]                            // 在数组中存储匹配属性的值
for( var i = 0; i < keys. length; i ++) {  // 对于数组中每个索引
    var key = keys[ i];                   // 获得索引处的键值
    values[ i] = o[ key];                 // 在 values 数组中保存属性值
}
```

在嵌套循环或其他性能非常重要的上下文中，可以看到这种基本的数组遍历需要优化，数组的长度应该只查询一次而非每次循环都要查询：

```
for( var i = 0, len = keys. length; i < len; i ++) {
    // 循环体仍然不变
}
```

6. 6. 3　多维数组

JavaScript 不支持真正的多维数组，但可以用数组的数组来近似。访问数组的数组中的元素，只要简单地使用两次[ ]操作符即可。例如，假设变量 matrix 是一个数组的数组，它的基本元素是数值，那么 matrix[x]的每个元素是包含一个数值数组，访问数组中特定数值的代码为 matrix[x][y]。这里有一个具体的例子，它使用二维数组创建一个九九乘法表：

```
//创建一个多维数组
var table = new Array(10);                 //表格有 10 行
for( var i = 0; i < table. length; i ++)
    table[ i] = new Array(10);             //每行有 10 列
//初始化数组
for( var row = 0; row < table. length; row ++) {
    for( col = 0; col < table[ row]. length; col ++) {
        table[ row][ col] = row ^ col;
    }
}
//使用多维数组来计算( 查询)5*7
var product = table[5][7];                 // 35
```

6. 6. 4　数组方法

ECMAScript 5 在 Array. prototype 中定义了一些很有用的操作数组的函数，这意味着这些函数作为任何数组的方法都是可用的。下面几节介绍 ECMAScript 5 中的这些方法。

1. join()

Array. join() 方法将数组中所有元素都转化为字符串并连接在一起，返回最后生成的字符串。可以指定一个可选的字符串在生成的字符串中来分隔数组的各个元素。如果不指定分隔符，默认使用逗号。

2. reverse()

Array. reverse() 方法将数组中的元素颠倒顺序，返回逆序的数组。它采取了替换；换句话说，它不通过重新排列的元素创建新的数组，而是在原先的数组中重新排列它们。

3. sort()

Array. sort() 方法将数组中的元素排序并返回排序后的数组。当不带参数调用 sort() 时，数组元素以字母表顺序排序（如有必要将临时转化为字符串进行比较）。如果数组包含 undefined 元素，它们会被排到数组的尾部。

为了按照其他方式而非字母表顺序进行数组排序，必须给 sort() 方法传递一个比较函数。该函数决定了它的两个参数在排好序的数组中的先后顺序。假设第一个参数应该在前，比较函数应该返回一个小于 0 的数值。反之，假设第一个参数应该在后，函数应该返回一个大于 0 的数值。并且，假设两个值相等（也就是说，它们的顺序无关紧要），函数应该返回 0。因此，用数值大小而非字母表顺序进行数组排序的代码如下：

```
var a = [33,4,1111,222];
a.sort();                              //字母表顺序:1111,222,33,4
a.sort(function(a,b){                  //数值顺序:4,33,222,1111
    return a-b;                        //根据顺序,返回负数、0、正数
    });
a.sort(function(a,b){return b-a});     //数值大小相反的顺序
```

4. concat()

Array.concat() 方法创建并返回一个新数组，它的元素包括调用 concat() 的原始数组的元素和 oncat() 的每个参数。如果这些参数中的任何一个自身是数组，则连接的是数组的元素，而非数组本身。但要注意，concat() 不会递归扁平化数组的数组。concat() 也不会修改调用的数组。

5. slice()

Array.slice() 方法返回指定数组的一个片段或子数组。它的两个参数分别指定了片段的开始和结束的位置。返回的数组包含第一个参数指定的位置，以及到但并不包含第二个参数指定的位置之间的所有数组元素。如果只指定一个参数，返回的数组将包含从开始位置到数组结尾的所有元素。如参数中出现负数，它表示相对于数组中最后一个元素的位置。

6. splice()

Array.splice() 方法是在数组中插入或删除元素的通用方法。

splice() 能够从数组中删除元素、插入元素到数组中或者同时完成这两种操作。在插入或删除点之后的数组元素会根据需要增加或减小它们的索引值，因此数组的其他部分仍然是保持连续的。splice() 的第一个参数指定了插入和（或）删除的起始位置。第二个参数指定了应该从数组中删除的元素的个数。如果省略第二个参数，从起始点开始到数组结尾的所有元素都将被删除。splice() 返回一个由删除元素组成的数组，或者如果没有删除元素就返回一个空数组。

7. push() 和 pop()

push() 和 pop() 方法允许将数组当作栈来使用。push() 方法在数组的尾部添加一个或多个元素，并返回数组新的长度。pop() 方法则相反：它删除数组的最后一个元素，减小数组长度并返回它删除的值。

8. unshift() 和 shift()

unshift() 和 shift() 方法的行为非常类似于 push() 和 pop()，不一样的是前者是在数组的头部而非尾部进行元素的插入和删除操作。unshift() 在数组的头部添加一个或多个元素，并将已存在的元素移动到更高索引的位置来获得足够的空间，最后返回数组新的长度。shift() 删除数组的第一个元素并将其返回，然后把所有随后的元素下移一个位置来填补数组头部的空缺。

9. toString () 和 toLocaleString ()

数组和其他 JavaScript 对象一样拥有 toString() 方法。针对数组，该方法将其每个元素转化为字符串（如有必要将调用元素的 toString() 方法）并且输出用逗号分隔的字符串列表。

6.6.5　ECMAScript 5 中的数组方法

ECMAScript 5 定义了 9 个新的数组方法来遍历、映射、过滤、检测、简化和搜索数组。

1. forEach ()

forEach() 方法从头至尾遍历数组，为每个元素调用指定的函数。如上所述，传递的函数作为 forEach() 的第一个参数。然后 forEach() 使用三个参数调用该函数：数组元素、元素的索引和数组本身。如果只关心数组元素的值，可以编写只有一个参数的函数，额外的参数将忽略。

注意，forEach() 无法在所有元素都传递给调用的函数之前终止遍历。也就是说，没有像 for 循环中使用的相应的 break 语句。如果要提前终止，必须把 forEach() 方法放在一个 try 块中，并能抛出一个异常。如果 forEach() 调用的函数抛出 foreach. break 异常，循环会提前终止。

2. map ()

map() 方法将调用的数组的每个元素传递给指定的函数，并返回一个数组，它包含该函数的返回值。例如：

```
a =[1,2,3];
b = a. map( function(x) { return x* x; });                    // b 是 [1,4,9]
```

传递给 map() 的函数的调用方式和传递给 forEach() 的函数的调用方式一样。但传递给 map() 的函数应该有返回值。注意，map() 返回的是新数组：它不修改调用的数组。如果是稀疏数组，返回的也是相同方式的稀疏数组；它具有相同的长度，相同的缺失元素。

3. filter ()

filter() 方法返回的数组元素是调用的数组的一个子集。传递的函数是用来逻辑判定的：该函数返回 true 或 false。调用判定函数就像调用 forEach() 和 map() 一样。如果返回值为 true 或能转化为 true 的值，那么传递给判定函数的元素就是这个子集的成员，它将被添加到一个作为返回值的数组中。例如：

```
a =[5,4,3,2,1];
smallvalues = a. filter( function(x) { return x <3 });       // [2,1]
everyother = a. filter( function(x,i) { return i% 2 ==0 });  // [5,3,1]
```

4. every () 和 some ()

every() 和 some() 方法是数组的逻辑判定：它们对数组元素应用指定的函数进行判定，返回 true 或 false。

every() 方法当且仅当针对数组中的所有元素调用判定函数都返回 true，它才返回 true。

some() 方法当数组中至少有一个元素调用判定函数返回 true，它就返回 true；并且当且仅当数值中的所有元素调用判定函数都返回 false，它才返回 false。

5. reduce () 和 reduceRight ()

reduce() 和 reduceRight() 方法使用指定的函数将数组元素进行组合，生成单个值。这在函数式编程中是常见的操作，也可以称为"注入"和"折叠"。举例说明它是如何工作的：

```
var a = [1,2,3,4,5]
var sum = a.reduce(function(x,y) { return x + y },0);        // 数组求和
var product = a.reduce(function(x,y) { return x* y },1);      // 数组求积
var max = a.reduce(function(x,y) { return(x > y) ?x: y; });   // 求最大值
```

reduce() 需要两个参数。第一个是执行化简操作的函数。化简函数的任务就是用某种方法把两个值组合或化简为一个值，并返回化简后的值。在上述例子中，函数通过加法、乘法或取最大值的方法组合两个值。第二个（可选）的参数是一个传递给函数的初始值。

reduceRight() 的工作原理和 reduce() 一样，不同的是它按照数组索引从高到低（从右到左）处理数组，而不是从低到高。如果化简操作的优先顺序是从右到左，可能想使用它。

6. indexOf() 和 lastIndexOf()

indexOf() 和 lastIndexOf() 搜索整个数组中具有给定值的元素，返回找到的第一个元素的索引或者如果没有找到就返回-1。indexOf() 从头至尾搜索，而 lastIndexOf() 则反向搜索。

6.6.6 数组类型

本章中到处都可以看见数组是具有特殊行为的对象。给定一个未知的对象，判定它是否为数组通常非常有用。在 ECMAScript 5 中，可以使用 Array.isArray() 函数来做这件事情：

```
Array.isArray([])                                           // => true
```

已经看到，JavaScript 数组的有一些特性是其他对象所没有的：

（1）当有新的元素添加到列表中时，自动更新 length 属性。

（2）设置 length 为一个较小值将截断数组。

（3）从 Array.prototype 中继承一些有用的方法。

（4）其类属性为"Array"。

Arguments 对象就是一个类数组对象。在客户端 JavaScript 中，一些 DOM 方法（如 document.getElementsByTagName()）也返回类数组对象。

字符串的行为类似于只读的数组。除了用 charAt() 方法来访问单个的字符以外，还可以使用方括号：

```
var s = test;
s.charAt(0)                                                 // => "t"
s[1]                                                        // => "e"
```

可索引的字符串的最大的好处就是简单，用方括号代替了 charAt() 调用，这样更加简洁、可读并且可能更高效。

6.7 函 数

函数是这样的一段 JavaScript 代码。JavaScript 函数是参数化的；函数的定义会包括一个称为形参（Parameter）的标识符列表，这些参数在函数体中像局部变量一样工作。函数调用会为形参提供实参的值。函数使用它们实参的值来计算返回值，成为该函数调用表达式的值。除了实参之外，每次调用还会拥有另一个值——本次调用的上下文，这就是 this 关键字的值。

如果函数挂载在一个对象上，作为对象的一个属性，就称它为对象的方法。当通过这个对象来调用函数时，该对象就是此次调用的上下文（context），也就是该函数的 this 的值。用于初始化一个新创建的对象的函数称为构造函数（constructor）。

6.7.1　函数定义

函数使用 function 关键字来定义，它可以用在函数定义表达式或者函数声明语句里。在两种形式中，函数定义都从 function 关键字开始，其后跟随这些组成部分：

（1）函数名称标识符。函数名称是函数声明语句必需的部分。它的用途就像变量的名字，新定义的函数对象会赋值给这个变量。对函数定义表达式来说，这个名字是可选的：如果存在，该名字只存在于函数体中，并指代该函数对象本身。

（2）一对圆括号，其中包含由 0 个或者多个用逗号隔开的标识符组成的列表。这些标识符是函数的参数名称，它们就像函数体中的局部变量一样。

（3）一对花括号，其中包含 0 条或多条 JavaScript 语句。这些语句构成了函数体：一旦调用函数，就会执行这些语句。

6.7.2　函数调用

构成函数主体的 JavaScript 代码在定义之时并不会执行，只有调用该函数时，它们才会执行。有 4 种方式来调用 JavaScript 函数：

（1）作为函数。

（2）作为方法。

（3）作为构造函数。

（4）通过它们的 call() 和 apply() 方法间接调用。

使用调用表达式可以进行普通的函数调用也可进行方法调用。一个调用表达式由多个函数表达式组成，每个函数表达式都是由一个函数对象和左圆括号、参数列表和右圆括号组成，参数列表是由逗号分隔的零个或多个参数表达式组成。

一个方法无非是个保存在一个对象的属性里的 JavaScript 函数。如果有一个函数 f 和一个对象 o，则可以用下面的代码给 o 定义一个名为 m() 的方法：

```
o.m = f;
```

给对象定义了方法 m()，调用它时就像这样：

```
o.m();
```

或者，如果 m() 需要两个实参，调用起来则像这样：

```
o.m(x, y);
```

如果函数或者方法调用之前带有关键字 new，它就构成构造函数调用。凡是没有形参的构造函数调用都可以省略圆括号，比如，下面这两行代码就是等价的：

```
var o = new Object();
var o = new Object;
```

构造函数调用创建一个新的空对象，这个对象继承自构造函数的 prototype 属性。构造函数试图初始化这个新创建的对象，并将这个对象用作其调用上下文，因此构造函数可以使用 this 关键字来引用这个新创建的对象。

JavaScript 中的函数也是对象，和其他 JavaScript 对象没什么两样，函数对象也可以包含方法。其中的两个方法 call() 和 apply() 可以用来间接地调用函数。两个方法都允许显式指定调用所需的 this 值，也就是说，任何函数可以作为任何对象的方法来调用，哪怕这个函数不是那个对象的方法。两个方法都可以指定调用的实参。call() 方法使用它自有的实参列表作为函数的实参，apply() 方法则要求以数组的形式传入参数。

6.7.3　函数的实参和形参

JavaScript 中的函数定义并未指定函数形参的类型，函数调用也未对传入的实参值做任何类型检查。实际上，JavaScript 函数调用甚至不检查传入形参的个数。

1. 可选形参

当调用函数时传入的实参比函数声明时指定的形参个数要少，剩下的形参都将设置为 undefined 值。因此在调用函数时形参是否可选以及是否可以省略应当保持较好的适应性。为了做到这一点，应当给省略的参数赋一个合理的默认值。

2. 实参对象

当调用函数时传入的实参个数超过函数定义时的形参个数时，没有办法直接获得未命名值的引用。参数对象解决了这个问题。在函数体内，标识符 arguments 是指向实参对象的引用，实参对象是一个类数组对象，这样可以通过数字下标就能访问传入函数的实参值，而不用非要通过名字来得到实参。

假设定义了函数 f，它的实参只有一个 x。如果调用这个函数时传入两个实参，第一个实参可以通过参数名 x 来获得，也可以通过 arguments[0] 来得到。第二个实参只能通过 arguments[1] 来得到。此外，和真正的数组一样，arguments 也包含一个 length 属性，用以标识其所包含元素的个数。因此，如果调用函数 f() 时传入两个参数，arguments.length 的值就是 2。

6.7.4　作为命名空间的函数

在函数中声明的变量在整个函数体内都是可见的（包括在嵌套的函数中），在函数的外部是不可见的。不在任何函数内声明的变量是全局变量，在整个 JavaScript 程序中都是可见的。在 JavaScript 中是无法声明只在一个代码块内可见的变量的，基于这个原因，常常简单地定义一个函数用作临时的命名空间，在这个命名空间内定义的变量都不会污染到全局命名空间。

办法当然是将代码放入一个函数内，然后调用这个函数。这样全局变量就变成了函数内的局部变量：

```
function mymodule(){
    //模块代码
    //这个模块所使用的所有变量都是局部变量
    //而不是污染全局命名空间
}
mymodule();              // 不要忘了还要调用这个函数
```

这段代码仅仅定义了一个单独的全局变量，名为"mymodule"的函数。这样还是太麻烦，可以直接定义一个匿名函数，并在单个表达式中调用它：

```
(function(){                    // mymodule()函数重写为匿名的函数表达式
    //模块代码
}());                          //结束函数定义并立即调用它
```

这种定义匿名函数并立即在单个表达式中调用它的写法非常常见，已经成为一种惯用法了。注意上面代码的圆括号的用法，function 之前的左圆括号是必需的，因为如果不写这个左圆括号，JavaScript 解释器会试图将关键字 function 解析为函数声明语句。使用圆括号JavaScript 解释器才会正确地将其解析为函数定义表达式。使用圆括号是习惯用法，尽管有时没有必要也不应当省略。这里定义的函数会立即调用。

6.7.5　闭包

和其他大多数现代编程语言一样，JavaScript 也采用词法作用域（Lexical Scoping），也就是说，函数的执行依赖于变量作用域，这个作用域是在函数定义时决定的，而不是函数调用时决定的。为了实现这种词法作用域，JavaScript 函数对象的内部状态不仅包含函数的代码逻辑，还必须引用当前的作用域链。函数对象可以通过作用域链相互关联起来，函数体内部的变量都可以保存在函数作用域内，这种特性在计算机科学文献中称为"闭包"。

从技术的角度讲，所有的 JavaScript 函数都是闭包：它们都是对象，它们都关联到作用域链。定义大多数函数时的作用域链在调用函数时依然有效，但这并不影响闭包。当调用函数时闭包所指向的作用域链和定义函数时的作用域链不是同一个作用域链时，事情就变得非常微妙。当一个函数嵌套了另外一个函数，外部函数将嵌套的函数对象作为返回值返回时往往会发生这种事情。有很多强大的编程技术都利用到了这类嵌套的函数闭包，以至于这种编程模式在 JavaScript 中非常常见。当你第一次碰到闭包时可能会觉得非常让人费解，一旦你理解掌握了闭包之后，就能非常自如地使用它了，了解这一点至关重要。

6.7.6　函数属性、方法和构造函数

在 JavaScript 程序中，函数是值。对函数执行 typeof 运算会返回字符串"function"，但是函数是 JavaScript 中特殊的对象。因为函数也是对象，它们也可以拥有属性和方法，就像普通的对象可以拥有属性和方法一样。甚至可以用 function()构造函数来创建新的函数对象。

1. length 属性

在函数体里，arguments. length 表示传入函数的实参的个数。而函数本身的 length 属性则有着不同含义。函数的 length 属性是只读属性，它代表函数实参的数量。

2.　prototype 属性

每一个函数都包含一个 prototype 属性，这个属性是指向一个对象的引用，这个对象称为"原型对象"（Prototype Object）。每一个函数都包含不同的原型对象。当将函数用作构造函数时，新创建的对象会从原型对象上继承属性。

3. call()方法和 apply()方法

可以将 call() 和 apply() 看作是某个对象的方法，通过调用方法的形式来间接调用函数。call() 和 apply() 的第一个实参是要调用函数的母对象，它是调用上下文，在函数体内通过 this

来获得对它的引用。要想以对象 o 的方法来调用函数 f()，可以这样使用 call() 和 apply()：

```
f.call(o);
f.apply(o);
```

对于 call() 来说，第一个调用上下文实参之后的所有实参就是要传入待调用函数的值。

apply() 方法和 call() 类似，但传入实参的形式和 call() 有所不同，它的实参都放入一个数组当中。如果一个函数的实参可以是任意数量，给 apply() 传入的参数数组可以是任意长度的。

4. bind() 方法

从名字就可以看出，这个方法的主要作用就是将函数绑定至某个对象。当在函数 f() 上调用 bind() 方法并传入一个对象。作为参数，这个方法将返回一个新的函数。例如：

```
function f(y) { return this.x + y; }        // 这个是待绑定的函数
var o = { x:1 };                            // 将要绑定的对象
var g = f.bind(o);                          // 通过调用 g(x) 来调用 o.f(x)
g(2)                                        // => 3
```

6.7.7　function() 构造函数

不管是通过函数定义语句还是函数直接量表达式，函数的定义都要使用 function 关键字。但函数还可以通过 function() 构造函数来定义，例如：

```
var f = new function("x", "y", "return x* y;");
```

这一行代码创建一个新的函数，这个函数和通过下面代码定义的函数几乎等价：

```
var f = function(x, y) { return x* y; }
```

关于 function() 构造函数以下几点需要特别注意：

（1）function() 构造函数允许 JavaScript 在运行时动态地创建并编译函数。

（2）每次调用 function() 构造函数都会解析函数体，并创建新的函数对象。如果是在一个循环或者多次调用的函数中执行这个构造函数，执行效率会受影响。相比之下，循环中的嵌套函数和函数定义表达式则不会每次执行时都重新编译。

（3）关于 function() 构造函数非常重要的一点就是它所创建的函数并不是使用词法作用域，相反，函数体代码的编译总是会在顶层函数中执行。

小　　结

本章是移动 Web 前端的重点章节，从本章开始，正式进入移动 Web 前端的编程环节。本章主要讲解了 JavaScript 语言的基础语法，JavaScript 语言位于移动 Web 前端的行为层，用来控制移动 Web 前端的各种交互行为。

本章主要讲解了 JavaScript 的语法细节，包括词法结构、类型和值、对象、数组等基础语法内容。掌握 JavaScript 的语法细节对于移动 Web 前端具有重要意义。

从结构层的 HTML 到表现层的 CSS，处于行为层的 JavaScript 在学习上具有比较高的难度，克服了 JavaScript 语言，就基本在移动 Web 前端开发领域登堂入室了。

习　　题

1. 下面的代码如何解析？为什么？

```
function infiniteLoop() { while( true) }
```

2. 编写比较两个数组的函数。

3. 实现判断 NaN 的函数 isNaN()。

4. 解释下面的代码：

```
( a == b) && stop();
```

5. 解释下面的代码：

```
var max = max_width || preferences. max_width || 500;
```

6. 解释下面的代码：

```
var geval = eval;
var x = "global", y = "global";
function f() {
    var x = "local";
    eval( "x + =' changed'; ");
    return x;
}
function g() {
    var y = "local";
    geval( "y + =' changed'; ");
    return y;
}
console. log( f(), x);
console. log( g(), y);
```

7. 解释下面的程序：

```
i = j = 1;
k = 2;
if( i == j)
    if( j == k)
        document. write( "i equals k");
else
    document. write( "i doesn' t equal j");
```

8. 解释下面的程序：

```
var iterations = Math. floor( items. length / 8),
    startAt = items. length % 8,
    i = 0;
do {
switch( startAt) {
case 0: process( items[ i ++ ]);
        case 7: process( items[ i ++ ]);
        case 6: process( items[ i ++ ]);
```

```
        case 5: process( items[ i ++ ]);
        case 4: process( items[ i ++ ]);
        case 3: process( items[ i ++ ]);
        case 2: process( items[ i ++ ]);
        case 1: process( items[ i ++ ]);
    }
    startAt = 0;
} while( --iterations);
```

9. 编写程序。通过用户输入的年龄判断是哪个年龄段的人（儿童：年龄 < 14；青少年：14 <= 年龄 < 24；青年：24 <= 年龄 < 40；中年：40 < = 年龄 < 60；老年：年龄 > = 60），并在页面上输出判断结果。

10. 编写程序，根据用户输入的一个数字（0 ~ 6），通过警示对话框显示对应的是星期几（0：星期日；1：星期一；……6：星期六;）。

11. 编写程序，计算 10!（即 1 * 2 * 3 * … * 10）的结果（10 的阶乘）。

12. 编写程序，计算 1! + 2! + 3! + … + 10! 的结果。

13. 在页面上输出如下数字图案。

```
1
1 2
1 2 3
1 2 3 4
1 2 3 4 5
```

其中，每行的数字之间由一个空格间隔。

14. 在页面上输出如下图案。

```
        *
      *   *
    *   *   *
  *   *   *   *
*   *   *   *   *
```

其中，每行的星号 " * " 之间由一个空格间隔。

15. 有一个三位数 x，被 4 除余 2，被 7 除余 3，被 9 除余 5，请求出这个数。

16. 求所有满足条件的四位数 ABCD，它是 13 的倍数，且第 3 位数加上第 2 位数等于第 4 位数（即 A = B + C）。（提示：对于四位数的整数 x，通过 Math. floor（x/1000）可求出第 4 位的数字，其他位数的提取也类似。）

17. 使用二重循环打印 9 × 9 乘法表。

（提示：

（1）第一个乘数（乘号前的乘数）的变化规律：从第一行到第九行，第一个乘数从 1 变到 9，与行号相同。

（2）第二个乘数（乘号后的乘数）的变化规律：从 1 开始，最大与行号相等。

（3）可以用 i 代表第一个乘数，用 j 代表第二个乘数，那么每一行 j 与 i 的关系是：j < = i。)

运行效果如下所示：

```
1x1 = 1
2x1 = 2     2x2 = 4
3x1 = 3     3x2 = 6     3x3 = 9
4x1 = 4     4x2 = 8     4x3 = 12     4x4 = 16
```

18. 编写程序，根据用户输入的数值，计算其平方、平方根和自然对数。

19. 使用 Math 对象的 random）()方法编制一个产生 0～100（含 0，100）的随机整数的函数。

20. 设计一个页面，在页面上显示信息"现在是××××年××月××日××点××分××秒（星期×），欢迎您的到访！"。

21. 编制一个从字符串中收集数字字符（"0"，"1"，…"9"）的函数 CollectDigits（s），它从字符串 s 中顺序取出数字，并且合并为一个独立的字符串作为函数的返回值。例如函数调用 CollectDigits（"1abc23def4"）的返回值是字符串"1234"。

22. 编制一个将两个字符串交叉合并的函数 Merge（s1，s2），如 Merge（"123"，"abc"）的返回结果是"1a2b3c"，如果两个字符串的长度不同，那么就将多余部分直接合并到结果字符串的末尾，如 Merge（"123456"，"abc"）的返回结果是"1a2b3c456"。

23. 设计一个程序，它（使用一个数组）接收用户输入的 7 门课程的成绩，然后在页面上显示其总成绩和平均分，并列出小于 60 的成绩。

24. 斐波纳契（Fibonacci）数列的第一项是 1，第二项是 1，以后各项都是前两项的和。请按逆序在页面中显示斐波纳契数列前 40 项的值（即，如果计算出来的数列是 1，1，2，3，5，8…，那么显示的顺序是…，8，5，3，2，1，1），并要求每行显示 6 个数。

25. 设计一个函数 DayOfYear（d），它接受一个日期参数 d，返回一个该日期是所在年份的第几天，如 DayOfYear（2000，2，8）的返回值是 39。

（提示：

（1）定义一个数组 months = new Array（31，28，31，30，31，30，31，31，30，31，30，31）记录每个月少的天数。

（2）定义一个辅助函数 IsLeapYear（y）判定某个年份是否为闰年，以确定 2 月份的天数是 28 还是 29。）

26. 编写一个函数 unique，去掉数组中的重复项。例如：

```
数组：array = [ "aa","bb","aa","cc","dd","bb"];
返回：array = [ "aa","bb","cc","dd"];
```

27. 编写 inherit() 函数，它返回了一个继承自原型对象 p 的属性的新对象，这里使用 ECMAScript 5 中的 Object. create() 函数（如果存在），如果不存在 Object. create()，则退化使用其他方法。

28. 实现遍历数组，获得键值对的代码（for 循环和 for…in 循环）：

29. 实现以下 3 个功能的代码：

（1）跳过 null、undefined 和不存在的元素。

（2）跳过 undefined 和不存在的元素。

（3）跳过不存在的元素。

30. 编写一个函数 $f(x) = 4x^2 + 3x + 2$，使用户通过提示对话框输入 x 的值，能得到相应的计算结果。

31. 编写一个函数 Min(x,y)，求出 x、y 这两个数中的最小值，要求 x、y 的值由用户通过提示对话框输入。

32. 编写一个判断某个非负整数是否能够同时被 3、5、7 整除的函数，然后在页面上输出 1～1000 所有能同时被 3、5、7 整除的整数，并要求每行显示 6 个这样的数。

33. 在页面上编程输出 100～1000 的所有素数，并要求每行显示 6 个素数。

34. 编写一个非递归函数 factorial（n），计算 12! –10! 的结果。

35. 编写指定显示多少层星号 " * " 的函数，用函数的参数来控制星号的层数。例如：在页面上输出的一个 5 层星号 " * " 图案，如下所示：

```
        *
      *   *
    *   *   *
  *   *   *   *
*   *   *   *   *
```

其中，每行的星号 " * " 之间由一个空格间隔。

36. 斐波纳契（Fibonacci）数列的第一项是 1，第二项是 1，以后各项都是前两项的和。试用递归函数和非递归函数各编写一个程序，求斐波纳契数列第 N 项的值。

37. 编写函数，用下面的公式计算 π 的近似值。

$$\frac{\pi}{4} = 1 - \frac{1}{3} + \frac{1}{5} - \frac{1}{7} + \cdots + (1-)^{n-1}\frac{1}{2n-1}$$

在页面上输出当 $n = 100$、500、1000 或 10000 时 π 的近似值。

38. 利用全局变量和函数，设计模拟幸运数字机游戏。设幸运数字为 8，每次由计算机随机产生 3 个 1～9（包括 1 和 9）的随机数，当这 3 个随机数中有一个数字为 8 时，就算赢了一次，要求利用函数计算获胜率。

更多实例和题目，请访问作者博客的相关页面，网址如下：

http://www.everyinch.net/index.php/category/frontend/javascript/

第 7 章
Web 前端的行为层：
Web 浏览器中的 JavaScript

JavaScript 语言的核心是主要针对文本、数组、日期和正则表达式的操作定义了一些 API，但是这些 API 不包括输入/输出功能。输入和输出功能（类似网络、存储和图形相关的复杂特性）是由 JavaScript 所属的"宿主环境"（Hostenviroment）提供的。这里所说的宿主环境通常是 Web 浏览器，第 6 章主要讲解了 JavaScript 的语法细节，这一章主要讲解 JavaScript 在 Web 浏览器中是如何工作的，并涵盖基于浏览器的 API——这部分一般又称为"客户端 JavaScript"。

7.1　客户端 JavaScript

Window 对象是所有客户端 JavaScript 特性和 API 的主要接入点。它表示 Web 浏览器的一个窗口或窗体，并且可以用标识符 window 来引用它。Window 对象定义了一些属性，如指代 Location 对象的 location 属性，Location 对象指定当前显示在窗口中的 URL。

Window 对象还定义了一些方法，如 alert()，可以弹出一个对话框用来显示一些信息。还有 setTimeout()，可以注册一个函数，在给定的一段时间之后触发一个回调。

Window 对象中其中一个最重要的属性是 document，它引用 Document 对象，后者表示显示在窗口中的文档。Document 对象有一些重要方法，如 getElementById()，可以基于元素 id 属性的值返回单一的文档元素。

每个 Element 对象都有 style 和 className 属性，允许脚本指定文档元素的 CSS 样式，或修改应用到元素上的 CSS 类名。设置这些 CSS 相关的属性会改变文档元素的呈现。

Window、Document 和 Element 对象上另一个重要的属性集合是事件处理程序相关的属性。可以在脚本中为之绑定一个函数，这个函数会在某个事件发生时以异步的方式调用。事件处理程序可以让 JavaScript 代码修改窗口、文档和组成文档的元素的行为。

7.1.1　在 HTML 中嵌入 JavaScript

在 HTML 文档中嵌入客户端 JavaScript 代码有 4 种方法：

（1）内联，放置在 < script > 和 </script）标签对之间。

（2）放置在由 < script > 标签的 src 属性指定的外部文件中。

（3）放置在 HTML 事件处理程序中，该事件处理程序由 onclick 或 onmouseover 这样的 HTML 属性值指定。

（4）放在一个 URL 里，这个 URL 使用特殊的"javascript："协议。

值得注意的是，HTML 事件处理程序属性和 javascript：URL 这两种方式在现代 JavaScript 代码里已经很少使用。内联脚本（没有 src 属性）也比它们之前用得少了。有个编程哲学称为"unobtrusive JavaScript"，主张内容（HTML）和行为（JavaScript 代码）应该尽量地保持分离。根据这个编程哲学，JavaScript 最好通过 < script > 元素的 src 属性来嵌入 HTML 文档中。

1. < script > 元素

JavaScript 代码可以内联的形式出现在 HTML 文件的 < script > 和 </script > 标签之间：

```
< script >
    //这里是你的 JavaScript 代码
</script >
```

2. 外部文件中的脚本

< script > 标签支持 src 属性，这个属性指定包含 JavaScript 代码的文件的 URL。它的用法如下：

```
< script src = "../../scripts/util.js" > </script >
```

以下是 src 属性方式的一些优点：

（1）可以把大块 JavaScript 代码从 HTML 文件中删除，这有助于保持内容和行为的分离，从而简化 HTML 文件。

（2）如果多个 Web 页面共用相同的 JavaScript 代码，用 src 属性可以让开发者只管理一份代码，而不用在代码改变时编辑每个 HTML 文件。

（3）如果一个 JavaScript 代码文件由多个页面共享，就只需要下载它一次，通过使用它的第一个页面，随后的页面可以从浏览器缓存检索它。

（4）由于 src 属性的值可以是任意的 URL，因此来自一个 Web 服务器的 JavaScript 程序或 Web 页面可以使用由另一个 Web 服务器输出的代码。很多互联网广告依赖于此。

7.1.2　JavaScript 程序的执行

客户端 JavaScript 程序没有严格的定义，可以说 JavaScript 程序是由 Web 页面中所包含的所有 JavaScript 代码（内联脚本、HTML 事件处理程序和 JavaScript：URL）和通过 < script > 标签的 src 属性引用的外部 JavaScript 代码组成。所有这些单独的代码共用同一个全局 Window 对象。这意味着它们都可以看到相同的 Document 对象，可以共享相同的全局函数和变量的集合，如果一个脚本定义了新的全局变量或函数，那么这个变量或函数会在脚本执行之后对任意 JavaScript 代码可见。

如果 Web 页面包含一个嵌入的窗体（通常使用 < iframe > 元素），嵌入文档中的 JavaScript 代码和被嵌入文档里的 JavaScript 代码会有不同的全局对象，它可以当作一个单独的 JavaScript 程序。但是，要记住，没有严格的关于 JavaScript 程序范围的定义。如果外面和里面的文档来自于同一个服务器，那么两个文档中的代码就可以进行交互，并且可以把它们当作是同一个程序的两个相互作用的部分。

1. 同步、异步和延迟的脚本

JavaScript 第一次添加到 Web 浏览器时，还没有 API 可以用来遍历和操作文档的结构和内容。当文档还在载入时，JavaScript 影响文档内容的唯一方法是快速生成内容。它使用 document. write() 方法完成上述任务。

当脚本把文本传递给 document. write() 时，这个文本被添加到文档输入流中，HTML 解析器会在当前位置创建一个文本节点，将文本插入这个文本节点后面，并不推荐使用 document. write() 。

2. 事件驱动的 JavaScript

事件都有名字，如 click、change 或 load 等，指示发生的事件的通用类型。事件还有目标，它是一个对象，并且事件就是在它上面发生的。

如果想要程序响应一个事件，写一个函数可称为"事件处理程序"、"事件监听器"或"回调"。然后注册这个函数，这样它就会在事件发生时调用它。

注意，按照约定，事件处理程序的属性的名字是以"on"开始，后面跟着事件的名字。还要注意在上面的任何代码里没有函数调用，只是把函数本身赋值给这些属性。浏览器会在事件发生时执行调用。用事件进行异步编程会经常涉及嵌套函数，也经常要在函数的函数里定义函数。

3. 客户端 JavaScript 线程模型

单线程执行是为了让编程更加简单。编写代码时可以确保两个事件处理程序不会同一时刻运行，操作文档内容时也不必担心会有其他线程试图同时修改文档，并且永远不需要在写 JavaScript 代码时担心锁、死锁和竞态条件（Race Condition）。

单线程执行意味着浏览器必须在脚本和事件句处理程序执行时停止响应用户输入。这为 JavaScript 程序员带来了负担，它意味着 JavaScript 脚本和事件处理程序不能运行太长时间。如果一个脚本执行计算密集的任务，它将会给文档载入带来延迟，而用户无法在脚本完成前看到文档内容。如果事件处理程序执行计算密集的任务，浏览器可能无法响应，可能会导致用户认为浏览器崩溃了。

7.1.3　兼容性和互用性

Web 浏览器是 Web 应用的操作系统，但是 Web 是一个存在各种差异性的环境，Web 文档和应用会在不同操作系统（Windows、Mac OS、Linux、iPhone OS、Android）的不同开发商（Microsoft、Mozilla、Apple、Google、Opera）的不同时代的浏览器（从预览版的浏览器到类似 IE 6 这种十多年之前的浏览器）上查看和运行。写一个健壮的客户端 JavaScript 程序并能正确地运行在这么多类型的平台上，的确是一种挑战。

1. 处理兼容性问题的类库

在实际的开发工作中，不少 Web 开发者在它们所有的 Web 页面上用了客户端 JavaScript 框架，如 jQuery。使这些框架必不可少的一个重要功能是：它们定义了新的客户端 API 并兼容所有浏览器。

2. 功能测试

功能测试（Capability Testing）是解决不兼容性问题的一种强大技术。如果开发者想试用某个功能，但又不清楚这个功能是否在所有的浏览器中都有比较好的兼容性，则需要在脚本中添加相应的代码来检测是否在浏览器中支持该功能。如果期望使用的功能还没有被当前的平台所支持，要么不在该平台中使用它，要么提供可在所有平台上运行的代码。

3. 浏览器测试

功能测试非常适用于检测大型功能领域的支持，比如可以使用这种方法来确定浏览器是支持 W3C 事件处理模型还是 IE 的事件处理模型。另外，有时可能会需要在某种浏览器中解决个别的 big 或难题，但却没有太好的方法来检测 bug 的存在性。在这种情况下，需要创建一个针对某个平台的解决方案，这个解决方案和特定的浏览器厂商、版本或操作系统（或三方面的组合）联系紧密。

7.2　Window 对象

在 JavaScript 中，BOM（浏览器对象模型）提供了很多对象，用于访问浏览器的功能，这些功能与任何网页内容无关，BOM 的核心对象是 Window，表示浏览器的一个实例。在浏览器中，Window 对象有双重角色：既是通过 JavaScript 访问浏览器窗口的一个接口，又是 JavaScript 规定的全局对象。这意味着在网页中定义的任何一个对象、变量和函数，都是以 Window 作为全局对象。

7.2.1　计时器

setTimeout() 和 setInterval() 可以用来注册在指定的时间之后单次或重复调用的函数。Window 对象的 setTimeout() 方法用来实现一个函数在指定的毫秒数之后运行。setTimeout() 返回一个值，这个值可以传递给 clearTimeout() 用于取消这个函数的执行。

7.2.2　浏览器定位和导航

Window 对象的 location 属性引用的是 Location 对象，它表示该窗口中当前显示的文档的 URL，并定义了方法来使窗口载入新的文档。

Document 对象的 location 属性也引用到 Location 对象：

```
window. location === document. location          // 总是返回 true
```

1. 解析 URL

Window 对象的 location 属性引用的是 Location 对象，它表示该窗口中当前显示的文档的 URL。Location 对象的 href 属性是一个字符串，后者包含 URL 的完整文本。

这个对象的其他属性 protocol、host、hostname、port、pathname 和 search，分别表示 URL 的各个部分。它们称为 "URL 分解" 属性。

Location 对象的 hash 和 search 属性比较有趣。如果有，hash 属性返回 URL 中的 "片段标识符" 部分。search 属性也类似，它返回的是问号之后的 URL，这部分通常是某种类型的查询字符串。

2. 载入新的文档

Location 对象的 assign() 方法可以使窗口载入并显示指定的 URL 中的文档。replace() 方法也类似，但它在载入新文档之前会从浏览历史中把当前文档删除。如果脚本无条件地载入一个新文档，replace() 方法可能是比 assgin() 方法更好的选择。

7.2.3 浏览历史

Window 对象的 history 属性引用的是该窗口的 History 对象。History 对象是用来把窗口的浏览历史用文档和文档状态列表的形式表示。History 对象的 length 属性表示浏览历史列表中的元素数量，但出于安全的因素，脚本不能访问已保存的 URL。

History 对象的 back() 和 forward() 方法与浏览器的"后退"和"前进"按钮一样：它们使浏览器在浏览历史中前后跳转一格。第三个方法 go() 接受一个整数参数，可以在历史列表中向前（正参数）或向后（负参数）跳过任意多个页。例如：

```
history.go(-2);    // 后退两个历史记录,相当于单击"后退"按钮两次
```

在实际工作中，在那些需要以前的 HTMLS 历史管理的项目中，开发者通常会使用一些现成的解决方案。很多 JavaScript 框架都实现了这种功能。

7.2.4 浏览器和屏幕信息

下面介绍 Window 对象的 navigator 和 screen 属性。它们分别引用的是 Navigator 和 Screen 对象，而这些对象提供的信息允许脚本来根据环境定制自己的行为。

1. Navigator 对象

Window 对象的 navigator 属性引用的是包含浏览器厂商和版本信息的 Navigator 对象。Navigator 对象的命名是为了纪念 Netscape 之后 Navigator 浏览器，不过所有其他的浏览器也支持它。

浏览器嗅探有时仍然有价值。这样的一种情况是，当需要解决存在于某个特定的浏览器的特定版本中的特殊的 bug 时。Navigator 对象有 4 个属性用于提供关于运行中的浏览器的版本信息，并且可以使用这些属性进行浏览器嗅探。

（1）appName：Web 浏览器的全称。在 IE 中，这就是 Microsoft Internet Explorer。在 Firefox 中，该属性就是 Netscape。

（2）appVersion：此属性通常以数字开始，并跟着包含浏览器厂商和版本信息的详细字符串。字符串前面的数字通常是 4.0 或 5.0，表示它是第 4 或第 5 代兼容的浏览器。

（3）userAgent：浏览器在它的 USER-AGEN HTTP 头部中发送的字符串。这个属性通常包含 appVersion 中的所有信息，并且常常也可能包含其他的细节。和 appVersion 一样，它也没有标准的格式。由于这个属性包含绝大部分信息，因此浏览器嗅探代码通常用它来嗅探。

（4）platform：在其上运行浏览器的操作系统（并且可能是硬件）的字符串。

2. Screen 对象

Window 对象的 screen 属性引用的是 Screen 对象。它提供有关窗口显示的大小和可用的颜色数量的信息。属性 width 和 height 指定的是以像素为单位的窗口大小。属性 availWidth 和 availHeight 指定的是实际可用的显示大小，它们排除了像桌面任务栏这样的特性所占用的

空间。属性 colorDepth 指定的是显示的 BPP（Bits-Per-Pixel）值，典型的值有 16、24 和 32。

7.2.5 对话框

Window 对象提供了 3 个方法来向用户显示简单的对话框。alert() 向用户显示一条消息并等待用户关闭对话框。confirm() 也显示一条消息，要求用户单击"确定"或"取消"按钮，并返回一个布尔值。prompt() 同样也显示一条消息，等待用户输入字符串，并返回那个字符串。

confirm() 和 prompt() 方法都会产生阻塞，也就是说，在用户关掉它们所显示的对话框之前，它们不会返回。

7.2.6 错误处理

Window 对象的 onerror 事件处理函数的调用通过三个字符串参数，而不是通过通常传递的一个事件对象。window.onerror 的第一个参数是描述错误的一条消息。第二个参数是一个字符串，它存放引发错误的 JavaScript 代码所在的文档的 URL。第三个参数是文档中发生错误的行数。

除了这三个参数之外，onerror 处理程序的返回值也很重要。如果 onerror 处理程序返回 false，它通知浏览器事件处理程序已经处理了错误，不需要其他操作。

7.2.7 多窗口和窗体

一个 Web 浏览器窗口可能在桌面上包含多个标签页。每一个标签页都是独立的"浏览上下文"（Browsing Context），每一个上下文都有独立的 Window 对象，而且相互之间互不干扰。

但是窗口并不总是和其他窗口完全没关系。一个窗口或标签页中的脚本可以打开新的窗口或标签页，当一个脚本这样做时，这样多个窗口或窗口与另一个窗口的文档之间就可以互操作。

HTML 文档经常使用 < iframe > 来嵌套多个文档。由 < iframe > 所创建的嵌套浏览上下文是用它自己的 Window 对象所表示的。废弃的 < frameset > 和 < frame > 标签同样创建了一个嵌套的浏览上下文，每一个 < frame > 都由一个独立的 Window 对象表示。对于客户端 JavaScript 来说，窗口、标签页、iframe 和框架都是浏览上下文；对于 JavaScript 来说，它们都是 Window 对象。

使用 Window 对象的 open() 方法可以打开一个新的浏览器窗口。Window.open() 载入指定的 URL 到新的或已存在的窗口中，并返回代表那个窗口的 Window 对象。它有 4 个可选的参数。

open() 的第一个参数是要在新窗口中显示的文档的 URL。如果这个参数省略了，那么会使用空页面的 URL "about：blank"。

open() 的第二个参数是新打开的窗口的名字。如果指定的是一个已经存在的窗口的名字，会直接使用已存在的窗口。否则，会打开新的窗口，并将这个指定的名字赋值给它。如果省略此参数，会使用指定的名字"blank"打开一个新的、未命名的窗口。

第三个参数是非标准的，HTML 5 规范也主张浏览器应该忽略它。

open() 的第四个参数只在第二个参数命名的是一个存在的窗口时才有用。它是一个布尔值，声明了由第一个参数指定的 URL 是应用替换掉窗口浏览历史的当前条目（true），还是应该在窗口浏览历史中创建一个新的条目（false），后者是默认的设置。

　　open() 的返回值是代表命名或新创建的窗口的 Window 对象。可以在自己的 JavaScript 代码中使用这个 Window 对象来引用新创建的窗口，就像使用隐式的 Window 对象 window 来引用运行代码的窗口一样。

　　就像方法 open() 打开一个新窗口一样，方法 close() 将关闭一个窗口。如果已经创建了 Window 对象 w，可以使用如下的代码将它关掉：

```
w.close();
```

7.3　脚本化文档

　　脚本化文档主要讲解在文档中查询或选取单独元素的方法，并且把文档看作是一个节点树，找到节点树中的祖先、兄弟和后代元素，以及通过创建、插入和删除节点来修改文档结构的知识。

7.3.1　DOM 概览

　　文档对象模型（DOM）是表示和操作 HTML 和 XML 文档内容的基础 API。API 不是特别复杂，但是需要理解大量的架构细节。首先，应该理解 HTML 或 XML 文档的嵌套元素在 DOM 树对象中的表示。HTML 文档的树状结构包含表示 HTML 标签或元素（如 < body > < p >）和表示文本字符串的节点，它也可能包含表示 HTML 注释的节点。考虑以下简单的 HTML 文档：

```
< html >
< head >
< title > Sample Document < /title >
< /head >
< body >
    < h1 > An HTML Document < /h1 >
    < p > This is a < i > simple < /i > document.
< /html >
```

图 7 - 1 是此文档 DOM 表示的树状图。

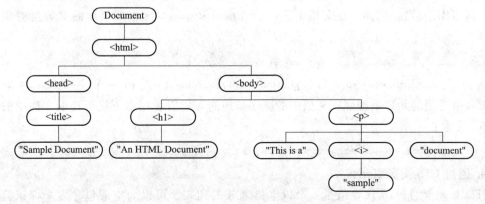

图 7 - 1　DOM 表示的树状图

图 7-1 中的每个圆角矩形框是文档的一个节点，它表示一个 Node 对象。包含 3 种不同类型的节点。树的根部是 Document 节点，它代表整个文档。代表 HTML 元素的节点是 Element 节点，代表文本的节点是 Text 节点。Document、Element 和 Text 是 Node 的子类。

7.3.2　选取文档元素

当这些程序启动时，可以使用全局变量 document 来引用 Document 对象。但是，为了操作文档中的元素，必须通过某种方式获得或选取这些引用文档元素的 Element 对象。DOM 定义许多方式来选取元素，查询文档的一个或多个元素有如下方法：用指定的 id 属性；用指定的 name 属性；用指定的标签名字；用指定的 CSS 类；匹配指定的 CSS 选择器。

1. 通过 ID 选取元素

任何 HTML 元素可以有一个 id 属性，在文档中该值必须唯一，即同一个文档中的两个元素不能有相同的 ID。可以用 Document 对象的 getElementById() 方法选取一个基于唯一 ID 的元素。例如：

```
var section1 = document.getElementById("section1");
```

这是最简单和常用的选取元素的方法。如果想要操作某一组指定的文档元素，提供这些元素的 id 属性值，并使用 ID 查找这些 Element 对象。

2. 通过名字选取元素

HTML 的 name 属性最初打算为表单元素分配名字，在表单数据提交到服务器时使用该属性的值。类似 id 属性，name 是给元素分配名字，但是区别于 id 属性，name 属性的值不是必须唯一，多个元素可能有同样的名字，在表单中，单选按钮和复选框通常是这种情况。而且，和 id 属性不一样的是 name 属性只在少数 HTML 元素中有效，包括表单、表单元素、<iframe> 和 <img> 元素。

基于 name 属性的值选取 HTML 元素，可以使用 Document 对象的 getElementsByName() 方法。

```
var radiobuttons = document.getElementsByName("favorite_color");
```

3. 通过标签名选取元素

Document 对象的 getElementsByTagName() 方法可用来选取指定类型（标签名）的所有 HTML 或 XML 元素。例如，在文档中获得包含所有 <span> 元素的只读的类数组对象，代码如下：

```
var spans = document.getElementsByTagName("span");
```

类似于 getElementsByName()，getElementsByTagName() 返回一个 NodeList 对象。在 NodeList 中返回的元素是按照在文档中的顺序排序的，所以可用如下代码选取文档中的第一个 <p> 元素：

```
var firstpara = document.getElementsByTagName("p")[0];
```

4. 通过 CSS 类选取元素

HTML 元素的 class 属性值是一个以空格隔开的列表，可以为空或包含多个标识符。它描述一种方法来定义多组相关的文档元素：在它们的 class 属性中有相同标识符的任何元素属于该组的一部分。在 JavaScript 中 class 是保留字，所以客户端 JavaScript 使用 className 属性来保存 HTML 的 class 属性值。class 属性通常与 CSS 样式表一起使用，对某组内的所有元素应用相同的样式。

类似 getElementsByTagName()，在 HTML 文档和 HTML 元素上都可以调用 getElementsByClassName()，它的返回值是一个实时的 NodeList 对象，包含文档或元素所有匹配的后代节点。getElementsByClassName() 只需要一个字符串参数，但是该字符串可以由多个空格隔开的标识符组成。例如

```
//查找其 class 属性值中包含"warning"的所有元素
var warnings = document. getElementsByClassName( "warning");
//查找以"log"命名并且有"error"和"fatal"类的元素的所有后代
var log = document. getElementById( "log");
var fatal = log. getElementsByClassName( "fatal error");
```

5. 通过 CSS 选择器选取元素

Document 方法 querySelectorAll()。它接受包含一个 CSS 选择器的字符串参数，返回一个表示文档中匹配选择器的所有元素的 NodeList 对象。与前面描述的选取元素的方法不同，querySelectorAll() 返回的 NodeList 对象并不是实时的。它包含在调用时选择器所匹配的元素，但它并不更新后续文档的变化。

除了 querySelectorAll()，文档对象还定义了 querySelector() 方法。与 querySelectorAll() 的工作原理类似，但它只是返回第一个匹配的元素（以文档顺序）或者如果没有匹配的元素就返回 null。

7.3.3　文档结构和遍历

一旦从文档中选取了一个元素，有时需要查找文档中与之在结构上相关的部分（父亲、兄弟和子女）。文档从概念上可以看作是一棵节点对象树。

1. 作为节点树的文档

Document 对象、它的 Element 对象和文档中表示文本的 Text 对象都是 Node 对象。Node 定义了以下重要的属性：

（1）parentNode：该节点的父节点，或者针对类似 Document 对象应该是 null，因为它没有父节点。

（2）childNodes：只读的类数组对象（NodeList 对象），它是该节点的子节点的实时表示。

（3）firstChild、lastChild：该节点的子节点中的第一个和最后一个，如果该节点没有子节点则为 null。

（4）nextSibling、previoursSibling：该节点的兄弟节点中的前一个和下一个。具有相同父节点的两个节点为兄弟节点。节点的顺序反映了它们在文档中出现的顺序。这两个属性将节点之间以双向链表的形式连接起来。

（5）nodeType：该节点的类型。9 代表 Document 节点，1 代表 Element 节点，3 代表 Text 节点，8 代表 Comment 节点，11 代表 DocumentFragment 节点。

（6）nodeValue：Text 节点或 Comment 节点的文本内容。

（7）nodeName：元素的标签名，以大写形式表示。

2. 作为元素树的文档

该 API 的第一部分是 Element 对象的 children 属性。类似 ChildNodes，它也是一个 NodeList 对象，但不同的是 children 列表只包含 Element 对象。children 并非标准属性，但是它在所有当前的浏览器中都能工作。

基于元素的文档遍历 API 的第二部分是 element 属性，后者类似 Node 对象的子属性和兄弟属性：

（1）firstElementChild、lastElementChild：类似 firstChild 和 lastChild，但只代表子 Element。

（2）nextElementSibling、pxeviousElementSibling：类似 nextSibling 和 previousSibling，但只代表兄弟 Element。

（3）childElementCount：子元素的数量。返回的值和 children. length 值相等。

7.3.4 属性

HTML 元素由一个标签和一组称为属性（Attribute）的名/值对组成。例如，＜a＞标签定义了一个超链接，它的 href 属性值作为链接的目的地址。HTML 元素的属性值在代表这些元素的 HTMLElement 对象的属性（Property）中是可用的。

1. HTML 属性作为 Element 的属性

表示 HTML 文档元素的 HTMLElement 对象定义了读/写属性，它们映射了元素的 HTML 属性。HTMLElement 定义了通用的 HTTP 属性（如 id、标题 Lang 和 dir）的属性，以及事件处理程序属性（如 onclick）。特定的 Element 子类型为其元素定义了特定的属性。

2. 获取和设置非标准 HTML 属性

如上所述，HTMLElement 和其子类型定义了一些属性，它们对应于元素的标准 HTML 属性。Element 类型还定义了 getAttribute() 和 setAttribute() 方法来查询和设置非标准的 HTML 属性，也可用来查询和设置 XML 文档中元素上的属性。

3. 作为 Attr 节点的属性

还有一种使用 Element 的属性的方法。Node 类型定义了 attributes 属性。针对非 Element 对象的任何节点，该属性为 null。对于 Element 对象，attributes 属性是只读的类数组对象，它代表元素的所有属性。类似 NodeLists，Attributes 对象也是实时的。它可以用数字索引访问，这意味着可以枚举元素的所有属性。

7.3.5 元素的内容

元素的内容如下：

◇ 内容是 HTML 字符串 "This is a ＜i＞simple＜/i＞ document"。

◇ 内容是纯文本字符串 "This is a simple document"。

◇ 内容是一个 Text 节点、一个包含了一个 Text 子节点的 Element 节点和另外一个 Text 节点。

1. 作为 HTML 的元素内容

读取 Element 的 innerHTML 属性作为字符串标记返回那个元素的内容。在元素上设置该属性调用了 Web 浏览器的解析器，用新字符串内容的解析展现形式替换元素当前内容。

Web 浏览器很擅长解析 HTML，通常设置 innerHTML 效率非常高，甚至在指定的值需要解析时效率也是相当不错。但注意，对 innerHTML 属性用"＋＝"操作符重复追加一小段文本通常效率低下，因为它既要序列化又要解析。

HTML 5 还标准化了 outerHTML 属性。当查询 outerHTML 时，返回的 HTML 或 XML 标记的字符串包含被查询元素的开头和结尾标签。当设置元素的 outerHTML 时，元素本身被新的内容所替换。

IE 引入的另一个特性是 insertAdjacentHTML() 方法，它将在 HTML 5 中标准化，它将任意的 HTML 标记字符串插入指定的元素"相邻"的位置。标记是该方法的第二个参数，并且"相邻"的精确含义依赖于第一个参数的值。第一个参数为具有以下值之一的字符串：beforebegin、afterbegin、beforeend 和 afterend。这些值对应的插入点分别是开始标签之前和之后，以及结束标签之前和之后。

2. 作为纯文本的元素内容

有时需要查询纯文本形式的元素内容，或者在文档中插入纯文本。标准的方法是用 Node 的 textContent 属性来实现。

textContent 属性在除了 IE 的所有当前的浏览器中都支持。在 IE 中，可以用 Element 的 innerText 属性来代替。

textContent 属性就是将指定元素的所有后代 Text 节点简单地串联在一起。innerText 没有一个明确指定的行为，但是和 textContent 有一些不同。innerText 不返回 < script > 元素的内容。它忽略多余的空白，并试图保留表格格式。同时，innerText 针对某些表格元素（如 < table > < tbody > < tr >）是只读的属性。

7.3.6　创建、插入和删除节点

Document 类型定义了创建 Element 和 Text 对象的方法，Node 类型定义了在节点树中插入、删除和替换的方法。

1. 创建节点

创建新的 Element 节点可以使用 Document 对象的 createElement() 方法。给方法传递元素的标签名：对 HTML 文档来说该名字不区分大小写，对 XML 文档则区分大小写。

Text 节点用类似的方法创建：

```
var newnode = document. createTextNode( "text node content");
```

Document 也定义了一些其他的工厂方法，如不经常使用的 createComment()、包括 createDocumentFragment() 方法。

另一种创建新文档节点的方法是复制已存在的节点。每个节点有一个 cloneNode() 方法来返回该节点的一个全新副本。给方法传递参数 true 也能够递归地复制所有的后代节点，或传递参数 false 只是执行一个浅复制。

2. 插入节点

一旦有了一个新节点，就可以用 Node 的方法 appendChild() 或 insertBefore() 将它插入文档中。

insertBefore 就像 appendChild() 一样，除了它接受两个参数。第一个参数就是待插入的节点，第二个参数是已结在的节点，新节点将插入该节点的前面。

3. 删除和替换节点

removeChild() 方法是从文档树中删除一个节点。但是请小心：该方法不是在待删除的节点上调用，而是在其父节点上调用。

replaceChild() 方法删除一个子节点并用一个新的节点取而代之。在父节点上调用该方法，第一个参数是新节点，第二个参数是需要代替的节点。例如，用一个文本字符串来替换节点 n，代码可以这样写：

```
n. parentNode. replaceChild( document. createTextNode( "[ REDACTED ]"), n);
```

4. 使用 DocumentFragment

DocumentFragment 是一种特殊的 Node，它作为其他节点的一个临时的容器。像这样创建一个 DocumentFragment：

```
var frag = document. createDocumentFragment()
```

像 Document 节点一样，DocumentFragment 是独立的，而不是任何其他文档的一部分。它的 parentl} ode 总是为 null。但类似 Element，它可以有任意多的子节点，可以用 appendChild(). insertBefore() 等方法来操作它们。

DocumentFragment 的特殊之处在于它使得一组节点被当作一个节点看待：如果给 appendChild()、insertBefore() 或 replaceChild() 传递一个 DocumentFragment，其实是将该文档片段的所有子节点插入文档中，而非片段本身。

7.3.7 文档和元素的几何形状和滚动

这个部分阐述了在浏览器窗口中完成文档的布局以后，怎样才能在抽象的基于树的文档模型与几何形状的基于坐标的视图之间来回变换。

1. 文档坐标和视口坐标

元素的位置是以像素来度量的，向右代表 X 坐标的增加，向下代表 Y 坐标的增加。但是，有两个不同的点作为坐标系的原点：元素的 X 和 Y 坐标可以相对于文档的左上角或者相对于在其中显示文档的视口的左上角。在顶级窗口和标签页中，"视口"只是实际显示文档内容的浏览器的一部分，它不包括浏览器"外壳"，如菜单、工具条和标签页等。

如果文档比视口要小，或者说它还未出现滚动，则文档的左上角就是视口的左上角，文档和视口坐标系统是同一个。但是，一般来说，要在两种坐标系之间互相转换，必须加上或减去滚动的偏移量（Scroll Offset）。例如，在文档坐标中如果一个元素的 Y 坐标是 200 像素，并且用户已经把浏览器向下滚动 75 像素，那么视口坐标中元素的 Y 坐标是 125 像素。同样，在视口坐标中如果一个元素的 X 坐标是 400 像素，并且用户已经水平滚动了视口 200 像素，那么文档坐标中元素的 X 坐标是 600 像素。

文档坐标比视口坐标更加基础，并且在用户滚动时它们不会发生变化。不过，在客户端编程中使用视口坐标是非常常见的。当使用 CSS 指定元素的位置时运用了文档坐标。但是，最简单的查询元素位置的方法返回视口坐标中的位置。类似地，当为鼠标事件注册事件处理程序函数时，报告的鼠标指针的坐标是在视口坐标系中的。

为了在坐标系之间互相转换，需要判定浏览器窗口的滚动条的位置。Window 对象的 pageXOffset 和 pageYOffset 属性在所有的浏览器中提供这些值，所有现代浏览器可以通过

scrollLeft 和 scrollTop 属性来获得滚动条的位置。

2. 查询元素的几何尺寸

判定一个元素的尺寸和位置最简单的方法是调用它的 getBoundingClientRect() 方法。它不需要参数，返回一个有 left、right、top 和 bottom 属性的对象。left 和 top 属性表示元素的左上角的 X 和 Y 坐标，right 和 bottom 属性表示元素的右下角的 X 和 Y 坐标。

这个方法返回元素在视口坐标中的位置。为了转化为甚至用户滚动浏览器窗口以后仍然有效的文档坐标，需要加上滚动的偏移量：

```
var box = e.getBoundingClientRect();    //获得在视口坐标中的位置
var offsets = getScrollOffsets();       //上面定义的工具函数
var x = box.left + offsets.x;           //转化为文档坐标
var y = box.top + offsets.y;
```

3. 判定元素在某点

getBoundingClientRect() 方法使开发者能在视口中判定元素的位置。但若想反过来，判定在视口中的指定位置上有什么元素，可以用 Document 对象的 elementFromPoint() 方法来判定。传递 X 和 Y 坐标（使用视口坐标而非文档坐标），该方法返回在指定位置的一个元素。在写本书的这段时间里，选取元素的算法还未详细指定，但是该方法的意图就是它返回在那个点的最里面的和最上面的元素。如果指定的点在视口以外，elementFromPoint() 返回 null，即使该点在转换为文档坐标后是完美有效的，返回值也一样。

7.3.8　HTML 表单

表单由 HTML 元素组成，就像 HTML 文档的其他部分一样，并且可以用本章中介绍过的 DOM 技术来操作它们。但是表单是第一批脚本化的元素，在最早的客户端编程中它们还支持一些比 DOM 更早的其他的 API。

1. 选取表单和表单元素

表单和它们所包含的元素可以用 getElementById()、getElementsByTagName() 和 querySelectorAll() 等标准的方法从文档中来选取。

尽管如此，有 name 或 id 属性的 < form > 元素能够通过很多方法来选取。name = "address" 属性的 < form > 可以用以下任一种方法来选取：

```
window.address              // 不可靠:不要使用
document.address            // 仅当表单有 name 属性时可用
document.forms.address      // 显式访问有 name 或 id 的表单
document.forms[n]           // 不可靠:n 是表单的序号
```

document.forms 是一个 HTMLCollection 对象，可以通过数字序号、id 或 name 来选取表单元素。Form 对象本身的行为类似于多个表单元素组成的 HTMLCollection 集合，也可以通过 name 或数字序号来索引。如果名为"address"的表单的第一个元素的 name 是"street"，可以使用以下任何一种表达式来引用该元素：

```
document.forms.address[0]
document.forms.address.street
document.address.street        // 当有 name = "address",而不是只有 id = "address"
```

2. 表单和元素的属性

上面描述的 elements[ ] 数组是 Form 对象中最有趣的属性。Form 对象中的其他属性相对没有如此重要。action、encoding、method 和 target 属性直接对应于 < form > 元素的 action、encoding.method 和 target 等 HTML 属性。

type：标识表单元素类型的只读的字符串。针对用 < input > 标签定义的表单元素而言，就是其 type 属性的值。

form：对包含元素的 form 对象的只读引用，或者如果元素没有包含在一个 < form > 元素中则其值为 null。

name：只读的字符串，由 HTML 属性 name 指定。

value：可读/写的字符串，指定了表单元素包含或代表的"值"。它就是当提交表单时发送到 Web 服务器的字符串，也是 JavaScript 程序有时会感兴趣的内容。

3. 表单和元素的事件处理程序

每个 form 元素都有一个 onsubmit 事件处理程序来侦测表单提交，还有一个 onreset 事件处理程序来侦测表单重置。表单提交前调用 onsubmit 程序，它通过返回 false 能够取消提交动作。

当用户与表单元素交互时它们往往会触发 click 或 change 事件，通过定义 onclick 或 onchange 事件处理程序可以处理这些事件。

表单元素在收到键盘的焦点时也会触发 focus 事件，失去焦点时会触发 blur 事件。

4. 按钮

提交和重置元素本就是按钮，不同的是它们有与之相关联的默认动作（表单的提交和重置）。如果 onclick 事件处理程序返回 false，这些按钮的默认动作就不再执行了。可以使用提交元素的 onclick 事件处理程序来执行表单校验，但是更为常用的是使用 Form 对象本身的 onsubmit 事件处理程序来执行表单校验。

5. 开关按钮

复选框和单选按钮是开关按钮，或称有两种视觉状态的按钮：选中或未选中。通过对其单击用户可以改变它的开关状态。单选按钮为整组有相关性的元素而设计的，组内所有按钮的 HTML 属性 name 的值都相同。按这种方式创建的单选按钮是互斥的：选中其一，之前选中的即变成未选中。单选按钮和复选框元素都定义了 checked 属性。该属性是可读/写的布尔值，它指定了元素当前是否选中。defaultChecked 属性也是布尔值，它是 HTML 属性 checked 的值，它指定了元素在第一次加载页面时是否选中。

当用户单击单选或复选开关按钮，单选按钮或复选框元素触发 onclick 事件。如果由于单击开关按钮改变了它的状态，它也触发 onchange 事件。

6. 文本域

文本输入域在 HTML 表单和 JavaScript 程序中可能是最常用的元素。用户可以输入单行简短的文本字符串。value 属性表示用户输入的文本。

在 HTML 5 中，placeholder 属性指定了用户输入前在输入域中显示的提示信息。

文本输入域的 onchange 事件处理程序是在用户输入新的文本或编辑已存在的文本时触发，它表明用户完成了编辑并将焦点移出了文本域。

Textarea 元素类似文本输入域元素，不同的是它允许用户输入多行文本。

<input type = " password"　>元素在用户输入时显示为星号，它修改了输入的文本。其名字表明，用户输入密码时不用担心他背后的人能看到。

最后，<input type = "file"　>元素将用户输入待上传到 Web 服务器的文件的名称。它由一个文本域和一个单击打开文件选择对话框的按钮所组成。该文件选取元素拥有 onchange 事件处理程序，就像普通的输入域一样。但不同的是它的 value 属性是只读的。

7. 选择框和选项元素

Select 元素表示用户可以做出选择的一组选项（用 option 元素表示）。浏览器通常将其渲染为下拉菜单的形式，但当指定其 size 属性值大于 1 时，它将显示为列表中的选项（可能有滚动）。Select 元素能以两种不同的方式运作，这取决于它的 type 属性值是如何设置的。如果<select>元素有 multiple 属性，也就是 Select 对象的 type 属性值为"select-multiple"，那就允许用户选取多个选项。否则，如果没有多选属性，那只能选取单个选项，它的 type 属性值为"select-one"。

某种程度上，"select-multiple"元素与一组复选框元素类似，"select-one"元素和一组单选元素类似。但是，由 select 元素显示的选项并不是开关按钮：它们由 option 元素定义。Select 元素定义了 options 属性，它是一个包含了多个 option 元素的类数组对象。

当用户选取或取消选取一个选项时，Select 元素触发 onchange 事件处理程序。针对"select-one"Select 元素，它的可读/写属性 selectedIndex 指定了哪个选项当前被选中。针对"select-multiple"元素，单个 selectedIndex 属性不足以表示被选中的一组选项。在这种情况下，要判定哪些选项被选中，就必须遍历 options[ ]数组的元素，并检测每个 Option 对象的 selected 属性值。

除了其 selected 属性，每个 Option 对象有一个 text 属性，它指定了在 select 元素中的选项所显示的纯文本字符串。设置该属性可以改变显示给用户的文本。value 属性指定了在提交表单时发送到 Web 服务器的文本字符串，它也是可读/写的。

7.4　脚本化 CSS

本节首先介绍最常用和重要的技术：利用 HTML 的 style 属性值，更改那些应用在单个文档元素中的样式。元素的 style 属性可以用来设置样式，但是它不适合用来查询样式。接下来阐述如何查询元素的"计算样式"。本节最后介绍如何开启或关闭样式表、修改已存在样式表的规则以及添加新的样式表。

7.4.1　脚本化内联样式

脚本化 CSS 最直截了当的方法就是更改单独的文档元素的 style 属性。类似大多数 HTML 属性，style 也是元素对象的属性，它可以在 JavaScript 中操作。但是 style 属性不同寻常：它的值不是字符串，而是一个 CSSStyleDeclaration 对象。该 style 对象的 JavaScript 属性代表了 HTML 代码中通过 style 指定的 CSS 属性。例如，让元素 e 的文本变成大号、加粗和蓝色，可以使用如下代码设置 font-size、font-weight 和 color 等样式属性对应的 JavaScript 属性：

```
e. style. fontSize = "24pt";
e. style. fontWeight = "bold";
e. style. color = "blue";
```

7.4.2 查询计算出的样式

元素的 style 属性代表了元素的内联样式，它覆盖所有的样式表，它是设置 CSS 属性值来改变元素的视觉表现最好的地方。但是，它在查询元素实际应用的样式时用处不大。为此，开发者可能会使用计算样式。元素的计算样式是一组属性值，它由浏览器通过把内联样式结合链接样式表中所有可应用的样式规则后导出（或计算）得到的：它就是一组在显示元素时实际使用的属性值。类似内联样式，计算样式也是用一个 CSSStyleDeclaration 对象来表示的，区别是，计算样式是只读的。虽然不能设置这些样式，但为元素计算出的 CSSStyleDeclaration 对象确切地决定了浏览器在渲染元素时使用的样式属性值。

用浏览器窗口对象的 getComputedStyle() 方法来获得一个元素的计算样式。此方法的第一个参数就是要获取其计算样式的元素，第二个参数也是必需的，通常是 null 或空字符串，但它也可以是命名 CSS 伪对象的字符串，如 ": before"、": after"、": first-line" 或 ": first-letter"。

getComputedStyle() 方法的返回值是一个 CSSStyleDeclaration 对象，它代表了应用在指定元素（或伪对象）上的所有样式。

7.4.3 脚本化 CSS 类

通过内联 style 属性脚本化 CSS 样式的一个可选方案是脚本化 HTML 的 class 属性值。改变元素的 class 就改变了应用于元素的一组样式表选择器，它能在同一时刻改变多个 CSS 属性。例如，假设想让用户对文档中单独的段落（或其他元素）引起注意。首先，为任意元素定义一个名为 "attention" 的类：

```
.attention {                    /* 吸引用户注意力的样式* /
    background-color: yellow;    /* 黄色高亮背景* /
    font-weight: bold;          /*  粗体 * /
    border: solid black 2px;    /*  黑框 * /
}
```

标识符 class 在 JavaScript 中是保留字，所以 HTML 属性 class 在 JavaScript 代码中应该可用于使用 className 的 JavaScript 代码。以下代码设置和清除元素的 className 属性来为元素添加和移除 "attention" 类：

```
function grabAttention( e ) { e. className = "attention"; }
function releaseAttention( e ) { e. className = ""; }
```

HTML 元素可以有多个 CSS 类名，class 属性保存了一个用空格隔开的类名列表。className 属性是一个容易误解的名字，classNames 可能更好。上面的函数假设 className 属性只指定零个或一个类名，如果有多个类名就无法工作了。如果元素已经有一个类了，为该元素调用 grabAttention() 函数将覆盖已存在的类。

7.4.4 脚本化样式表

在脚本化样式表时，将会碰到两类需要使用的对象。第一类是元素对象，由 style 和 link

元素表示，两种元素包含或引用样式表。这些是常规的文档元素，如果它们有 id 属性值，可以用 document. getElementById() 函数来选择它们。第二类是 CSSStyleSheet 对象，它表示样式表本身。document. styleSheets 属性是一个只读的类数组对象，它包含 CSSStyleSheet 对象，表示与文档关联在一起的样式表。如果为定义或引用了样式表的 style 或 link 元素设置 title 属性值，该 title 作为对应 CSSStyleSheet 对象的 title 属性就可用。

1. 开启和关闭样式表

style、link 元素和 CSSStyleSheet 对象都定义了一个在 JavaScript 中可以设置和查询的 disabled 属性。顾名思义，如果 disabled 属性为 true，样式表就被浏览器关闭并忽略。

2. 查询、插入与删除样式表规则

直接操作样式表通常没什么意义。典型地，相对编辑样式表或增加新规则而言，让样式表保持静态并对元素的 className 属性编程更好。另一方面，如果允许用户完全控制页面上的样式，可能就需要动态操作样式表。

document. styleSheets[ ] 数组的元素是 CSSStyleSheet 对象。CSSStyleSheet 对象有一个 cssRules[ ] 数组，它包含样式表的所有规则：

```
var firstRule = document. styleSheets[0]. cssRules[0];
```

cssRules[ ] 或 rules[ ] 数组的元素为 CSSRule 对象。在标准 API 中，CSSRule 对象代表所有 CSS 规则，包含如@ import 和@ page 等指令。但是，在 IE 中，rules[ ] 数组只包含样式表中实际存在的样式规则。

CSSRule 对象有两个属性可以很便捷地使用。selectText 是规则的 CSS 选择器，它引用一个描述与选择器相关联的样式的可写 CSSStyleDeclaration 对象。

除了查询和修改样式表中已存在的规则以外，也能向样式表添加和从中删除规则。标准的 API 接口定义了 insertRule() 和 deleteRule() 方法来添加和删除规则：

```
document. styleSheets[0]. insertRule("H1 { text-weight: bold; }", 0);
```

3. 创建新样式表

最后，创建整个新样式表并将其添加到文档中是可能的。在大多数浏览器中，可以用标准的 DOM 技术：只要创建一个全新的 style 元素，将其插入文档的头部，然后用其 innerHTML 属性来设置样式表内容。但是在 IE 8 以及更早版本中，CSSStyleSheet 对象通过非标准方法 document. createStyleSheet() 来创建，其样式文本用 CSSText 属性值来指定。

7.5　事　件　处　理

事件就是 Web 浏览器通知应用程序发生了什么事情。事件不是 JavaScript 对象。

事件类型（Event Type）是一个用来说明发生什么类型事件的字符串。例如，mousemove 表示用户移动鼠标，keydown 表示键盘上某个键被按下，而 load 表示文档从网络上加载完毕。

事件目标（Event Target）是发生的事件或与之相关的对象。当叙述事件时，必须同时指明类型和目标。例如，Window 上的 load 事件或 button 元素的 click 事件。在客户端的 JavaScript 应用程序中，Window、Document 和 Element 对象是最常见的事件目标，但某些事件是由其他类型的对象触发。

事件处理程序（EventHandler）或事件监听程序（Event Listener）是处理或响应事件的函数。应用程序通过指明事件类型和事件目标，在 Web 浏览器中注册它们的事件处理程序函数。当在特定的目标上发生特定类型的事件时，浏览器会调用对应的处理程序。当对象上注册的事件处理程序被调用时，有时会说浏览器"触发"（Fire、Trigger）和"派发"（Dispatch）了事件。

事件对象（Event Object）是与特定事件相关且包含有关该事件详细信息的对象。事件对象作为参数传递给事件处理程序函数。所有的事件对象都有用来指定事件类型的 type 属性和指定事件目标的 target 属性。

事件传播（Event Propagation）是浏览器决定哪个对象触发其事件处理程序的过程。当文档元素上发生某个类型的事件时，它们会在文档树上向上传播或"冒泡"（Bubble）。如果用户移动鼠标指针到超链接上，在定义这个链接的 < a > 标签上首先会触发 mousemove 事件，然后是在容器元素上触发这个事件，也许是 < p > 标签、< div > 标签或 Document 对象本身。有时，在 Document 或其他容器元素上注册单个事件处理程序比在每个独立的目标元素上都注册处理程序要更方便。

事件传播的另外一种形式称为事件捕获（Event Capturing），在容器元素上注册的特定处理程序有机会在事件传播到真实目标之前拦截（或"捕获"）它。

7.5.1　事件类型

1. 传统事件类型

处理鼠标、键盘、HTML 表单和 Window 对象的事件都是 Web 应用中最常用的。

1）表单事件

当提交表单和重置表单时，< form > 标签会分别触发 submit 和 reset 事件。当用户和类按钮表单元素（包括单选按钮和复选框）交互时，它们会发生 click 事件。当用户通过输入文字、选择选项或选择复选框来改变相应表单元素的状态时，这些通常维护某种状态的表单元素会触发 change 事件。对于文本输入域，只有用户和表单元素完成交互并通过【Tab】键或单击的方式移动焦点到其他元素上时才会触发 change 事件。响应通过键盘改变焦点的表单元素在得到和失去焦点时会分别触发 focus 和 blur 事件。

2）Window 事件

load 事件是这些事件中最重要的一个，完全加载并显示给用户时就会触发它。

unload 事件和 load 相对，当用户离开当前文档转向其他文档时会触发它。unload 事件处理程序可以用于保存用户的状态，但它不能用于取消用户转向其他地方。

Window 对象的 onerror 属性有点像事件处理程序，当 JavaScript 出错时会触发它。但是，它不是真正的事件处理程序，因为它能用不同的参数来调用。

前面介绍的表单元素的 focus 和 blur 事件也能用作 Window 事件，当浏览器窗口从操作系统中得到或失去键盘焦点时会触发它们。

最后，当用户调整浏览器窗口大小或滚动它时会触发 resize 和 scroll 事件。scroll 事件也能在任何可以滚动的文档元素上触发，比如那些设置 CSS 的 overflow 属性的元素。

3）鼠标事件

当用户在文档上移动或单击鼠标时都会产生鼠标事件。这些事件在鼠标指针所对应的最深嵌套元素上触发，但它们会冒泡直到文档顶层。传递给鼠标事件处理程序的事件对象有属性集，它们描述了当事件发生时鼠标指针的位置和按键状态，也指明当时是否有任何辅助键按下。clientX 和 clientY 属性指定了鼠标指针在窗口坐标中的位置，button 和 which 属性指定了按下的鼠标键是哪个。

用户每次移动或拖动鼠标时，会触发 mousemove 事件。当用户按下或释放鼠标按键时，会触发 mousedown 和 mouseup 事件。通过注册 mousedown 和 mousemove 事件处理程序，可以探测和响应鼠标的拖动。

在 mousedown 和 mouseup 事件队列之后，浏览器也会触发 click 事件。

当用户移动鼠标指针从而使它悬停到新元素上时，浏览器就会在该元素上触发 mouseover 事件。当移动鼠标指针从而使它不再悬停在某个元素上时，浏览器就会在该元素上触发 mouseout 事件。对于这些事件，事件对象将有 relatedTarget 属性指明这个过程涉及的其他元素。

当用户滚动鼠标滚轮时，浏览器触发 mousewheel 事件。

4）键盘事件

当键盘聚焦到 Web 浏览器时，用户每次按下或释放键盘上的按键时都会产生事件。键盘快捷键对于操作系统和浏览器本身有特殊意义，它们经常被操作系统或浏览器 "吃掉" 并对 JavaScript 事件处理程序不可见。无论任何文档元素获取键盘焦点都会触发键盘事件，并且它们会冒泡到 Document 和 Window 对象。如果没有元素获得焦点，可以直接在文档上触发事件。传递给键盘事件处理程序的事件对象有 keyCode 字段，它指定按下或释放的键是哪个。除了 keyCode，键盘事件对象也有 altKey、ctrlKey、metaKey 和 shiftKey，描述键盘辅助键的状态。

keydown 和 keyup 事件是低级键盘事件，无论何时按下或释放按键（甚至是辅助键）都会触发它们。

2. DOM 事件

3 级 DOM 事件规范标准化了不冒泡的 focusin 和 focusout 事件来取代冒泡的 focus 和 blur 事件，标准化了冒泡的 mouseenter 和 mouseleave 事件来取代不冒泡的 mouseover 和 mouseout 事件。

3 级 DOM 事件规范中新增内容有通过 wheel 事件对二维鼠标滚轮提供标准支持，通过 textinput 事件和传递新 KeyboardEvent 对象作为参数给 keydown、keyup 和 keypress 的事件处理程序来给文本输入事件提供更好的支持。

wheel 事件的处理程序接收到的事件对象除了所有普通鼠标事件属性，还有 deltaX、deltaY 和 deltaZ 属性来报告三个不同的鼠标滚轴。大多数鼠标滚轮是一维或两维的，不使用 deltaZ。

新 DOM 标准通过在事件对象中加入新的 key 和 char 属性来简化 keydown、keyup 和 keypress 事件。

3. HTML 5 事件

HTML 5 及相关标准定义了大量新的 Web 应用 API，其中许多 API 都定义了事件。本节列出并简要介绍这些 HTML 5 和 Web 应用事件。

广泛推广的 HTML 5 特性之一是加入用于播放音频和视频的 < audio > 和 < video > 标签。

表 7-1 列出了 HTML 5 的媒体事件，它们触发各种关于网络事件、数据缓冲状况和播放状态的通知。

表 7-1　HTML 5 的媒体事件

canplay	loadeddata	playing	stalled
canplaythrough	loadedmetadata	progress	suspend
durationchange	loadstart	ratechange	timeupdate
emptied	pause	seeked	volumechange
ended	play	seeking	waiting

HTML 5 的拖放 API 允许 JavaScript 应用参与基于操作系统的拖放操作，实现 Web 和原生应用间的数据传输。该 API 定义了 7 个事件类型，如表 7-2 所示。

表 7-2　HTML 5 的拖放事件

dragstart	drag	dragend
dragenter	dragover	dragleave
drop		

HTML 5 包含了对离线 Web 应用的支持，它们可以安装到本地应用缓存中，即使浏览器离线，它们依旧能运行，比如当移动设备不在网络范围内时。相关的两个最重要事件是 offline 和 online，无论何时浏览器失去或得到网络连接都会在 Window 对象上触发它们。标准还定义了大量其他事件，如表 7-3 所示，这些离线事件用来通知应用下载进度和应用缓存更新。

表 7-3　HTML 5 的离线事件

cached	checking	downloading	error
noupdate	obsolete	progress	updateready

7.5.2　注册事件处理程序

注册事件处理程序有两种基本方式。第一种方式出现在 Web 初期，给事件目标对象或文档元素设置属性。第二种方式更新并且通用，是将事件处理程序传递给对象或元素的一个方法。

1. 设置 JavaScript 对象属性为事件处理程序

注册事件处理程序最简单的方式就是通过设置事件目标的属性为所需事件处理程序函数。按照约定，事件处理程序属性的名字由 on 后面跟着事件名组成，如 onclick、onchange、onload、onmouseover 等。注意这些属性名是区分大小写的，所有都是小写，即使事件类型是由多个词组成（如"readystatechange"）。下面是两个事件处理程序注册示例：

```
window.onload = function(){
    // 查找一个 <form> 元素
    var elt = document.getElementById("shipping_address");
    // 注册事件处理程序函数,在表单提交之前调用它
    elt.onsubmit = function(){ return validate(this); }
}
```

2. 设置 HTML 标签属性为事件处理程序

用于设置的文档元素事件处理程序属性（Property）也能换成对应 HTML 标签的属性（Attribute）。如果这样做，属性值应该是 JavaScript 代码字符串。这段代码应该是事件处理程序函数的主体，而非完整的函数声明。也就是说，HTML 事件处理程序代码不应该用大括号包围且使用 function 关键字作为前缀。例如：

```
<button onclick = "alert('Thank you');">Click Here</button>
```

某些事件类型通常直接在浏览器而非任何特定文档元素上触发。在 JavaScript 中，这些事件处理程序在 Window 对象上注册。在 HTML 中，会把它们放到 <body> 标签上，但浏览器会在 Window 对象上注册它们。表 7 - 4 是 HTML 5 规范草案定义的这类事件处理程序的完整列表。

表 7 - 4　HTML 5 规范定义的 HTML 事件

onafterprint	onfocus	ononline	onresize
onbeforeprint	onhashchange	onpagehide	onstorage
onbeforeunload	onload	onpageshow	onundo
onblur	onmessage	onpopstate	onunload
onerror	onoffline	onredo	

3. addEventListener ( )

在除 IE 8 及之前版本外的所有浏览器都支持的标准事件模型中，任何能成为事件目标的对象，包括 Window 对象、Document 对象和所有文档元素都定义了一个名为 addEventListener() 的方法，使用这个方法可以为事件目标注册事件处理程序。addEventListener() 接受三个参数：第一个是要注册处理程序的事件类型，这个事件类型（或名字）是字符串，但它不应该包括用于设置事件处理程序属性的前缀"on"。第二个参数是当指定类型的事件发生时应该调用的函数。最后一个参数是布尔值。通常情况下，会给这个参数传递 false。如果相反传递了 true，那么函数将注册为捕获事件处理程序，并在事件不同的调度阶段调用。

4. attachEvent ( )

IE 9 之前的 IE 版本不支持 addEventListener() 和 removeEventListener()。IE 5 及以后版本定义了类似的方法 attachEvent() 和 detachEvent()。

attachEvent() 和 detachEvent() 方法的工作原理与 addEventListener() 和 removeEventListener() 类似，但有如下例外：

（1）因为 IE 事件模型不支持事件捕获，所以 attachEvent() 和 detachEvent() 要求只有两个参数：事件类型和处理程序函数。

（2）IE 方法的第一个参数使用了带"on"前缀的事件处理程序属性名，而非没有前缀的事件类型。例如，当给 addEventListener() 传递"click"时，要给 attachEvent() 传递"onclick"。

（3）attachEvent() 允许相同的事件处理程序函数注册多次。当特定的事件类型发生时，注册函数的调用次数和注册次数一样。

7.5.3 事件处理程序的调用

一旦注册了事件处理程序，浏览器就会在指定对象上发生指定类型事件时自动调用它。

1. 事件处理程序的参数

通常调用事件处理程序时把事件对象作为它们的一个参数。事件对象的属性提供了有关事件的详细信息。

在 IE 8 及以前版本中，通过设置属性注册事件处理程序，当调用它们时并未传递事件对象。取而代之，需要通过全局对象 window. event 来获得事件对象。出于互通性，开发者能像如下那样编写事件处理程序，如果没有参数就使用 window. event：

```
functionHandler(event){
    event = event || window. event;
    //处理程序代码出现在这里
}
```

向使用 attachEvent() 注册的事件处理程序传递事件对象，但它们也能使用 window. event。

2. 事件处理程序的运行环境

当通过设置属性注册事件处理程序时，这看起来好像是在文档元素上定义了新方法：

```
e. onclick = function(){ /* 处理代码 * / };
```

使用 attachEvent() 注册的处理程序作为函数调用，它们的 this 值是全局对象（Window）。

3. 事件处理程序的作用域

像所有的 JavaScript 函数一样，事件处理程序从词法上讲也是作用域。它们在其定义时的作用域而非调用时的作用域中执行，并且它们能存取那个作用域中的任何一个本地变量。

但是，通过 HTML 属性来注册事件处理程序是一个例外。它们被转换为能存取全局变量的顶级函数而非任何本地变量。但因为历史原因，它们运行在一个修改后的作用域链中。通过 HTML 属性定义的事件处理程序能像本地变量一样使用目标对象、容器 < form > 对象（如果有）和 Document 对象的属性。

另一方面，HTML 事件处理程序中修改的作用域链是陷阱之源，因为作用域链中每个对象的属性在全局对象中都有相同名字的属性。例如，由于 Document 对象定义（很少使用）open() 方法，因此 HTML 事件处理程序想调用 Window 对象的。pen() 方法就必须显式地写为 window. open 而不是 open。

4. 调用顺序

文档元素或其他对象可以为指定事件类型注册多个事件处理程序。当适当的事件发生时，浏览器必须按照如下规则调用所有的事件处理程序：

（1）通过设置对象属性或 HTML 属性注册的处理程序一直优先调用。

（2）使用 addEventlistener() 注册的处理程序按照它们的注册顺序调用。

（3）使用 attachEvent() 注册的处理程序可能按照任何顺序调用，所以代码不应该依赖于调用顺序。

5. 事件传播

当调用在目标元素上注册的事件处理函数后，大部分事件会"冒泡"到 DOM 树根。调用目标的父元素的事件处理程序，然后调用在目标的祖父元素上注册的事件处理程序。这会一直到 Document 对象，最后到达 Window 对象。事件冒泡为在大量单独文档元素上注册处理程序提供了替代方案，即在共同的祖先元素上注册一个处理程序来处理所有的事件。

6. 事件取消

在支持 addEventListener() 的浏览器中，也能通过调用事件对象的 preventDefault() 方法取消事件的默认操作。不过，在 IE 9 之前的 IE 版本中，可以通过设置事件对象的 returnValue 属性为 false 来达到同样的效果。

7.5.4　鼠标事件

与鼠标相关的事件有不少，表 7 - 5 已全部列出。除 mouseenter 和 mouseleave 外的所有鼠标事件都能冒泡。超链接和提交按钮上的 click 事件都有默认操作且能够阻止。表 7 - 5 列出了 JavaScript 支持的鼠标事件列表。

表 7 - 5　鼠标事件列表

类　　型	说　　明
click	高级事件，当用户按下并释放鼠标按键或其他方式"激活"元素时触发
contextmenu	可以取消的事件，当上下文菜单即将出现时触发。当前浏览器在鼠标右击时显示上下文菜单，所以这个事件也能像 click 事件那样使用
dblclick	当用户双击鼠标时触发
mousedown	当用户按下鼠标按键时触发
mouseup	当用户释放鼠标按键时触发
mousemove	当用户移动鼠标时触发
mouseover	当鼠标进入元素时触发。relatedTarget（在 IE 中是 fromElement）指的是鼠标来自的元素
mouseout	当鼠标离开元素时触发。relatedTarget（在 IE 中是 toElemen）指的是鼠标要去往的元素
mouseenter	类似 mouseover，但不冒泡。IE 将其引入，HTML 5 将其标准化，但尚未广泛实现
mouseleave	类似 mouseout，但不冒泡。IE 将其引入，HTML 5 将其标准化，但尚未广泛实现

传递给鼠标事件处理程序的事件对象有 clientX 和 clientY 属性，它们指定了鼠标指针相对于包含窗口的坐标。加入窗口的滚动偏移量就可以把鼠标位置转换成文档坐标。

altKey、ctrlKey、metaKey 和 shiftKey 属性指定了当事件发生时是否有各种键盘辅助键按下。

Button 属性指定当事件发生时哪个鼠标按键按下，但是，不同浏览器给这个属性赋不同的值，所以它很难用，更多详细信息请看 Event 参考页。

7.5.5　鼠标滚轮事件

有一些互用性问题影响滚轮事件，但编写跨平台的代码依旧可行。当前除 Firefox 之外的所有浏览器都支持 mousewheel 事件，但 Firefox 使用 DOMMouseScroll，而 3 级 DOM 事件规范草案建议使用事件名 wheel 替代 mousewheel。除了事件名的不同，向各种事件传递的事件对象也使用了不同的属性名来指定滚轮发生的旋转量。

传递给 mousewheel 处理程序的事件对象有 wheelDelta 属性，其指定用户滚动滚轮有多远。远离用户方向的一次鼠标滚轮"单击"的 wheelDelta 值通常是 120，而接近用户方向的一次"单击"的值是 - 120。

7.5.6 拖放事件

拖放（Drag-and-Drop，DnD）是在"拖放源（Drag Source）"和"拖放目标（Drop Target）"之间传输数据的用户界面，它可以存在相同应用之间也可以是不同应用之间。拖放是复杂的人机交互，用于实现拖放的 API 总是很复杂：

（1）它们必须和底层 OS 结合，使它们能够在不相关的应用间工作。

（2）它们必须适用于"移动""复制""链接"数据传输操作，允许拖放源和拖放目标通过设置限制允许的操作，然后让用户选择（通常使用键盘辅助键）许可设置。

（3）它们必须为拖放源提供一种方式指定待拖动的图标或图像。

（4）它们必须为拖放源和拖放目标的 DnD 交互过程提供基于事件的通知。

本节演示了如何创建自定义拖放源和自定义拖放目标，前者传输数据而不是其文本内容，后者以某种方式响应拖放数据而不是仅显示它。

DnD 总是基于事件且 JavaScript API 包含两个事件集：一个在拖放源上触发，另一个在拖放目标上触发。所有传递给 DnD 事件处理程序的事件对象都类似鼠标事件对象，另外它拥有 dataTransfer 属性。这个属性引用 DataTransfer 对象，该对象定义 DnD API 的方法和属性。

拖放源事件相当简单。任何有 HTML draggable 属性的文档元素都是拖放源。当用户开始用鼠标在拖放源上拖动时，浏览器并没有选择元素内容，相反，它在这个元素上触发 dragstart 事件。这个事件的处理程序就调用 dataTransfer. setData() 指定当前可用的拖放源数据。这个事件处理程序也可以设置 dataTransfer. effectAllowed 来指定支持"移动"、"复制""链接"传输操作中的几种，同时它可以调用 dataTransfer. setDragImage () 或 dataTransfer. addElement() （在那些支持这些方法的浏览器中）指定图片或文档元素用作拖动时的视觉表现。

7.5.7 文本事件

浏览器有 3 个传统的键盘输入事件。keydown 事件和 keyup 事件是低级事件。不过，keypress 事件是较高级的事件，它表示产生了一个可打印字符。3 级 DOM 事件规范草案定义了一个更通用的 textinput 事件，不管来源，无论何时用户输入文本时都会触发它。

通过 keypress 事件传递的对象更加混乱。一个 keypress 事件表示输入的单个字符。事件对象以数字 Unicode 编码的形式指定字符，所以必须用 String. fromCharCode() 把它转换成字符串。在大多数浏览器中，事件对象的 keyCode 属性指定了输入字符的编码。

7.5.8 键盘事件

当用户在键盘上按下或释放按键时，会发生 keydown 和 keyup 事件。它们由辅助键、功能键和字母数字键产生，如果用户按键时间足够长会导致它开始重复，那么在 keyup 事件到达之前会收到多个 keydown 事件。

这些事件相关的事件对象都有数字属性 keyCode，指定了按下的键是哪个。对于产生可打印字符的按键，keyCode 值是按键上出现的主要字符的 Unicode 编码。无论【Shift】键处于什么状态，字母键总是产生大写 keyCode 值。

类似鼠标事件对象，键盘事件对象有 altKey、ctrlKey、metaKey 和 shiftKey 属性，当事件发生时，如果对应的辅助键被按下，那么它们会被设置为 true。

7.6　脚本化 HTTP

超文本传输协议（HyperText Transfer Protocol，HTTP）规定 Web 浏览器如何从 Web 服务器获取文档和向 Web 服务器提交表单内容，以及 Web 服务器如何响应这些请求和提交。Web 浏览器会处理大量 HTTP。通常，HTTP 并不在脚本的控制下，只是当用户单击超链接、提交表单和输入 URL 时才发生。

但是，用 JavaScript 代码操纵 HTTP 是可行的。当用脚本设置 Window 对象的 location 属性或调用表单对象的 submit() 方法时，都会初始化 HTTP 请求。在这两种情况下，浏览器会加载新页面。

Ajax 描述了一种主要使用脚本操纵 HTTP 的 Web 应用架构。Ajax 应用的主要特点是使用脚本操纵 HTTP 和 Web 服务器进行数据交换，不会导致页面重载。避免页面重载的能力使 Web 应用感觉更像传统的桌面应用。Web 应用可以使用 Ajax 技术把用户的交互数据记录到服务器中；也可以开始只显示简单页面，之后按需加载额外的数据和页面组件来提升应用的启动时间。

7.6.1　使用 XMLHttpRequest

浏览器在 XMLHttpRequest 类上定义了它们的 HTTP API。这个类的每个实例都表示一个独立的请求/响应对，并且这个对象的属性和方法允许指定请求细节和提取响应数据。例如

```
var request = new XMLHttpRequest();
```

一个 HTTP 请求由 4 部分组成：

（1）HTTP 请求方法或"动作"。

（2）正在请求的 URL。

（3）一个可选的请求头集合，其中可能包括身份验证信息。

（4）一个可选的请求主体。

服务器返回的 HTTP 响应包含 3 部分：

（1）一个数字和文字组成的状态码，用来显示请求的成功和失败。

（2）一个响应头集合。

（3）响应主体。

1. 指定请求

创建 XMLHttpRequest 对象之后，发起 HTTP 请求的下一步是调用 XMLHttpRequest 对象的 open() 方法去指定这个请求的两个必需部分：方法和 URL。

```
request.open("GET",  "data.csv");
```

open() 的第一个参数指定 HTTP 方法或动作。这个字符串不区分大小写，但通常大家用大写字母来匹配 HTTP 协议。"GET"和"POST"方法是得到广泛支持的。

open() 的第二个参数是 URL，它是请求的主题。这是相对于文档的 URL，这个文档包含

调用 open() 的脚本。如果指定绝对 URL、协议、主机和端口通常必须匹配所在文档的对应内容：跨域的请求通常会报错。

如果有请求头，请求进程的下个步骤是设置它。可以设置的请求头如表 7 – 6 所示。例如，POST 请求需要 "Content-Type" 头指定请求主题的 MIME 类型。

```
request.setRequestHeader("Content-Type","text/plain");
```

不能自己指定 Content-Length、Date、Referer 或 User-Agent 头，XMLHttpRequest 将自动添加这些头而防止伪造它们。类似地，XMLHttpRequest 对象自动处理 cookie、连接时 null、字符集和编码判断，所以无法向 setRequestHeader() 传递这些头。

表 7 – 6　可设置的 setRequestHeader

Accept-Charset	Content-Transfer-Encoding	TE
Accept-Encoding	Date	Trailer
Connection	Expect	Transfer-Encoding
Content-Length	Host	Upgrade
Cookie	Keep-Alive	User-Agent
Cookie2	Referer	Via

使用 XMLHttpRequest 发起 HTTP 请求的最后一步是指定可选的请求主体并向服务器发送它。使用 send() 方法如下：

```
request.send(null);
```

2. 取得响应

一个完整的 HTTP 响应由状态码、响应头集合和响应主体组成。这些都可以通过 XMLHttpRequest 对象的属性和方法使用：

（1）status 和 statusText 属性以数字和文本的形式返回 HTTP 状态码。这些属性保存标准的 HTTP 值，像 200 和 OK 表示成功请求，404 和 Not Found 表示 URL 不能匹配服务器上的任何资源。

（2）使用 getResponseHeader() 和 getAllResponseHeaders() 能查询响应头。XMLHttpRequest 会自动处理 cookie：它会从 getAllResponseHeaders() 头返回集合中过滤掉 cookie 头，而如果给 getResponseHeader() 传递 Set-Cookie 和 Set-Cookie2 则返回 null。

（3）响应主体可以从 responseText 属性中得到文本形式，从 responseXML 属性中得到 Document 形式。（这个属性名是有历史的：它实际上对 XHTML 和 XML 文档有效，但 XHR2 说它也应该对普通的 HTML 文档工作。）

发送请求后，send() 方法立即返回，直到响应返回，前面列出的响应方法和属性才有效。为了在响应准备就绪时得到通知，必须监听 XMLHttpRequest 对象上的 readyStateChange 事件。但为了理解这个事件类型，必须理解 readyState 属性，表 7 – 7 列出了 readyState 的值。

表 7 – 7　XMLHttpRequest 的 readyState 值

常　　量	值	含　　义
UNSENT	0	open() 尚未调用
OPENED	1	open() 已调用

续表

常　量	值	含　义
HEADERS_ RECEIVED	2	接收到头信息
LOADING	3	接收到响应主体
DONE	4	响应完成

7.6.2　编码请求主体

HTTP POST 请求包括一个请求主体，它包含客户端传递给服务器的数据。通常使用 HTTP 请求发送的都是更复杂的数据。

1. 表单编码的请求

考虑 HTML 表单。当用户提交表单时，表单中的数据编码到一个字符串中并随请求发送。

对表单数据使用的编码方案相对简单：对每个表单元素的名字和值执行普通的 URL 编码（使用十六进制转义码替换特殊字符），使用等号把编码后的名字和值分开，并使用"&"符号分开名/值对。一个简单表单的编码如下：

```
find = pizza&zipcode = 02134&radius = 1km
```

表单数据编码格式有一个正式的 MIME 类型：

```
application/x-www-form-urlencoded
```

前面展示的数据变成 JavaScript 对象的表单编码形式如下：

```
{
    find: "pizza",
    zipcode:02134,
    radius: "1km"
}
```

2. JSON 编码的请求

在 POST 请求主体中使用表单编码是常见惯例，但在任何情况下它都不是 HTTP 协议的必需品。不过，作为 Web 交换格式的 JSON 已经得到普及。

3. XML 编码的请求

XML 有时也用于数据传输的编码。JavaScript 对象用表单编码或 JSON 编码版本表达的 pizza 查询，也能用 XML 文档来表示它。例如：

```
< query >
    < find zipcode = "02134" radius = "1km" >
        pizza
    </ find >
</ query >
```

4. 上传文件

HTML 表单的特性之一是当用户通过 < input type = "file" >元素选择文件时，表单将在它产生的 POST 请求主体中发送文件内容。HTML 表单始终能上传文件，但到它还不能使用 XMLHttpRequest API 做相同的事情。然后，XHR2 API 允许通过向 send() 方法 File 对象来实现上传文件。

没有 File() 对象构造函数，脚本仅能获得表示用户当前选择文件的 File 对象。在支持 File 对象的浏览器中，每个 < input type = "file" > 元素有一个 files 属性，它是 File 对象中的类数组对象。拖放 API 允许通过拖放事件的 dataTransfer. files 属性访问用户"拖放"到元素上的文件，可以将它当作一个用户选择文件完全不透明的表示形式，适用于通过 send() 来上传文件。

5. multipartlform-data 请求

当 HTML 表单同时包含文件上传元素和其他元素时，浏览器不能使用普通的表单编码而必须使用称为"multipartlform-data"的特殊 Content-Type 来用 POST 方法提交表单。

XHR2 定义了新的 FormData API，它容易实现多部分请求主体。首先，使用 FormData() 构造函数创建 FormData 对象，然后按需多次调用这个对象的 append() 方法把个体"部分"（可以是字符串、File 或 Blob 对象）添加到请求中。最后，把 FormData 对象传递给 send() 方法。send() 方法将对请求定义合适的边界字符串和设置"Content-Type"头。

7.6.3　HTTP 进度事件

在支持它们的浏览器中，这些新事件会触发。例如，当调用 send() 时，触发单个 loadstart 事件。当正在加载服务器的响应时，XMLHttpRequest 对象会发生 progress 事件，通常每隔 50 毫秒左右，所以可以使用这些事件给用户反馈请求的进度。如果请求快速完成，它可能从不会触发 progress 事件。当事件完成，会触发 load 事件。

一个完成的请求不一定是成功的请求。例如，load 事件的处理程序应该检查 XMLHttpRequest 对象的 status 状态码来确定收到的是"200 OK"而不是"404 Not Found"的 HTTP 响应。

对于任何具体请求，浏览器将只会触发 load、abort、timeout 和 error 事件中的一个。 XHR 2 规范草案指出一旦这些事件中的一个发生后，浏览器应该触发 loadend 事件。

可以通过 XMLHttpRequest 对象的 addEventListener() 方法为这些 progress 事件中的每个都注册处理程序。

7.6.4　中止请求和超时

可以通过调用 XMLHttpRequest 对象的 abort() 方法来取消正在进行的 HTTP 请求。abort() 方法在所有的 XMLHttpRequest 版本和 XHR 2 中可用，调用 abort() 方法在这个对象上触发 abort 事件。

XHR 2 定义了 timeout 属性来指定请求自动中止后的毫秒数，也定义了 timeout 事件用于当超时发生时触发（不是 abort 事件）。

7.6.5　跨域 HTTP 请求

作为同源策略的一部分，XMLHttpRequest 对象通常仅可以发起和文档具有相同服务器的 HTTP 请求。这个限制关闭了安全漏洞，但它也阻止了大量合适使用的跨域请求。可以在 < form > 和 < iframe > 标签中使用跨域 URL，而浏览器显示最终的跨域文档。但因为同源策略，浏览器不允许原始脚本查找跨域文档的内容。使用 XMLHttpRequest，文档内容都是通过 responseText 属性暴露，所以同源策略不允许 XMLHttpRequest 进行跨域请求。

7.6.6　借助 < script > 发送 HTTP 请求：JSONP

本章概述提到过 < script > 标签可以作为一种 Ajax 传输机制：只需设置 < script > 元素的 src 属性，然后浏览器就会发送一个 HTTP 请求以下载 src 属性所指向的 URL。使用 < script > 标签进行^Ajax 传输的一个主要原因是：它不受同源策略的影响，因此可以使用它们从其他的服务器请求数据；第二个原因是包含 . FSON 编码数据的响应体会自动解码（即执行）。

假设已经写了一个服务，它处理 GET 请求并返回 JSON 编码的数据。同源的文档可以在代码中使用 XMLHttpRequest 和 JSON. parse()。假如在服务器上启用了 CORS，在新的浏览器下，跨域的文档也可以使用 XMLHttpRequest 享受到该服务。在不支持 CROS 的旧浏览器下，跨域文档只能通过 < script > 标签访问这个服务。使用 JSONP，JSON 响应数据（理论上）是合法的 JavaScript 代码，当它到达时，浏览器将执行它。相反，不使用 JSONP，而是对 JSON 编码过的数据解码，结果还是数据，并没有做任何事情。

这就是 JSONP 中 P 的意义所在。当通过 < script > 标签调用数据时，响应内容必须用 JavaScript 函数名和圆括号包裹起来，而不只是发送一段 JSON 数据。

小　　结

本章是主要讲解了作为浏览器端开发语言的 JavaScript 的各种特性，包括 Window 对象、脚本化文档、脚本化 CSS、事件处理以及脚本化 HTTP 等内容。

通过使用 JavaScript 来操纵文档是浏览器中 JavaScript 的基础内容，掌握选取文档元素、文档结构和遍历以及创建、插入和删除节点等知识点，是移动 Web 前端开发的重要基本功。使用 JavaScript 操纵 CSS 的方式，主要由操纵内联样式、CSS 类和计算样式 3 种形式。

脚本化 HTTP 协议是本章的重点内容，要求掌握 XMLHTTPRequest 对象、进度事件以及跨域请求等知识点，掌握脚本化 HTTP 对于前端框架以及后台接口的使用具有重要意义。

习　　题

1. 编写一个单击 "大" "中" "小" 3 个超链接，实现页面部分文字随之分别为：18、14、12 号字体的切换效果。

2. 编写一个当鼠标指针移入和移出，图片切换的效果。

3. 假设 a. html 和 b. html 在同一个文件夹下面，请在 a. html 页面中使用 JavaScript 代码实现：在浏览器中打开 a. html 五秒后，自动跳转到 b. html 页面。

4. 假设 a. html 和 b. html 在同一个文件夹下面，请在 a. html 页面中使用 JavaScript 代码实现：单击这个 a. html 中的 "打开" 按钮，弹出一个新窗口。该窗口宽为 500 px，高为 450 px，并且显示的页面是 b. html。

5. 求取 1 ~ 50 的随机数，不可以出现重复。如果不足两位，则在该数字前补 "0"。

6. 实现一个在页面指定位置，出现一个跳动的时钟效果。

7. 编写代码，能实现对多选项至少选中一项的验证。

8. 实现多选项的全选、取消全选的效果。

9. 实现多选项的全选、反选的效果。

10. 利用 DOM 知识，实现获取 < dl > 标签下 < dd > 标签中的内容，也就是希望得到 "xxx"。不允许对现有的 HTML 代码做任何改动。

```
< dl id = "mydiv" >
< dt > aaa < /dt >
< dd > xxx < /dd >
< dt > bbb < /dt >
< dt > ccc < /dt >
< /dl >
```

更多实例和题目，请访问作者博客的相关页面，网址如下：

http://www.everyinch.net/index.php/category/frontend/dom/

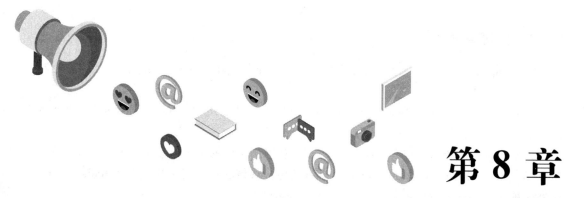

第8章
Bootstrap 与响应式设计

8.1 Bootstrap 是什么

随着互联网技术的发展，以及移动互联网风靡全球，网页已经不是过去那么的简单和纯粹。除了追求功能业务的实现外，现在的网页更多的是追求页面的美观、人性化、便捷等。随着移动设备的普及，CSS 3 大行其道，HTML 5 标准的制定使得前端技术更加受人重视，很多优秀的前端框架极大地方便了程序的开发，Bootstrap 就是其中之一。

8.1.1 Bootstrap 简述

Bootstrap 是一款来自 Twitter 的前端框架。Bootstrap 基于 HTML、CSS、JavaScript，因为它的简单灵活使得 Web 开发更加快捷。

2010 年 6 月，为了提高内部的协调性和工作效率，Twitter 公司的设计师 Mark Otto 和 Jacob Thornton 合作开发了 Bootstrap，它是由动态 CSS 语言 Less 写成。Bootstrap 推出之后，其优雅的 HTML 和 CSS 规范受到广大 Web 开发者的热烈欢迎。如今 Bootstrap 已经发展十多个组件，并且开源托管在 GitHub 上，托管地址为 https：//github. com/twbs/bootstrap/。

Bootstrap 是基于 HTML 5 和 CSS 3 开发的，而在 V3.0 版本（本书涉及的案例都以 V3.3.4 版本为基础）之后对响应式布局有了更好的支持。jQuery 是 Bootstrap 各种组件的基础，并且 Bootstrap 能够很好地兼容各种 jQuery 插件。

Bootstrap 中包含丰富的 Web 组件，根据这些组件，可以快速地搭建一个漂亮、功能完备的网站和管理系统。Bootstrap 包含的组件如下：字体图标、下拉菜单、按钮组、按钮式下拉菜单、输入框组、导航、导航条、分页、标签、徽章、巨幕、页头、缩略图、提示框、进度条、媒体对象、列表组、面板、对话框等。同时 Bootstrap 也提供较为丰富的 jQuery 插件，如过渡效果、对话框、下拉菜单、滚动监听、标签页和提示框等一系列插件，在本章中将逐步讲解其用法。

8.1.2　如何使用 Bootstrap

Bootstrap 提供 3 种不同的方式帮助开发者快速开发，每种方式可根据开发者的能力和使用场景而定，具体如下：

（1）用户生产环境的 Bootstrap：下载包为编译并且压缩后的 CSS、JavaScript 和字体文件，不包含文档和源码文件。

（2）Bootstrap 源码：包含 Less、JavaScript 和字体文件的源码等。

（3）Sass：这是 Bootstrap 从 Less 到 Sass 的源码移植项目，用于快速地在 Rails、Compass 或只针对 Sass 的项目中引入。

参考地址如下：

Bootstrap 官网：http：//www. bootstrap. com/。

Boostrap 中文网：http：//www. bootcss. com/。

8.1.3　包含内容

下载的 Bootstrap 文件，文件结构如图 8 -1 所示。

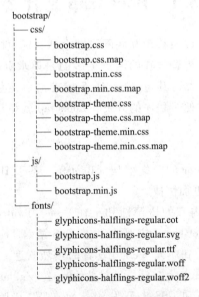

图 8 -1　Bootstrap 包含的文件

8.1.4　简单模板

简单模板代码如下：

```
<!DOCTYPE html >
<html lang = "zh-CN" >
<head >
    <meta charset = "utf-8"/ >
    <meta http-equiv = "X-UA-Compatible" content = "IE = edge"/ >
    <meta name = "viewport" content = "width = device-width, initial-scale =1"/ >
```

```
    <title>Bootstrap 基本模板</title>
    <link href="../bootstrap-3.3.4/css/bootstrap.min.css" rel="stylesheet"/>
    <link href="../bootstrap-3.3.4/css/bootstrap-theme.min.css" rel="stylesheet"/>
    <!--[if lt IE 9]>
    <script src="../bootstrap-3.3.4/js/html5shiv.min.js"></script>
    <script src="../bootstrap-3.3.4/js/respond.min.js"></script>
    <![endif]-->
</head>
<body>
    <h1>您好,Bootstrap 从此刻开始</h1>
    <script src="../bootstrap-3.3.4/js/jquery.min.js" type="text/javascript">
    </script>
    <script src="../bootstrap-3.3.4/js/bootstrap.min.js" type="text/javascript">
    </script>
</body>
</html>
```

8.2　网　格　系　统

最基本的网格系统是由一系列水平和垂直并且彼此交叉的线组合而成的，这让 Web 设计布局变得更加简单，而且让内容更加具有可读性。而网格可以根据自己的比例设计让不同的元素之间组合出平衡感。

Bootstrap 提供了一套响应式、移动设备优先的网格系统。Bootstrap 网格系统会随着屏幕大小的改变而改变，自动分为最多 12 列（其实也可以分为更多的列，需要重新修改 Less 编译 CSS，大多数情况下不建议这样使用）。

8.2.1　实现原理

网格系统的实现原理很简单，可以将网格系统理解为表格。它通过定义容器的大小，将其平均分为 12 等份，再调整内外边距，结合媒体查询（Media Query），做出比较时髦的响应式网格系统。

8.2.2　工作原理

网格系统通过行（Row）和列（Column）的组合来创建页面布局，其遵循如下规则：

（1）row 必须包含在样式为 .container 或者 container-fluid 的容器中。其中，.container-fluid 宽度为 100%，使用此样式的目的是为了在网格系统中能够更好地排列。

这两个样式一般用于 <div> 标签上面，用法如下：

```
<div class="container" style="height:20px;border:1px solid"></div>
<div class="container-fluid" style="height:20px;border:1px solid"></div>
@media(min-width:768px){
    .container{
        width:750px;
    }
}
@media(min-width:992px){
```

```
    .container{
        width:970px;
    }
}
@ media(min-width:1200px){
    .container{
        width:117;
    }
}
```

. container 支持响应式设计，其在媒体查询样式上做了如下处理。其中 768 px、992 px、1200 px 将屏幕分为四个区间段：

➢ 当屏幕 <768 px 时，. container 使用最大宽度，效果和 . container-full 一样。

➢ 当屏幕 >768 px 时，. container 宽度为 750 px。

➢ 当屏幕 > =992 px 时，. container 宽度为 970 px。

➢ 当屏幕 > =1200 px 时，. container 宽度为 1170 px。

（2）列（Column）必须包含在行（Row）中，而其他标签元素只能包含在列（Column）中。其中，行使用 row 样式，而列使用类似 col-lg- * 的样式，如下所示：

```
< div class = "container" >
    < div class = "row" >
        < div class = "col-lg-12" >这是自定义元素位置 < /div >
    < /div >
< /div >
```

（3）网格系统中的列是通过指定 1 ~ 12 的值来表示其跨越的范围（比如 col-lg- *，其中 * 代表 1 ~ 12 的一个数字）。行中的列样式数字总和不能超过 12，如果超过 12，则超过的元素将另起一行。

（4）通过设置行（Row）与列（Column）的 padding、margin 属性来抵消和增加其之间的间隔。

8.2.3 基本用法

在基本用法中使用 1600 px 的屏幕，代码如下：

```
< div class = "container" >
    < div class = "row" >
        < div class = "col-lg-4" >第一行 . col-md-4 < /div >
        < div class = "col-lg-8" >第一行 . col-md-8 < /div >
    < /div >
    < div class = "row" >
        < div class = "col-lg-4" >第二行 . col-md-4 < /div >
        < div class = "col-lg-4" >第二行 . col-md-4 < /div >
        < div class = "col-lg-4" >第二行 . col-md-4 < /div >
    < /div >
    < div class = "row" >
        < div class = "col-lg-3" >第三行 . col-md-3 < /div >
        < div class = "col-lg-6" >第三行 . col-md-6 < /div >
```

```
        < div class = "col-lg-3" >第三行 . col-md-3 </div >
    </div >
</div >
```

8.3　排　　版

使用 Bootstrap 的排版特性，可以创建标题、段落、列表及其他内联元素。

8.3.1　标题

Bootstrap 定义了所有的 HTML 标题样式。

1. 大标题

Bootstrap 中标题使用 < h1 > ~ < h6 > 标签，这个和普通的 HTML 标签没有区别，而 Bootstrap 覆盖了其默认的样式。

2. 小标题

在 Web 页面上经常遇到小标题，在 Bootstrap 中提供了 < small > 标签来实现小标题。代码如下：

```
< h1 >Bootstrap 中的 h1 < small >这是 H1 小标题 </small > </h1 >
< h4 >Bootstrap 中的 h4 < small >这是 H4 小标题 </small > </h4 >
```

8.3.2　段落

"font-size = 14px，line-height = 1.42857143" 是 Bootstrap 的全局样式，应用于 body 元素以及 body 中的所有 < p > 标签。另外，< p > 标签还设置了 "margin-bottom = 10px"。

8.3.3　< mark > 标签

< mark > 标签可以突出标记文字内容，代码如下：

```
狼被狗所咬,伤势很严重,痛苦地躺在 <mark >巢穴 </mark >里,不能外出觅食
```

8.3.4　< del > 和 < s > 标签

使用这两个标签可以在文本中间显示横线，标记为删除和无用文本，代码如下：

```
< del >狼被狗所咬,伤势很严重,痛苦地躺在 <mark >巢穴 </mark >里,不能外出觅食 </del > <br />
< s >狼被狗所咬,伤势很严重,痛苦地躺在 <mark >巢穴 </mark >里,不能外出觅食 </s > .
```

8.3.5　< ins > 和 < u > 标签

< ins > 标签和 < u > 标签可以实现文本下画线效果，代码如下：

```
< ins >狼被狗所咬,伤势很严重,痛苦地躺在 <mark >巢穴 </mark >里,不能外出觅食 </ins > <br />
< u >狼被狗所咬,伤势很严重,痛苦地躺在 <mark >巢穴 </mark >里,不能外出觅食 </u >
```

8.3.6　< strong > 和 < b > 标签

< strong > 和 < b > 标签可以让文本内容加粗，在 Web 开发中经常使用 font-weight 来设置

文本加粗效果。代码如下：

```
<strong>狼</strong>被狗所咬,伤势很严重<br/>
狼被<b>狗</b>所咬,伤势很严重
```

8.3.7 <em>和<i>标签

<em>和<i>标签可以让文本内容变为斜体，在 Web 开发中经使用 font-style = italic 来设置文本的斜体，代码如下：

```
<em>狼被狗所咬</em>,伤势很严重<br/>
<i>狼被狗所咬</i>,伤势很严重<br/>
```

8.3.8 文本对齐方式

Bootstrap 中提供了 4 种文本对齐方式，分别如下：

➢ text-left：左对齐。

➢ text-center：居中对齐。

➢ text-right：右对齐。

➢ text-justify：两端对齐。

代码如下：

```
<p class = "text-left">居左对齐</p>
<p class = "text-center">居中对齐</p>
<p class = "text-right">居右对齐</p>
<p class = "text-justify">两端对齐</p>
```

8.3.9 字母大小写

在 Web 页面上经常遇到将英文字母首字母大写、全部转换为大写或者小写等情况，Boostrap 提供了几个类，可以很方便地完成字母大小写的转换。

➢ text-lowercase：将字母转换为小写。

➢ text-uppercase：将字母转换为大写。

➢ text-capitalize：将首字母大写。

代码如下：

```
<div class = "text-lowercase">Bootstrap Container</div>
<div class = "text-uppercase">Bootstrap Container</div>
<div class = "text-capitalize">bootstrap container</div>
```

8.3.10 <abbr>标签的 title 属性

title 属性在鼠标指针悬停时会显示跟踪的内容，一般用于显示缩略文字的全部内容。Bootstrap 结合<abbr>标签，可以显示缩略文本的详细信息，缩略文本会以虚线突出显示，当鼠标移上去之后会显示一个问号（?）标识。

代码如下：

```
<p>
    Bootstrap Container. <abbr title = "Hi,Bootstrap">Bt</abbr>
```

```
    < abbr title = "HyperText Markup Language" class = "initialism" > asdf
    < /abbr > Language
</p>
```

8.3.11　引用样式

可以使用 < blockquote > 标签来表现对文字的引用，引用的内容包含在 < p > 标签中。可以通过添加 < footer > 标签来标记引用源，原名称可以包含在 < cite > 标签中。在 < blockquote > 标签中添加 class = "blockquote-reverse" 可以实现文本内容的右对齐。

```
< blockquote >
    <p>新华社透露国家将重点发展制造业 </p>
    < footer >新华社 </footer >
    < cite >前线记者 </cite >
</blockquote >
```

8.3.12　列表

HTML 中提供如下三种形式的列表。

➢ 无序列表：< ul > < li > ⋯ </li > </ul >。

➢ 有序列表：< ol > < li > ⋯ </li > </ol >。

➢ 定义列表：< dl > < dt > </dt > < dd > < dd > </dl >。

1. 有序列表和无序列表

```
< ul >
    < li >Javascript </li >
    < li >CSS </li >
    < li >HTML </li >
</ul >
< ol >
    < li >Javascript </li >
    < li >CSS </li >
    < li >HTML </li >
</ol >
```

2. 去点列表

Boostrap 提供一个 class = "list-unstyled"，可以去掉前面的 "." 符号，并且子元素中的 padding 也做了相应的处理，代码如下：

```
< ul class = "list-unstyled" >
    < li >Javascript </li >
    < li >CSS </li >
    < li >HTML </li >
</ul >
```

3. 内联列表

所谓的内联列表即将列表中的元素显示在一行，并且对每个子元素的 padding 做相应处理，代码如下：

```
<ul class="list-inline">
    <li>Javascript</li>
    <li>CSS</li>
    <li>HTML</li>
</ul>
```

4. 定义列表

前面已经提到了定义列表使用 `<dl><dt></dt><dd></dd></dl>`。Bootstrap 中定义列表和 HTML 中的用法相同，只是在默认样式上稍做处理，调整了行间距、外边距以及 `<dt>` 字体加粗的效果。

5. 水平列表

这里的水平列表是针对定义列表的，在 Bootstrap 中，"class="dl-horizontal""可以很方便地实现列表水平显示，代码如下：

```
<dl>
    <dt>语言</dt>
        <dd>JavaScript</dd>
        <dd>CSS</dd>
        <dd>Html</dd>
    </dl>
<dl class="dl-horizontal">
<dt class="text-overflow">语言当 dt 的宽度大于 160px 的时候,文本的内容最终将显示省略号
</dt>
```

8.3.13 代码

Bootstrap 提供了以下几种代码风格：

➢ `<code>`：一般针对单个语句的代码。

➢ `<pre>`：一般用于多行代码块。

➢ `<kbd>`：一般用于表示用户要通过键盘输入内容。

➢ `<var>`：用于标记变量信息。

➢ `<samp>`：用于标记程序的输出内容。

代码如下：

```
<code>&lt;div class="container"&gt;&lt;/div&gt;</code><br /><br />
<pre>
SELECT *  FROM TempTable WHERE RowNumber
BETWEEN(@ StartIndex) AND(@ PageIndex *  @ PageSize)
</pre><br />
请输入<kbd>ctrl+c</kbd>来复制代码<br /><br />
<var>y</var>=<var>m</var><var>x</var>+<var>b</var><br /><br />
<samp>程序输出内容</samp>
```

8.3.14 表格

表格（Table）是 HTML 中一个比较基础的组件，Bootstrap 在此基础上做了相应的修饰，提供了 6 种不同形式的表格样式。

➤ table：基础表格。

➤ table-striped：斑马线表格。

➤ table-bordered：带边框的表格。

➤ table-hover：鼠标指针悬停高亮的表格。

➤ table-condense：紧凑型表格。

➤ table-responsive：响应式表格。

Bootstrap 还为表格中的 < tr > 标签提供了 5 种状态的样式类，分别控制着 5 种不同的背景颜色。

➤ active：标识当前活动的信息。

➤ success：表示成功行为。

➤ info：表示普通中立行为。

➤ warning：表示警告行为。

➤ danger：表示危险行为。

Bootstrap 中的基础表格使用很简单，只需在 < table > 中添加 class = " table" 即可。". table" 主要做了如下处理：

（1）设置了 margin-bottom = 20px，单元格的内距 padding = 8px，宽度 width = 100%。

（2）在标题的底部添加了 2px 实线。

（3）在每个单元格顶部添加了 1px 实线。

下面的代码定义了一个普通的表格，表格为三行两列：

```
< table class = "table" >
    < thead >
        < tr >
            < th >标题 1 </th >
            < th >标题 2 </th >
            < th >标题 3 </th >
        </tr >
    </thead >
    < tr >
        < td >内容 1 </td >
        < td >内容 2 </td >
        < td >内容 3 </td >
    </tr >
    < tr >
        < td >内容 4 </td >
        < td >内容 5 </td >
        < td >内容 6 </td >
    </tr >
</table >
```

8.4　表　单

这部分将讲解使用 Bootstrap 来创建表单。Bootstrap 通过一些简单的 HTML 标签和扩展的类即可创建出不同样式的表单。

8.4.1 基础表单

在 Bootstrap 中，单独的表单控件会自动赋予全局样式，但是在 class = "form-control" 中的表单元素做了特殊处理，包含在 ".form-control" 中的 <input> <textarea> <select> 都会默认设置宽度 width = 100%。这些元素和 label 组合使用会使得元素在排列上更加美观。下面的代码提供了最基本的使用方式：

```
<div class = "container">
    <div class = "form-group">
    <label for = "txtUserName">用户名</label>
    <input type = "text" class = "form-control" id = "txtUserName" placeholder = "请输
    入用户名">
</div>
    <div class = "form-group">
        <label for = "txtPassWord">密码</label>
        <input type = "password" class = "form-control" id = "txtPassWord" placeholder
        = "请输入密码">
    </div>
</div>
```

8.4.2 输入框

在 HTML 5 中，输入框（Input）标签中的 type 支持了更多的类型，有 text、password、datetime、datetime-local、date、month、time、week、number、email、url、search、tel 和 color。<input> 标签上只有赋值了特定的 type 才能显示正确的样式。

8.4.3 下拉框

下拉框（Select）也是表单中的基本组件，Bootstrap 中的下拉菜单和 HTML 中的一致，在使用时也需要在 select 中添加 class = "form-control"。如果需要实现多选，则可以设置属性 multiple = "multiple"。

8.4.4 文本域

文本域（Textarea）的使用方式和 HTML 的默认用法一致，这里在样式修饰上也是使用了 class = "form-control"，如果使用了该样式，则无须使用 cols 属性。"form-control" 默认设置其宽度为 100%，可以使用 rows 设置高度，使用 cols 来设置其长度。下面代码展示了其最基本的用法：

```
<div class = "form-horizontal">
    <div class = "form-group">
        <label class = "control-label col-lg-1">textarea</label>
        <div class = "col-lg-3">
            <textarea class = "form-control" rows = "3"></textarea>
        </div>
```

```
    </div>
</div>
```

8.4.5 多选框和单选框

多选框（Checkbox）用于可多选的情况，单选框（Radio）则只能选择一个。在普通的 HTML 中，当 checkbox、radio 与 < label > 等标签配合时会出现对齐的问题，Bootstrap 很好地解决了这个问题，代码如下：

```
< div class = "radio" >
    < label >
        < input type = "radio" value = "" > 男            
        < input type = "radio" value = "" > 女
    </label >
</div >
< div class = "checkbox" >
    < label >
        < input type = "checkbox" value = "" > HTML       
           
        < input type = "checkbox" value = "" > CSS           
        < input type = "checkbox" value = "" > Javascript       
           
    </label >
</div >
```

8.4.6 表单焦点

焦点状态在 Bootstrap 中比较简单，是一个表单的细节处理，即单击 input 获得焦点时让元素突出显示。Bootstrap 中的焦点状态是通过 "：focus" 来实现的，Bootstrap 中焦点状态删除了 outline 的默认样式，代码如下：

```
< div class = "form-horizontal" >
    < div class = "form-group" >
        < label class = "control-label col-lg-1" > 用户名 < /label >
        < div class = "col-lg-3" >
            < input type = "text"  id = "txtUserName" class = "form-control"
            placeholder = "请输入用户名" value = ""/ >
        </div >
    </div >
    < div class = "form-group" >
        < label class = "control-label col-lg-1" > 密码 < /label >
        < div class = "col-lg-3" >
            < input type = "password"  id = "txtPassword" class = "form-control"
            placeholder = "请输入密码" value = ""/ >
        </div >
    </div >
</div >
```

8.4.7　表单禁用

Bootstrap 中表单元素的禁用和普通 HTML 元素禁用一样，使用 disabled = "disabled"。如果使用了 disabled，则该元素将不能单击。Bootstrap 的禁用在样式上做了一定的处理。例如下面的代码，txtUserName 输入框设置了禁用。

```
< div class = "form-group" >
    < label class = "control-label col-lg-1" > 用户名 </label >
    < div class = "col-lg-3" >
        < input type = "text" id = "txtUserName" class = "form-control" disabled = "
        disabled" / >
    </div >
</div >
```

8.4.8　验证样式

在做表单验证时，开发者希望能够给出成功或者警告的提示，Bootstrap 提供 3 种不同状态的提示。

➢ has-warning：警告状态，显示黄色。

➢ has-error：错误状态，显示红色。

➢ has-success：成功状态，显示绿色。

8.4.9　元素大小

前面使用的表单控件都是默认正常的大小，Bootstrap 提供了另外两个样式类来改变表单元素的大小。

➢ input-sm：让控件比正常大小更小。

➢ input-lg：让控件比正常大小更大。

```
< div class = "form-group has-warning" >
    < label class = "control-label col-lg-1" > has-warning </label >
    < div class = "col-lg-3" >
        < input type = "text" class = "form-control input-sm" placeholder = "has-
        warning" value = "" / >
    </div >
</div >
< div class = "form-group has-error" >
    < label class = "control-label col-lg-1" > has-error </label >
    < div class = "col-lg-3" >
        < input type = "text" class = "form-control" placeholder = "has-error" value = "" / >
    </div >
</div >
< div class = "form-group has-success" >
    < label class = "control-label col-lg-1" > has-success </label >
    < div class = "col-lg-3" >
        < input type = "text" class = "form-control input-lg" placeholder = "has-
        success" value = "" / >
```

```
        </div>
    </div>
```

上面的代码只改变了输入框的大小，<label>标签的大小并未改变。Bootstrap 提供了两个类 "form-group-lg" 和 "form-group-sm"，可以快速设置容器中表单元素的大小。

8.4.10　按钮

按钮（Button）作为 Web 中不可缺少的组件，Bootstrap 为其提供了很多不同风格的样式，利用 Bootstrap 中的样式可以很方便地制作出漂亮的按钮。Bootstrap 中的按钮样式可以修饰在元素 <a>、<input> 和 <button> 上。

1. 基本按钮

Bootstrap 中的基础按钮非常简单，只需在按钮上添加 class = "btn" 即可。Bootstrap 中其他风格的基础按钮，代码如下：

```
<div class = "container">
    <button class = "btn">基础按钮</button>
    <a class = "btn" role = "button">A 标签按钮</a>
    <input   type = "button" class = "btn" value = "input 按钮" />
</div>
```

这里要注意一下 <a> 标签中的 role 属性，role 的作用就是描述一个非标准的标签实际作用，这里就相当于将 <a> 标签当作按钮使用。但是上面的代码中，<a> 和其他两个按钮风格是有一定差别的，解决这个问题需要使用其他的样式。这里使用了默认的样式 class = "btn-default"，使用这个样式可以解决上面的问题，代码如下：

```
<div class = "container">
    <button class = "btn btn-default">基础按钮</button>
    <a class = "btn btn-default" href = "#" role = "button">A 标签按钮</a>
    <input   type = "button" class = "btn btn-default" value = "input 按钮" />
</div>
```

2. 多标签

从基本按钮的代码中可以看出，除了使用 <button> 作为按钮外，还可以使用很多其他的标签来作为按钮，Bootstrap 为每一个方法都提供了很好的支持。这里要特别注意，使用其他标签作为按钮时要添加 class = "btn" 样式，否则没有按钮效果。下面提供了几种比较常见的按钮使用方式，代码如下：

```
<div class = "container">
    <button class = "btn btn-default">基础按钮</button>
    <a class = "btn btn-default" href = "#" role = "button">A 标签按钮</a>
    <input   type = "button" class = "btn btn-default" value = "input 按钮" />
    <span class = "btn btn-default">span 按钮</span>
    <div class = "btn btn-default">div 按钮</div>
    <input type = "submit" class = "btn btn-default" value = "submit 按钮" />
    <input type = "reset" class = "btn btn-default" value = "reset 按钮" />
</div>
```

3. 按钮风格

Bootstrap 还提供了 7 种不同风格的按钮，使用这些风格样式可以制作出非常漂亮的按钮。

> btn-default：默认样式。
> btn-primary：首选项样式。
> btn-success：成功样式。
> btn-info：一般信息样式。
> btn-warning：警告样式。
> btn-danger：危险样式。
> btn-link：链接样式。

代码如下：

```
<div class="container">
    <button class="btn btn-default">btn-default</button>
    <button class="btn btn-primary">btn-primary</button>
    <button class="btn btn-success">btn-success</button>
    <button class="btn btn-info">btn-info</button>
    <button class="btn btn-warning">btn-warning</button>
    <button class="btn btn-danger">btn-danger</button>
    <button class="btn btn-link">btn-link</button>
</div>
```

4. 按钮大小

在讲解 form 表单元素时提到了元素的大小问题，Bootstrap 为按钮也提供了一套控制大小的机制。Bootstrap 为按钮提供了 4 种不同大小的样式。

> btn-lg：大型按钮。
> btn-sm：小型按钮。
> btn-xs：超小型按钮。

5. 块状按钮

在 <input> 等元素中控制其宽度时，使用了网格系统，网格系统中的表单元素默认以 100% 填充。Bootstrap 中的按钮也可以 100% 填充父容器，称为块状按钮。块状按钮只需添加 class="btn-block" 即可，代码如下：

```
<div class="container">
    <button class="btn btn-primary btn-block">btn-primary</button>
    <button class="btn btn-primary btn-lg btn-block">btn-primary</button>
    <button class="btn btn-primary btn-sm btn-block">btn-primary</button>
    <button class="btn btn-primary btn-xs btn-block">btn-primary</button>
</div>
```

6. 激活和禁用

Bootstrap 针对按钮的激活和禁用状态做了一些特殊的效果处理。当 Bootstrap 按钮处于激活状态时分为三种情况：

> 鼠标指针悬停状态（Hover）。
> 鼠标点击状态（Active）。
> 焦点状态（Focus）。

```
<div class="container">
    <button class="btn btn-default">btn-default</button>
```

```
    < button class = "btn btn-default hover" >btn-default </button >
    < button class = "btn btn-default active" >btn-default </button >
    < button class = "btn btn-default focus" >btn-default </button >
 </div >
```

如果要禁用按钮则需要使用 ".disabled"。当然，如果是 < button > 按钮也可以使用 disabled = "disabled" 来实现该效果。

8.4.11　图片

在以往的网页设计中要做一个圆角效果的图片是相当复杂的（CSS 2），但是在 Bootstrap 中一切变得十分简单，Bootstrap 提供了以下几种图片样式风格。

➢ img-responsive：响应式图片，主要是针对响应式设计。

➢ img-rounded：圆角图片。

➢ img-circle：圆形图片。

➢ img-thumbnail：缩略图。

8.4.12　图标

在网页制作中经常用到小图标（icon），在 Bootstrap 中提供了很多这种小图标，这些小图标都是通过 @font-face 属性结合字体来实现的，部分图标使用方式的代码如下：

```
< div class = "container" >
    < span class = "glyphicon glyphicon-search" > </span >
    < span class = "glyphicon glyphicon-star" > </span >
    < span class = "glyphicon glyphicon-music" > </span >
</div >
```

8.5　下　拉　菜　单

这部分讲解使用 Bootstrap 来创建下拉菜单。下拉菜单是可切换的，是以列表格式显示链接的上下文菜单。

8.5.1　基本用法

因为 Bootstrap.js 是依赖 jQuery 来实现的，所以需要先加载 jQuery 组件。在 Bootstrap 中使用下拉菜单有一个非常严格的结构，如果使用不当则不能显示出下拉菜单。

（1）使用 class = "dropdown" 的容器包裹整个下拉菜单。代码如下：

```
< div class = "dropdown" > </div >
```

（2）使用一个 < button > 按钮作为一个父级菜单，并且定义一个 class = "dropdown-toggle"，给 < button >添加一个自定义属性 data-toggle = "dropdown"，这里是相对固定的。所谓的相对固定是指按钮的样式可以修改。代码如下：

```
< button class = "btn btn-default dropdown-toggle" type = "button" data-toggle =
"dropdown" > </button >
```

（3）在 < button >按钮的同级添加一个 < ul >标签，并且添加 class = "dropdown-menu"。

通过以上 3 种方式就可以实现一个简单的下拉菜单，完整代码如下：

```
< div class = "dropdown" >
    < button class = "btn btn-default dropdown-toggle" type = "button" data-toggle =
    "dropdown" >
下拉菜单
< span class = "caret" > < /span >
    < /button >
    < ul class = "dropdown-menu" >
        < li > < a href = "javascript:void(0)" > JavaScript < /a > < /li >
        < li > < a href = "javascript:void(0)" > CSS3 < /a > < /li >
        < li > < a href = "javascript:void(0)" > HTML5 < /a > < /li >
        < li > < a href = "javascript:void(0)" > jQuery < /a > < /li >
    < /ul >
< /div >
```

8.5.2　基本原理

将上面的代码复制到页面中运行，单击下拉菜单按钮会出现下拉菜单，再次单击该按钮，下拉菜单将消失。

初始状态下，下拉菜单默认是不显示的，这是因为在 class = "dropdown-menu" 中设置了"display：none"来隐藏下拉菜单，当单击下拉菜单时，class = "dropdown" 上会新增一个"open"类，再次单击时"open"被移除，下拉菜单的显示与隐藏就是这样实现的。

8.5.3　分隔线

在很多系统页面中看到下拉菜单或者右键菜单中有分隔线，这些分隔线用于区分菜单上的不同功能区。Bootstrap 提供了一种比较简单的分隔线机制，而在需要添加分隔线的菜单项处添加一个空的 < li >，并且为其添加 class = "divider"，分隔线实现代码如下：

```
< div class = "container" >
    < div class = "dropdown" >
        < button class = "btn btn-default dropdown-toggle" type = "button" data-toggle
        = "dropdown" >
        下拉菜单
        < span class = "caret" > < /span >
        < /button >
        < ul class = "dropdown-menu" >
            < li > < a href = "javascript:void(0)" > CSS3 < /a > < /li >
            < li > < a href = "javascript:void(0)" > HTML5 < /a > < /li >
            < li class = "divider" > < /li >
            < li > < a href = "javascript:void(0)" > JavaScript < /a > < /li >
            < li > < a href = "javascript:void(0)" > jQuery < /a > < /li >
        < /ul >
    < /div >
< /div >
```

8.5.4　菜单标题

下拉菜单中的标题与分隔线的使用方式基本一致，使用菜单标题是为了更好地明确分组，Bootstrap 提供了一种机制来制作菜单标题。使用菜单标题，在 < li > 中使用 class = "dropdown-header" 即可，但是不要在 < li > 中使用 < a > 标签，否则菜单样式会显得非常难看。

8.5.5　对齐方式

Bootstrap 中，下拉菜单相对于父容器默认是左对齐的，如果想让下拉菜单相对于父容器右对齐，则可以在 class = " dropdown-menu" 上添加 class = " pull-right" 或者 class = " dropdown-menu-right"。

当然，在 Bootstrap 中还提供了另外一个类 class = " dropdown-menu-left"，这个类可以让下拉菜单居左显示，也就是默认形式。

8.5.6　菜单状态

下拉菜单有两种默认的状态：
- 鼠标指针悬停（Hover）。
- 焦点状态（Focus）。

同时 Bootstrap 还提供了另外两种状态：
- "active" 表示当前或者活跃状态。
- "disabled" 表示禁用状态。

8.6　按　钮　组

按钮组允许多个按钮被堆叠在同一行上。如果想要把按钮对齐形成一个组时，这就显得非常有用。可以通过 Bootstrap 按钮（Button）插件添加可选的 JavaScript 单选框和复选框样式行为。

8.6.1　基本按钮组

按钮组和下拉菜单一样，都是依赖 Bootstrap 中的 JavaScript 插件。在未编译的代码中，按钮组的使用依赖 button.js，而编译之后的代码直接使用 bootstrap.js 即可。

按钮组的使用非常简单，其结构没有下拉菜单复杂，只需在一组 < button > 按钮的外层套一个 < div > 容器，并且为其添加 class = "btn-group" 即可，代码如下：

```
< div class = "container" >
    < div class = "btn-group" >
        < button type = "button" class = "btn btn-default" > 左 < /button >
        < button type = "button" class = "btn btn-default" > 中 < /button >
        < button type = "button" class = "btn btn-default" > 右 < /button >
    < /div >
< /div >
```

上面的代码定义了一个按钮组，这个按钮组中有三个按钮，分为左中右，其中第一个按钮和最后一个按钮保留了圆角，其他的消除了圆角效果。

8.6.2 工具栏

在工具栏中往往看到的是小图标，比文字更加简洁明了。先看看如何在按钮组中使用图标，代码如下：

```
<div class = "container" >
    <div class = "btn-group" >
        <button type = "button" class = "btn btn-default" >
            <span class = "glyphicon glyphicon-align-left" > </span >
        </button >
        <button type = "button" class = "btn btn-default" >
            <span class = "glyphicon glyphicon-align-center" > </span >
        </button >
        <button type = "button" class = "btn btn-default" >
            <span class = "glyphicon glyphicon-align-right" > </span >
        </button >
        <button type = "button" class = "btn btn-default" >
            <span class = "glyphicon glyphicon-align-justify" > </span >
        </button >
    </div >
</div >
```

其实使用图标的方式也很简单，和按钮中使用图标的方式一样。

8.6.3 按钮组的大小

Bootstrap 为按钮组也设定了一组不同大小的样式。

➢ 默认大小：即前面内容用到的大小。

➢ btn-group-lg：大按钮组。

➢ btn-group-sm：小按钮组。

➢ btn-group-xs：超小按钮组。

8.6.4 嵌套分组

导航菜单中有一个下拉菜单，这在网页设计中是很常见的。在 Bootstrap 中可以使用嵌套分组来实现这种下拉式的菜单，代码如下：

```
<div class = "container" >
    <div class = "btn-group" >
        <button class = "btn btn-default" type = "button" >我的淘宝 </button >
        <button class = "btn btn-default" type = "button" >购物车 </button >
        <div class = "btn-group" >
            <button class = "btn btn-default dropdown-toggle" data-toggle = "dropdown"
            type = "button" >
                收藏夹
```

```
                <span class = "caret"> </span>
            </button>
            <ul class = "dropdown-menu">
                <li> <a href = "javascript:void(0)">收藏的宝贝 </a> </li>
                <li> <a href = "javascript:void(0)">收藏的店铺 </a> </li>
            </ul>
        </div>
        <button class = "btn btn-default" type = "button">商品分类 </button>
        <button class = "btn btn-default" type = "button">卖家中心 </button>
    </div>
</div>
```

上述代码中收藏夹使用了嵌套的按钮组，并且在按钮组中定义了一个下拉菜单。

8.6.5　垂直分组

前面所看到的按钮组都是横向排列的，但在网页制作的过程中，有时候也需要垂直的分组按钮，Bootstrap 也提供了比较方便的机制来快速实现垂直的分组按钮。这里需要使用 class = "btn-group-vertical" 来替换之前的 class = "btn-group"，而不是在这个基础上新增样式。

8.6.6　等分按钮

等分按钮顾名思义就是在一个容器中按钮组平均分配其宽度，即如果分组按钮中有 4 个按钮，则每个按钮的宽度占 25%。等分按钮效果在移动设备上非常常用，比如导航栏上的按钮。

等分按钮又称为自适应分组按钮，等分按钮使用非常简单，和上面的垂直分组按钮一样，只需在原有的 class = "btn-group" 后面新增" btn-group-just" 即可，代码如下：

```
<div class = "btn-group btn-group-justified">
    <a class = "btn btn-default">我的淘宝 </a>
    <a class = "btn btn-default">购物车 </a>
    <a class = "btn btn-default">商品分类 </a>
    <a class = "btn btn-default">卖家中心 </a>
</div>
```

8.6.7　按钮下拉菜单

下面讲解的按钮下拉菜单与第 8.6.4 节中讲解的下拉菜单在效果上是一样的。按钮式下拉菜单其实就是对按钮事件进行了简单的封装，单击按钮后会显示或者隐藏下拉菜单。在前面的例子中也见到了按钮下拉菜单的效果，重新提取该部分来看看如何使用，代码如下：

```
<div class = "container">
    <div class = "btn-group">
        <div class = "btn-group">
            <button class = "btn btn-default dropdown-toggle" data-toggle = "dropdown"
            type = "button">
                收藏夹
```

```
            < span class = "caret" > < /span >
        < /button >
        < ul class = "dropdown-menu" >
            < li > < a href = "javascript: void(0)" > 收藏的宝贝 < /a > < /li >
            < li > < a href = "javascript: void(0)" > 收藏的店铺 < /a > < /li >
        < /ul >
    < /div >
< /div >
< /div >
```

有一个向下的箭头，指示下拉菜单朝下。要想实现这个效果只需在 < button > 中添加 < span class = "caret" > < /span > 即可。

8.7 导　　航

这部分将讲解 Bootstrap 提供的用于定义导航元素的一些选项。它们使用相同的标记和基类 . nav。Bootstrap 也提供了一个用于共享标记和状态的帮助器类。改变修饰的 CSS 类，可以在不同的样式间进行切换。

8.7.1 导航基础样式

Bootstrap 中的导航都依赖于 class = "nav"，但是 class = "nav" 默认是不会提供导航样式，必须和其他附加样式组合才能呈现出导航。Bootstrap 中提供了很多附加的样式，如 nav-tabs、nav-pills 等。

下面的代码定义了一个导航，显示的是一个 Tab 选项卡的样式，代码如下：

```
< div class = "container" >
    < ol class = "nav nav-tabs" >
        < li > < a href = "javascript: void(0)" > 网页 < /a > < /li >
        < li > < a href = "javascript: void(0)" > 音乐 < /a > < /li >
        < li > < a href = "javascript: void(0)" > 视频 < /a > < /li >
        < li > < a href = "javascript: void(0)" > 图片 < /a > < /li >
        < li > < a href = "javascript: void(0)" > 贴吧 < /a > < /li >
    < /ol >
< /div >
```

8.7.2 选项卡导航

选项卡在实际 Web 中应用非常广，Bootstrap 提供的 class = "nav-tabs" 可以很方便地实现该导航。选项卡导航样式类一般作用于列表标签上，代码如下：

```
< div class = "container" >
    < ul class = "nav nav-tabs" >
        < li > < a href = "javascript: void(0)" > 网页 < /a > < /li >
        < li > < a href = "javascript: void(0)" > 音乐 < /a > < /li >
        < li > < a href = "javascript: void(0)" > 视频 < /a > < /li >
        < li > < a href = "javascript: void(0)" > 图片 < /a > < /li >
        < li > < a href = "javascript: void(0)" > 贴吧 < /a > < /li >
```

```
    </ul>
</div>
```

8.7.3　Pills 导航

Pills 导航又称为胶囊式导航，可能是因为其形状比较像胶囊。Pills 导航和上面的 Tab 导航类似，用法也一样，代码如下：

```
<div class="container">
    <ol class="nav nav-pills">
        <li><a href="javascript:void(0)">网页</a></li>
        <li><a href="javascript:void(0)">音乐</a></li>
        <li><a href="javascript:void(0)">视频</a></li>
        <li><a href="javascript:void(0)">图片</a></li>
        <li><a href="javascript:void(0)">贴吧</a></li>
    </ol>
</div>
```

8.7.4　垂直导航

Pills 导航是水平分布的，也可以让其垂直分布。这里使用 class="nav-stacked"，但是这个样式类是作用在 class="nav-pills" 基础上的，代码如下：

```
<div class="container">
    <ol class="nav nav-pills nav-stacked">
        <li><a href="javascript:void(0)">网页</a></li>
        <li><a href="javascript:void(0)">音乐</a></li>
        <li><a href="javascript:void(0)">视频</a></li>
        <li><a href="javascript:void(0)">图片</a></li>
        <li><a href="javascript:void(0)">贴吧</a></li>
    </ol>
</div>
```

8.7.5　导航状态

和元素一样，导航也分为 3 种状态：

➢ 活动状态。

➢ 鼠标指针悬停状态。

➢ 禁用状态。

```
<div class="container">
    <ul class="nav nav-tabs">
        <li class="active"><a href="javascript:void(0)">网页</a></li>
        <li><a href="javascript:void(0)">音乐</a></li>
        <li><a href="javascript:void(0)">视频</a></li>
        <li class="disabled"><a href="javascript:void(0)">图片</a></li>
        <li><a href="javascript:void(0)">贴吧</a></li>
    </ul>
</div>
```

代码中使用了 class = "active" 和 class = "disabled" 两个样式，分别用于活动状态和禁用状态。当处于 active 时，选项卡会突出显示；当处于 disabled 时，鼠标不能点击。

8.7.6 自适应导航

这里的自适应导航是指导航栏占据容器的全部宽度，并且导航项可以自适应宽度。在前面内容中按钮组也有过自适应的处理，使用 class = "btn-group-justified"；在自适应导航中使用 class = "nav-justified"。这个类需要和 class = "nav-tabs" 或者 class = "nav-pilis" 一起使用，代码如下：

```
<div class = "container">
    <ol class = "nav nav-pills nav-justified">
        <li> <a href = "javascript:void(0)">网页</a> </li>
        <li> <a href = "javascript:void(0)">音乐</a> </li>
        <li> <a href = "javascript:void(0)">视频</a> </li>
        <li> <a href = "javascript:void(0)">图片</a> </li>
        <li> <a href = "javascript:void(0)">贴吧</a> </li>
    </ol>
</div>
```

代码中定义了 Pills 和 Tab 两个导航，两个导航都使用了自适应样式，它们的宽度将占据容器宽度的 100%。

8.7.7 导航二级菜单

前面所介绍的都是一级导航，很多时候需要二级导航的效果。Bootstrap 中制作二级导航也非常容易，可以使用下拉菜单的形式来实现。Bootstrap 中作为一个父类容器，使用 class = "dropdown"，然后在 <li> 中嵌套一个列表 <ul>，代码如下：

```
<div class = "container">
    <ol class = "nav nav-pills">
        <li> <a href = "javascript:void(0)">网页</a> </li>
        <li class = "dropdown">
            <a href = "javascript: void(0)" class = "dropdown-toggle" data-toggle = "
            dropdown">音乐 <span class = "caret"> </span> </a>
            <ul class = "dropdown-menu">
                <li> <a href = "javascript: void(0)">轻音乐</a> </li>
                <li> <a href = "javascript: void(0)">流行音乐</a> </li>
                <li> <a href = "javascript: void(0)">摇滚音乐</a> </li>
                <li> <a href = "javascript: void(0)">古典音乐</a> </li>
            </ul>
        </li>
        <li> <a href = "javascript:void(0)">视频</a> </li>
        <li> <a href = "javascript:void(0)">图片</a> </li>
        <li> <a href = "javascript:void(0)">贴吧</a> </li>
    </ol>
</div>
```

上面的代码中定义了一个 Pills 导航，并在"音乐"这一项中添加了下拉菜单。

8.7.8 面包屑导航

在 Web 项目中经常会遇到页面导航的问题，在页面中会有一个导航来指示当前页面所处的位置，这种导航称为面包屑导航。

Bootstrap 中面包屑是一个独立的组件，只需使用 class = "breadcrumb" 即可。面包屑的案例代码如下：

```
< div class = "container" >
    < ol class = "breadcrumb" >
        < li > < a href = "javascript:void(0)" >首页 </a > </li >
        < li > < a href = "javascript:void(0)" >仓库作业 </a > </li >
        < li > < a href = "javascript:void(0)" >入库管理 </a > </li >
        < li class = "active" >新增入库 </li >
    </ol >
</div >
```

8.7.9 导航条

虽然导航条和导航在字面上的意思相近，但是在 Bootstrap 中导航和导航条还是有很大区别的。导航条中有一个背景色；导航条中可以有表单元素，也可以有链接，还可以包含导航等。导航条是一个响应式组件，在移动设备上可以折叠，在大屏幕设备上会变为水平模式。

下面的代码是导航条的基本使用案例，其用法和前面讲到的导航非常类似，但是在样式的使用上有一定的区别。

```
< div class = "navbar navbar-default" >
    < ul class = "nav navbar-nav" >
        < li > < a href = "javascript:void(0)" >首页 </a > </li >
        < li > < a href = "javascript:void(0)" >音乐 </a > </li >
        < li > < a href = "javascript:void(0)" >视频 </a > </li >
        < li > < a href = "javascript:void(0)" >图片 </a > </li >
        < li > < a href = "javascript:void(0)" >地图 </a > </li >
    </ul >
</div >
```

这个和导航比较类似，导航条的宽度将占据容器的 100%。当屏幕的宽度小于 768 px 时会出现堆叠的情况。

8.7.10 导航条的基本用法

导航条相对导航还是比较复杂的，但是 Bootstrap 能够让开发者很方便地完成导航条的制作，导航条的制作可归纳为以下几个步骤：

（1）在导航 class = "nav"（< ul >标签）的基础上添加 class = "navbar-nav"。

（2）在导航的外表套用一个容器 < div >，并且使用 class = "navbar navbar-default"。

代码如下：

```
< div class = "navbar navbar-default" >
    < ul class = "nav navbar-nav" >
        < li > < a href = "javascript:void(0)" >首页 </a > </li >
```

```
    <li > <a href = "javascript:void(0)" >音乐</a> </li>
    <li > <a href = "javascript:void(0)" >视频</a> </li>
    <li > <a href = "javascript:void(0)" >图片</a> </li>
    <li > <a href = "javascript:void(0)" >地图</a> </li>
  </ul>
</div>
```

8.7.11 品牌图标

在导航条的最前端头部一般都有一个文字或者一个图标，用于标识自己的品牌。Bootstrap 中提供了"品牌"概念的样式 class = "navbar-brand"，其代码如下：

```
<div class = "navbar navbar-default">
    <div class = "navbar-header">
        <a class = "navbar-brand " href = "javascript:void(0)" >
        品牌
        </a>
    </div>
    <ul class = "nav navbar-nav">
        <li > <a href = "javascript:void(0)" >首页</a> </li>
        <li > <a href = "javascript:void(0)" >音乐</a> </li>
        <li > <a href = "javascript:void(0)" >视频</a> </li>
        <li > <a href = "javascript:void(0)" >图片</a> </li>
        <li > <a href = "javascript:void(0)" >地图</a> </li>
    </ul>
</div>
```

8.7.12 导航条——表单搜索功能

在导航条中经常遇到类似搜索的组件，除了导航菜单之外还有表单搜索的功能。

Bootstrap 中提供了 class = "navbar-form"，可以使该容器中的表单元素很好地对齐，并且使响应式在小屏幕中为折叠状态，代码如下：

```
<div class = "container">
    <div class = "navbar navbar-default">
        <div class = "navbar-header">
            <a class = "navbar-brand " href = "javascript:void(0)" >品牌
            </a>
        </div>
        <form class = "navbar-form">
            <div class = "form-group">
                <input type = "text" class = "form-control" placeholder = "搜索" />
            </div>
            <button type = "button" class = "btn btn-default" >Submit </button>
        </form>
    </div>
</div>
```

上面的代码中定义了一个搜索框，class = " navbar-form" 表单位于导航条 class = " navbar" 中，表单会紧跟在"品牌"后面。

8.7.13 导航条——按钮

在 Web 页面中并不是所有的按钮都在表单中，导航条中的按钮也是如此。导航条中的按钮包含在表单 < form > 中，如果需要将 < button > 置于 < form > 外，则可以使用 Bootstrap 的样式类 class = "navbar-btn"，让它在导航条中垂直居中，代码如下：

```
< div class = "navbar navbar-default" >
    < div class = "navbar-header" >
        < a class = "navbar-brand " href = "javascript: void(0)" >
            品牌
        </a >
    </div >
    < ul class = "nav navbar-nav" >
        < li > < a href = "javascript: void(0)" >首页 </a > </li >
        < li > < a href = "javascript: void(0)" >音乐 </a > </li >
        < li > < a href = "javascript: void(0)" >视频 </a > </li >
        < li > < a href = "javascript: void(0)" >图片 </a > </li >
        < li > < a href = "javascript: void(0)" >地图 </a > </li >
    </ul >
    < button type = "button" class = "btn btn-default navbar-btn navbar-right" >搜索
    </button >
</div >
```

代码中的 < button > 直接跟在了导航条菜单的后面，并未包含在表单 < form > 之中。

8.7.14 导航条——文本和超链接

如果要在导航条中使用文本内容，则需要使用 class = "navbar-text"，代码如下：

```
< div class = "navbar navbar-default" >
    < div class = "navbar-header" >
        < a class = "navbar-brand " href = "javascript: void(0)" >
            品牌
        </a >
    </div >
    < p class = "navbar-text" >导航条中使用文本 text    
        < a class = "navbar-link" >连接 </a >
    </p >
</div >
```

在导航条中添加文本一般使用 < p > 标签，并且 < p > 标签使用 class = " navbar-text" 样式，除了文本之外，还可以添加超链接，这时应该在超链接上使用 class = " navbar-link"。

8.7.15 固定导航条

通常 Web 页面需要将导航条固定在浏览器的顶部或者底部，在移动开发中更是如此。Bootstrap 提供了 3 种不同的方式来固定导航条。

➤ navbar-fixed-top：导航条固定在浏览器可见窗口顶部。

➤ navbar-fixed-bottom：导航条固定在浏览器可见窗口底部。

➤ navbar-static-top：导航条固定在浏览器窗口顶部，随垂直滚动条上下滚动消失（或显现）。

这三个样式类的使用都非常简单，只需在制作导航条最外边的容器 class = "navbar" 上新增以上类即可，代码如下：

```
< div class = "navbar navbar-default navbar-static-top" >
    < div class = "navbar-header" >
        < a class = "navbar-brand brand-img" href = "javascript: void(0)" >
            < img alt = "Brand" src = "brand. png" >
        </ a >
    </ div >
    < ul class = "nav navbar-nav" >
        < li > < a href = "javascript: void(0)" >首页 </ a > </ li >
        < li > < a href = "javascript: void(0)" >视频 </ a > </ li >
        < li > < a href = "javascript: void(0)" >图片 </ a > </ li >
        < li > < a href = "javascript: void(0)" >地图 </ a > </ li >
    </ ul >
</ div >
```

8.7.16 响应式导航条

一般导航条都是在宽屏的情况下展示的（屏幕宽度 >768 px），随着移动互联网的发展，在移动设备上出现了很多小屏幕设备，如果还是以之前的那种方式来制作页面，那么在小屏幕上将乱成一团。在前面的内容也讲到了响应式相关的内容，下面要讲的内容与前面讲的内容差不多，只是案例略复杂些。

实现代码如下：

```
< div class = "navbar navbar-default" >
    < div class = "navbar-header" >
        < button class = "navbar-toggle" type = "button" data-toggle = "collapse" data-
        target = ". navbar-responsive-collapse" >
            < span class = "icon-bar" > </ span >
            < span class = "icon-bar" > </ span >
            < span class = "icon-bar" > </ span >
        </ button >
        < a href = "javascript: void(0)" class = "navbar-brand" >导航条 </ a >
    </ div >
    < div class = "collapse navbar-collapse navbar-responsive-collapse" >
        < ul class = "nav navbar-nav" >
            < li > < a href = "javascript: void(0)" >首页 </ a > </ li >
            < li > < a href = "javascript: void(0)" >视频 </ a > </ li >
            < li > < a href = "javascript: void(0)" >图片 </ a > </ li >
            < li > < a href = "javascript: void(0)" >地图 </ a > </ li >
        </ ul >
    </ div >
</ div >
```

在窄屏时需要折叠的内容必须包裹在一个 < div > 容器内，并且为这个 < div > 容器加入 collapse、navbar-collapse 两个类名。最后为这个 < div > 容器添加一个 class 类名或者 id 名。上面的代码新增了 class = "navbar-responsive-collapse"（随便定义的）样式。

在导航标题内添加一个按钮，用于触发菜单项的显示和隐藏，该段代码基本固定，其中涉及的 data-toggle 等属性用于触发按钮的相关事件。（依赖 bootstrap.js 库）

为导航条标题中的 < button > 添加 data-target = " "，这个属性的值为 class 选择器或者 id 选择器。

8.7.17　分页导航

Bootstrap 提供了两种不同方式的分页：

> 带页码的分页导航条。
> 带翻页的分页导航条。

下面的代码实际就是一个分页导航条，其使用的是 < ul > 和 < li > 标签，在 < ul > 标签中使用了 class = "pagination"，这样就可以快速制作一个分页导航条，代码如下所示：

```
< div class = "container" >
    < ul class = "pagination" >
        < li > < a href = "javascript:void(0)" >首页 </a> </li>
        < li > < a href = "javascript:void(0)" >上一页 </a> </li>
        < li > < a href = "javascript:void(0)" >... </a> </li>
        < li > < a href = "javascript:void(0)" >3 </a> </li>
        < li > < a href = "javascript:void(0)" >4 </a> </li>
        < li > < a href = "javascript:void(0)" >5 </a> </li>
        < li > < a href = "javascript:void(0)" >... </a> </li>
        < li > < a href = "javascript:void(0)" >下一页 </a> </li>
        < li > < a href = "javascript:void(0)" >尾页 </a> </li>
    </ul>
</div>
```

在某些新闻类网站或者博客中还经常看到另外一种分页：没有具体的页面，只有上一页、下一页按钮。这种分页方式在 Bootstrap 中也能够非常方便地实现，具体代码如下：

```
< div class = "container" >
    < ul class = "pager" >
        < li > < a href = "javascript:void(0)" >&laquo;上一页 </a> </li>
        < li > < a href = "javascript:void(0)" >下一页 &raquo; </a> </li>
    </ul>
</div>

< div class = "container" >
    < ul class = "pager" >
        < li class = "previous" > < a href = "javascript:void(0)" >&laquo;上一页 </a> </li>
        < li class = "next" > < a href = "javascript:void(0)" >下一页 &raquo; </a> </li>
    </ul>
</div>
```

上面的代码定义了两个翻页导航条，它们有一定区别：第一个导航条的两个按钮是挨着的，第二个导航条中的按钮一个居左一个居右。其中，居左和居右仅通过 class = " provious" 和 class = "next" 表示。

8.8 内 置 组 件

对各种组件的合理调用是使用 Bootstrap 的重点内容，接下来研究一下各种实用的组件。

8.8.1 面板

面板（Panels）是 Bootstrap 框架中一个比较重要的组件，可以将面板理解为一个容器，它能完成其他组件完成不了的功能。Bootstrap 中的面板使用有多种形式，可以使用一个简单的面板，也可以是包含头和尾的面板，不同的面板还可以设置不同的颜色等。

Bootstrap 中面板可以分为以下几部分：

➢ Panel 容器，也就是面板的最外层元素。

➢ 标题：可选。

➢ 内容：可选。

➢ 脚注：可选。

1. 基础应用

使用一个 class = " panel" 样式应用于 < div > 容器上。class = " panel" 和按钮中的class = "btn" 样式一样，是一个基础样式，不包含任何主题颜色。如果需要控制主题颜色则需要其他辅助样式来控制。

下面的代码定义了一个简单的面板，这个面板不包含头和脚注，class = " panel-body" 是用于包含主题内容的。

```
< div class = "container" >
    < div class = "panel panel-default" >
        < div class = "panel-body" >
            Bootstrap是最受欢迎的 HTML、CSS 和 JS 框架
        </div >
    </div >
</div >
```

2. 面板的标题和脚注

上面的基础面板中没有包括头和脚注，Bootstrap 中的面板是可以添加标题和脚注的，这样可以使面板更加的丰富，代码如下：

```
< div class = "container" >
    < div class = "panel panel-default" >
        < div class = "panel-heading" > Panel--header </div >
        < div class = "panel-body" >
            Bootstrap是最受欢迎的 HTML、CSS 和 JS 框架
        </div >
        < div class = "panel-footer" > Panel-footer </div >
    </div >
</div >
```

3. 基础样式

Bootstrap 为徽章、标签、按钮等都提供了不同样式，面板也是如此。前面的面板使用的都是基础样式和默认样式 class = "panel panel-default"，这里介绍其他几种样式风格。

➢ panel-primary：重点蓝。

➢ panel-success：成功绿。

➢ panel-info：信息蓝。

➢ panel-warning：警告黄。

➢ panel-danger：危险红。

8.8.2　缩略图

在电商网站的产品展示列表中经常看到一行展示几个商品，然后每个商品配一些图片和文字信息。Bootstrap 将每个商品图片以及描述信息作为一个单独的组件，配合 Boostrap 网格系统，可以很方便地实现这种产品展示列表的效果。

Boostrap 通过 class = "thumbnail" 样式类来实现类似的效果，当然如果配合 Bootstrap 的网格系统在不同屏幕下实现响应式效果会更佳，代码如下：

```
< div class = "container" >
    < div class = "row" >
        < div class = "col-lg-3" >
            < a href = "javascript:void(0)" class = "thumbnail" >
                < img  src = "img. jpg" alt = ""/ >
            </a >
        </div >
        < div class = "col-lg-3" >
            < a href = "javascript:void(0)" class = "thumbnail" >
                < img src = "img. jpg" alt = "" / >
            </a >
        </div >
        < div class = "col-lg-3" >
            < a href = "javascript:void(0)" class = "thumbnail" >
                < img src = "img. jpg" alt = "" / >
            </a >
        </div >
        < div class = "col-lg-3" >
            < a href = "javascript:void(0)" class = "thumbnail" >
                < img src = "img. jpg" alt = "" / >
            </a >
        </div >
    </div >
</div >
```

在网格系统中使用了 4 个缩略图。由于网格系统图片本身的大小会被压缩，因此当屏幕分辨率变小时，4 个图片会垂直堆叠在一起。

8.8.3　页头

页头组件和巨幕组件有些类似，页头组件能够为 < h1 > 标签增加适当的空间，并且与页面的其他部分形成一定的分隔。它支持 < h1 > 标签中内嵌 < small > 标签的默认效果，代码如下：

```
< div class = "page-header" >
    < h1 > Bootstrap < small > 简洁、直观、强悍的前端开发框架 </small > </h1 >
</div >
```

8.8.4　提示框

提示框用于给客户输出提示消息，通常用于信息反馈。Bootstrap 中提供了一组灵活的提示框机制。在以往的网页制作过程中经常使用 alert 来输出提示消息，但是这样并不是太友好，而且界面也不是很漂亮，Bootstrap 改善了这一点。

Bootstrap 中的提示框分为 4 种：

➢ class = "alert-success"，成功提示框：告诉用户操作成功，呈现的背景、边框和文本都为绿色。

➢ class = "alert-info"，信息提示框：呈现的背景、边框和文本都是浅蓝色。

➢ class = "alert-warning"，警告提示框：呈现的背景、边框、文本都是浅黄色。

➢ class = "alert-danger"，错误提示框：呈现的背景、边框和文本都是浅红色。

这与前面内容讲到的按钮（Button）中的几种主题色基本类似，使用方式也差不多。以上 4 种样式的使用都不是基于 class = "alert"，代码如下：

```
< div class = "container" >
    < div class = "row" >
        < div class = "col-lg-4" >
            < div class = "alert alert-success" > 成功提示框 </div >
        </div >
    </div >
    < div class = "row" >
        < div class = "col-lg-4" >
            < div class = "alert alert-info" > 信息提示框 </div >
        </div >
    </div >
    < div class = "row" >
        < div class = "col-lg-4" >
            < div class = "alert alert-warning" > 警告提示框 </div >
        </div >
    </div >
    < div class = "row" >
        < div class = "col-lg-4" >
            < div class = "alert alert-danger" > 错误提示框 </div >
        </div >
    </div >
</div >
```

8.8.5 进度条

在网页中能见到不少进度条的效果，如文件上传进度、商品点评比例的评分系统等。

1. 基础进度条

进度条的原理非常简单，使用一个外层容器，内部包含另外一个容器用于显示当前进度。Boostrap 中的基础进度条就是根据这个原理来制作的，Bootstrap 中的基础进度条分为两部分。

> ➤ class = "progress"：用于外层容器。

> ➤ class = "progress-bar"：用于显示进度条样式。

代码如下：

```
<div class = "container">
    <div class = "progress">
        <div class = "progress-bar" style = "width:20%"></div>
    </div>
</div>
```

2. 显示进度

基础进度条的效果中并不明确进度条所在的百分比，只能从代码中看出其占 20%，如果需要显示当前进度，则需要对代码做如下处理：

```
<div class = "container">
    <div class = "progress">
        <div class = "progress-bar" style = "width:20%">20%</div>
    </div>
</div>
```

除直接在 class = "progress-bar" 中添加进度标识外，还可以使用 <span> 标签来显示。这也是建议的方式，如果不想显示当前进度则给 <span> 标签设置 class = "sr-only" 即可隐藏，代码如下：

```
<div class = "container">
    <div class = "progress">
        <div class = "progress-bar" style = "width:20%">
            <span class = "sr-only">已完成20%</span>
        </div>
    </div>
</div>
```

如果进度条展示的百分比较低，则有可能在进度条上看不出来，这时可以设置进度条的最小长度，代码如下：

```
<div class = "container">
    <div class = "progress">
        <div class = "progress-bar" style = "width:0%;min-width:2px;">
        </div>
    </div>
</div>
```

3. 彩色进度条

Bootstrap 中的进度条还提供了不同的主题色。

➤ class = "progress-bar"：默认主题色，深蓝色。

➤ class = "progress-bar-success"：表示成功进度条，进度条颜色为绿色。

➤ class = "progress-bar-info"：表示信息进度条，进度条颜色为蓝色。

➤ class = "progress-bar-warning"：表示警告进度条，进度条颜色为黄色。

➤ class = "progress-bar-danger"：表示错误进度条，进度条颜色为红色。

4. 条纹进度条

除了彩色进度条，Bootstrap 还提供了一种条纹进度条，这种效果是使用 CSS 3 来实现的，该效果在较低版本中是存在问题的。条纹进度条只需在 class = "progress" 容器上新增类" progress-striped" 即可。

如果想让条纹进度条动起来（有动画效果），则可以使用 class = "active"，代码如下：

```
< div class = "container" >
    < div class = "progress progress-striped active" >
        < div class = "progress-bar progress-bar-danger" style = "width:80% " > < /div >
    < /div >
< /div >
```

5. 堆叠效果

Bootstrap 还提供了一种进度条的堆叠效果，也就是进度条分段显示不同颜色。这种效果在报表中比较常见，Bootstrap 也能够轻松实现，代码如下：

```
< div class = "container" >
    < div class = "progress" >
        < div class = "progress-bar progress-bar-success" style = "width:35% " >
            < span class = "sr-only" >35% Complete( success) < /span >
        < /div >
        < div class = "progress-bar progress-bar-warning progress-bar-striped" style = "
        width:20% " >
            < span class = "sr-only" >20% Complete( warning) < /span >
        < /div >
        < div class = "progress-bar progress-bar-danger" style = "width:10% " >
            < span class = "sr-only" >10% Complete( danger) < /span >
        < /div >
    < /div >
< /div >
```

8.8.6 媒体对象

在 Web 页面上经常看到这样一种效果，在左侧（右侧）以图片、视频等媒体对象展示，然后右侧（左侧）来描述其内容或者评价等。这种效果和上面的缩略图类似，在 Bootstrap 中称为媒体对象，它是一种抽象的样式，可以用来构建不同类型的组件。

1. 基本构成

Bootstrap 中的媒体对象包含以下几部分：

➤ 容器：通常用 class = "media" 表示，用于包含所有的媒体对象内容。

➤ 对象：通常用 class = "media-object" 表示，是媒体对象中的图片、视频等。

➤ 主体：通常用 class = "media-body" 表示，通常是图片视频右侧（左侧）的内容，用于描述评价等信息。

➤ 标题：通常用 class = "media-heading" 表示，用于描述媒体对象的标题。

代码如下：

```
< div class = "container" >
    < div class = "media" >
        < a href = "javascript: void(0)" class = "pull-left" >
            < img class = "media-object" src = "thumb. jpg" alt = "..." / >
        </a>
        < div class = "media-body" >
            < h4 class = "media-heading" >坤府捞面 </h4>
            < div >坤府捞面定位于中国高端快餐,用高端的产品品质追求、高端的主题用餐环境来经营快餐 </div>
        </div>
    </div>
</div>
```

2. 对齐方式

如果让媒体对象居右显示则使用 class = "pull-right"，但是 Bootstrap 3.3 版本之后不建议再这样使用，可以使用 class = "media-left" 或者 class = "media-right" 来替代它们。

Bootstrap 还提供了另外一个垂直对齐的样式类。

➤ class = "media-middle"：用于垂直居中。

➤ class = "media-bottom"：用于底部对齐。

如果想要将媒体元素和描述内容位置对换，则只需将元素标签位置置换即可，代码如下：

```
< div class = "container" >
    < div class = "media" >
        < div class = "media-body" >
            < h4 class = "media-heading" >坤府捞面 </h4>
            < div >坤府捞面定位于中国高端快餐,用高端的产品品质追求、高端的主题用餐环境来经营快餐 </div>
        </div>
        < div class = "media-left media-middle" >
            < a href = "javascript: void(0)" >
                < img class = "media-object" src = "thumb. jpg" alt = "..." style = "
                width: 30px; height: 30px; " >
            </a>
        </div>
    </div>
</div>
```

8.8.7　列表组

列表组是 Bootstrap 框架新增的一个组件，可以用来制作列表清单、垂直导航等效果，也可以配合其他组件制作出更漂亮的组件，比如和徽章一起使用，这个效果在手机应用中经常看到。

1. 基础列表组

列表组的使用非常简单，最常用的就是使用 < ul > 和 < li > 标签来实现。在 < ul > 标签上添加一个 class = " list-group"，在 < li > 标签上使用 class = " list-group-item" 即可，代码如下：

```
< div class = "container" >
    < ul class = "list-group" >
        < li class = "list-group-item" >
            飞狐外传
        < /li >
        < li class = "list-group-item" >
            雪山飞狐
        < /li >
        < li class = "list-group-item" >
            连城诀
        < /li >
    < /ul >
< /div >
```

2. 带徽章的列表组

带徽章的列表组在前面简单地使用过，这是一个将徽章和列表组组合使用的效果，在手机应用中特别常见，只需在列表组件 class = " list-group-item" 中加入徽章组件即可。

```
< div class = "container" >
    < ul class = "list-group" >
        < li class = "list-group-item" >
            笑傲江湖 < span class = "badge" >34 < /span >
        < /li >
        < li class = "list-group-item" >
            书剑恩仇录 < span class = "badge" >12 < /span >
        < /li >
        < li class = "list-group-item" >
            神雕侠侣 < span class = "badge" >32 < /span >
        < /li >
    < /ul >
< /div >
```

3. 链接列表组

上面的列表组中都是文字类型的，如果需要在列表组的项中添加超链接，就需要使用到链接列表组。链接列表组非常简单，只需在 class = " list-group-item" 中添加超链接元素即可，代码如下：

```html
<div class = "container">
    <ul class = "list-group">
        <li class = "list-group-item">
            <a href = "http://www.google.com">笑傲江湖</a>
            <span class = "badge">34</span>
        </li>
        <li class = "list-group-item">
            <a href = "http://www.google.com">书剑恩仇录</a>
            <span class = "badge">12</span>
        </li>
        <li class = "list-group-item">
            <a href = "http://www.google.com">神雕侠侣</a>
            <span class = "badge">32</span>
        </li>
    </ul>
</div>
```

小　　结

　　Bootstrap 是当前最为流行的前端框架，它基于 HTML、CSS 和 JavaScript 语言，能够快速实现响应式的前端页面。栅格系统是 Bootstrap 的基础，掌握了栅格系统就基本掌握了 Bootstrap 布局的方式。表单、按钮组、导航等构成了 Bootstrap 基本的布局组件，通过大量的内置组件和 JavaScript 语言的支持，使得掌握 Bootstrap 框架和基本的网页布局均能轻松实现。

习　　题

1. 什么是 Bootstrap？为什么要使用 Bootstrap？
2. 如何搭建 Bootstrap 开发环境？
3. 使用 Bootstrap 时，要声明的文档类型是什么？为什么要这样声明？
4. 对于各类尺寸的设备，Bootstrap 设置的 class 前缀分别是什么？
5. Bootstrap 网格系统列与列之间的间隙宽度是多少？
6. 使用 Bootstrap 创建垂直表单的基本步骤是什么？
7. 使用 Bootstrap 创建水平表单的基本步骤是什么？
8. Bootstrap 如何设置文字对齐方式？
9. 使用 Bootstrap 激活或禁用按钮要如何操作？
10. Bootstrap 有哪些关于 <img> 标签的 class？
11. Bootstrap 如何制作下拉菜单？
12. Bootstrap 中的导航都有哪些？
13. Bootstrap 中设置分页的 class 有哪些？
14. Bootstrap 中超大屏幕的作用是什么？

更多实例和题目，请访问作者博客的相关页面，网址如下：
http://www.everyinch.net/index.php/category/frontend/bootstrap/

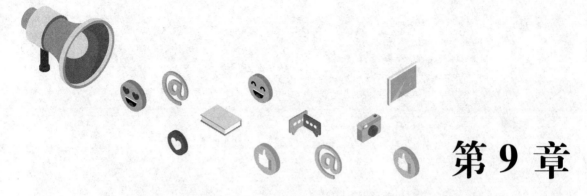

第9章
移动 Web 前端的 HTML 5 API

JavaScript 语言是移动 Web 前端的核心技术，但 HTML 5 规范新增了许多 API（Application Programming Interface，应用编程接口），使得利用 JavaScript 语言可以操纵前端中的音频、视频、二维图形以及存储和文件。

9.1　脚本化音频和视频

从理论上说，HTML 5 引入的 < audio > 和 < video > 标签，使用起来和 < img > 标签一样简单。对于支持 HTML 5 的浏览器，不再需要使用 Flash 插件来在 HTML 文档中嵌入音频和视频，代码如下：

```
< audio src = "background_music.mp3"/ >
< video src = "news.mov" width =320 height =240/ >
```

实际上，使用这些标签时要更加巧妙。由于各家浏览器制造商未能在对标准音频和视频编解码器的支持上达成一致，因此，通常都需要使用 < source > 标签来指定不同格式的媒体源，代码如下：

```
< audio id = "music" >
    < source src = "music.mp3" type = "audio/mpeg" >
    < source src = "music.ogg" type = 'audio/ogg; codec = "vorbis"' >
</audio >
```

支持 < audio > 和 < video > 标签的浏览器不会渲染这些标签的内容。而不支持它们的浏览器则会将它们的内容都渲染出来，因此，可以在这些标签中放置后备内容，代码如下：

```
< video id = "news" width =640 height =480 controls preload >
    < !-- Firefox 和 Chrome 支持的 WebM 格式 -->
    < source src = "news.webm" type = 'video/webm; codecs = "vp8, vorbis"' >
    < !-- IE 和 Safari 支持的 H.264 格式 -->
    < source src = "news.mp4" type = 'video/mp4; codecs = "avc1.42E01E, mp4a.40.2"' >
    < !-- Flash 插件作为后备方案 -->
```

```
<object width=640 height=480 type="application/x-shockwave-flash"
    data="flash_movie_player.swf">
<!--这里的参数元素用于配置 Flash 视频播放器-->
<!--文本是最终的后备内容-->
<div>video element not supported and Flash plugin not installed.</div>
</object>
</video>
```

9.1.1　类型选择和加载

想要测试一个媒体元素能否播放指定类型的媒体文件，可以调用 canPlayType() 方法并将媒体的 MIME 类型（有时需要包含 codec 参数）传递进去。如果它不能播放该类型的媒体文件，该方法会返回一个空的字符串（一个假值）。反之，它会返回一个字符串"maybe"或者"probably"。

```
var a = new Audio();
if(a.canPlayType("audio/wav")){
    a.src = "soundeffect.wav";
    a.play();
}
```

9.1.2　控制媒体播放

<audio>和<video>元素最重要的方法是 play() 和 pause() 方法，它们用来控制媒体播放的开始和暂停：

```
//文档载入完成后,开始播放背景音乐
window.addEventListener("load",function(){
                    document.getElementById("music").play();
            },false);
```

除了开始和暂停播放音频和视频，还可以通过设置 currentTime 属性来进行定点播放。该属性指定了播放器应该跳过播放的时间（单位为秒），可以在媒体播放或者暂停时设置该属性。

volume 属性表示播放音量，介于 0（静音）~1（最大音量）之间。将 muted 属性设置为 true 则会进入静音模式，设置为 false 则会恢复之前指定的音量继续播放。

playbackRate 属性用于指定媒体播放的速度。该属性值为 1.0 表示正常速度，大于 1 则表示"快进"，0~1 的值则表示"慢放"。负值则表示回放，大多数浏览器还未支持该特性。<audio>和<video>标签还有一个 defaultPlaybackRate 属性。不管是否调用 play() 方法来播放媒体，playbackRate 属性默认值都会被设置成 defaultPlaybackRate 的值。

controls、loop、preload 以及 autoplay 这样的 HTML 属性不仅影响音频和视频的播放，而且还可以作为 JavaScript 属性来设置和查询。

（1）controls 属性指定是否在浏览器中显示播放控件。设置该属性值为 true 表示显示控件，反之表示隐藏控件。

（2）loop 属性是布尔类型，它指定媒体是否需要循环播放，true 表示需要循环播放，false 则表示播放完就停止。

（3）preload 属性指定在用户开始播放媒体前，是否或者多少媒体内容需要预加载。该属性值为"none"则表示不需要预加载数据；为"metadata"则表示诸如时长、比特率、帧大小这样的元数据而不是媒体内容需要加载。其实，在不设置 preload 属性的情况下，浏览器默认也会加载这些元数据。preload 属性值如果为"auto"则表示浏览器应当预加载它认为适量的媒体内容。

（4）autoplay 属性指定当已经缓存足够多的媒体内容时是否需要自动开始播放。将该属性设置为"true"就等于是告诉浏览器需要预加载媒体内容。

9.1.3　查询媒体状态

<audio> 和 <video> 标签有一些只读属性，描述媒体以及播放器当前的状态：

➤ 如果播放器暂停，那么 paused 属性的值就为"true"。

➤ 如果播放器正在跳到一个新的播放点，那么 seeking 属性的值就为"true"。

➤ 如果播放器播放完媒体并且停下来，那么 ended 属性的值就为"true"。

➤ duration 属性指定了媒体的时长，单位是秒。

➤ initialTime 属性指定了媒体的开始时间，单位是秒。对于固定时长的媒体剪辑而言，该属性值通常是 0。而对于流媒体而言，该属性表示已经缓存的数据的最早时间以及能够回退到的最早时间。当设置 currentTime 属性时，其值不能小于 initialTime 的值。

其他三个属性分别指定包含媒体时间轴、播放和缓冲状态的较细粒度视图。played 属性返回已经播放的时间段。buffered 属性返回当前已经缓冲的时间段，seekable 属性则返回当前播放器需要跳到的时间段。

➤ played、buffered 和 seekable 都是 TimeRanges 对象。每个对象都有一个 length 属性以及 start() 和 end() 方法，前者表示当前的一个时间段，后者分别返回当前时间段的起始时间点和结束时间点（单位是秒）。

可以使用如下代码来确定当前缓存内容的百分比：

```
var percent_loaded = Math. floor( song. buffered. end(0) / song. duration *100);
```

➤ 最后，还有另外三个属性：readyState、networkState 和 error，它们包含 <audio> 和 <video> 标签底层的一些状态细节。每个属性都是数字类型的，而且为每个有效值都定义了对应的常量。代码如下：

```
if( song. readyState === song. HAVE_ENOUGH_DATA) song. play();
```

readyState 属性指定当前已经加载了多少媒体内容，同时也暗示着是否已经准备好可以播放了。表 9-1 展示了该属性的取值以及对应的意义。

表 9-1　readyState 属性的取值及其含义

常　　量	值	含　　义
HAVE_ NOTHING	0	没有加载任何媒体内容或者元数据
HAVE_ METADATA	1	媒体元数据已经加载完毕，但是媒体内容还没有加载。也就是说，这时可以获取媒体的时长或者视频文件的维度，以及可以通过设置 currentTime 来定点播放，不过，由于没有加载任何媒体内容，浏览器还是无法从设置的 currentTime 开始播放

续表

常　　量	值	描　　述
HAVE_ CURRENT_ DATA	2	currentTime 的媒体内容已经加载完成，但是还没有加载完足够的内容播放媒体。对于视频文件而言，表示当前帧的数据已经加载完成，但是下一帧的数据还未加载。这种状态通常发生在到达一个音频或者视频文件的末尾
HAVE_ FUTURE_ DATA	3	已经加载一些的媒体内容，可以开始播放了。但是，还没有达到足够多的内容能够允许流畅地播放全部媒体内容
HAVE_ ENOUGH_ DATA	4	所有媒体内容都已经加载完毕，可以流畅地播放（中间没有任何暂停）

NetworkState 属性指定媒体元素是否使用网络或者为什么媒体文件不使用网络，该属性的取值及其含义如表 9 - 2 所示。

表 9 - 2

常　　量	值	含　　义
NETWORK_ EMPTY	0	媒体元素还没有开始使用网络。比如，在还未设置媒体元素的 src 属性之间，就是这种状态
NETWORK_ IDLE	1	媒体元素当前没有通过网络来加载内容。这种情况有可能是内容已经加载完毕或者是所需的内容都从缓存中直接读取了，又或者是 preload 属性设置成为 noneMnone，还没有要求加载或者播放媒体
NETWORK_ LOADING	2	媒体元素当前通过网络来加载媒体内容
NETWORK_ NO_ SOURCE	3	媒体元素无法获取媒体源

当在加载媒体或者播放媒体过程中发生错误时，浏览器就会设置 < audio > 或者 < video > 标签的 error 属性。在没有错误发生的情况下，error 属性值为 null。反之，error 的属性值是一个对象，包含了描述错误的数值 code 属性。同时，如表 9 - 3 所示，error 对象也定义了一些描述错误代码的常量。

表 9 - 3　error 对象定义的描述错误代码的常量

常　　量	值	描　　述
MEDIA_ERR_ABORTED	0	用户要求浏览器停止加载媒体内容
MEDIA_ERR_NETWORK	1	媒体类型正确，但是发生了网络错误导致无法加载
MEDIA_ERR_DECODE	2	媒体类型正确，但是由于编码错误导致无法正常解码和播放
MEDIA_ERR_SRC_NOT_SUPPORTED	3	通过 src 属性指定的媒体文件浏览器不支持，无法播放

可以如下方式使用 error 属性：

```
if( song. error. code == song. error. MEDIA_ERR_DECODE)
    alert( "Can't play song: corrupt audio data. ");
```

9.1.4　媒体相关事件

表 9 - 4 根据它们触发的先后顺序，总结了 22 个媒体相关事件。这些事件不能通过属性来注册事件，只能通过 < audio > 和 < video > 标签的 addEventListener() 方法来注册处理程序函数。

表 9 – 4　媒体相关事件

时间类型	描　　述
loadstart	当媒体元素开始请求媒体数据内容时触发。相应的 networkState 属性值为 NETWORK _ LOADING
progress	正在通过网络加载媒体内容，对应的 networkState 属性值为 NETWORK_ LOADING。此事件一般每秒触发 2 ~ 8 次
loadedmetadata	媒体元数据已经加载完成，对应的媒体时长和维度数据也已经获取。此时，readyState 属性值第一次变为 HAVE_ METADATA
loadeddata	当前播放位置的媒体内容首次加载完毕，同时 readyState 属性值变为 HAVE_ CURRENT_ DATA
canplay	已经加载一些媒体内容，可以开始播放，但是还需要继续缓冲更多数据。此时 readyState 属性值为 HAVE_ FUTURE_ DATA
canplaythrough	所有媒体内容加载完毕，可以流畅播放，无须暂停也无须再缓冲更多数据。此时 readyState 属性值为 HAVE_ ENOUGH_ DATA
suspend	已经缓冲大量数据，暂时停止下载。此时 networkState 属性值变为 NETWORK_ IDLE
stalled	尝试加载数据，但是无法获取到数据。此时 networkState 始终为 NETWORK_ LOADING
play	调用 play() 方法或者设置相应的 autoplay 属性。如果已经加载足够多的数据，紧接着还会触发 playing 事件；否则，紧接着触发 waiting 事件
waiting	由于未缓冲足够数据导致播放未能开始或者播放停止。当缓冲足够多数据后，接着会触发 playing 事件
playing	已经开始播放媒体文件
timeupdate	currentTime 属性发生改变了。在一般播放过程中，此事件每秒会触发 4 ~ 60 次，具体次数可能取决于系统加载速度以及事件处理程序处理完成时间
pause	调用了 pause() 方法，暂停了播放
seeding	通过脚本或者用户通过播放控件将当前播放时间调至一个还未缓冲的时间点，导致在内容没有加载完时，停止播放。此时，seeking 属性值为 true
seeked	seeking 属性值又变回 false
ended	媒体播放完毕，播放停止
durationchange	duration 属性值发生改变
volumechange	volume 或者 muted 属性值发生改变
ratechange	playbackRate 或者 defaultPlaybackRate 发生改变
abort	通常是用户要求停止加载媒体内容。对应的 error. code 值为 MEDIA_ ERR_ ABORTED
error	由于发生网络错误或者其他错误阻止媒体内容的加载。此时，code 值不会是 MEDIA_ ERR _ ABORTED
emptied	发生了错误或者中止，导致 networkState 属性值又变回 NETWORK_ EMPTY

9.2　< canvas > 标签中的图形

　　< canvas > 标签自身是没有任何外观的，但是它在文档中创建了一个画板，同时还提供了很多强大的绘制客户端 JavaScript 的 API。

　　大部分的画布绘制 API 都不是在 < canvas > 标签自身上定义的，而是定义在一个"绘制

上下文"对象上，获取该对象可以通过调用画布的 getContext() 方法。调用 getContext() 方法时，传递一个"2d"参数，会获得一个 CanvasRenderingContext2D 对象，使用该对象可以在画布上绘制二维图形。

要使用 canvas 需要在 HTML 中定义一个适当大小的画布，然后添加下面这段用于初始化变量的代码：

```
var canvas = document.getElementById("my_canvas_id");
var c = canvas.getContext('2d');
```

9.2.1　绘制线段和填充多边形

调用 beginPath() 方法开始定义一条新的路径，而调用 moveTo() 方法则开始定义一条新的子路径。一旦使用 moveTo() 方法确定了子路径的起点，接下来就可以调用 lineTo() 方法来将该点与新的一个点通过直线连接起来。

要在路径中绘制（或者勾勒）两条线段，可以通过调用 stroke() 方法，要填充这些线段闭合的区域可以通过调用 fill() 方法。

想要勾勒出上述三角形的三条边，可以调用 closePath() 方法将子路径的起点和终点真正连接起来。

关于 stoke() 方法和 fill() 方法还有另外非常重要的两点。第一点是这两个方法都是作用在当前路径上的所有子路径。第二点是 stroke() 方法和 fill() 方法都不更改当前路径。可以调用 fill() 方法，但是之后调用 stroke() 方法时当前路径不变。完成一条路径后要再重新开始另一条路径，必须要记得调用 beginPath() 方法。如果没有调用 beginPath() 方法，那么之后添加的所有子路径都是添加在已有路径上，并且有可能重复绘制这些子路径。

9.2.2　图形属性

画布 API 中在 CanvasRenderingContext2D 对象上定义了 15 个图形属性。表 9 - 5 列出了这些属性，并对它们一一进行了说明。

表 9 - 5　**CanvasRenderingContext2D 对象上定义的图形属性**

属　　性	含　　义
fillStyle	填充时的颜色、渐变或图案等样式
font	绘制文本时的 CSS 字体
globalAlpha	绘制像素时要添加的透明度
globalCompositeOperation	如何合并新的像素点和下面的像素点
lineCap	如何渲染线段的末端
lineJoin	如何渲染顶点
lineWidth	外框线的宽度
miterLimit	紧急斜接顶点的最大长度
textAlign	文本水平对齐方式
textBaseline	文本垂直对齐方式

属　　性	含　　义
shadowBlur	阴影的清晰或模糊程度
shadowColor	下拉阴影的颜色
shadowOffsetX	阴影的水平偏移量
shadowOffsetY	阴影的垂直偏移量
strokeStyle	勾勒线段时的颜色、渐变或图案等样式

尽管画布 API 只允许一次设置单一的图形属性集合，但是它允许保存当前图形状态，这样就可以在多个状态之间切换，之后也可以很方便地恢复。调用 save() 方法会将当前图形状态压入用于已保存状态的栈上。调用 restore() 方法会从栈中弹出并恢复最近一次保存的状态。

9.2.3　画布的尺寸和坐标

< canvas > 标签的 width 以及 height 属性和对应的画布对象的宽度以及高度属性决定了画布的尺寸。画布的默认坐标系是以画布最左上角为坐标原点（0，0）。越往右 X 轴的数值越大，越往下 Y 轴的数值越大。画布上的点可以使用浮点数来指定坐标，但是它们不会自动转换成整型值。画布采用反锯齿的方式来模拟部分填充的像素。

默认情况下，< canvas > 标签会按照它设置的 HTML width 和 height 属性值来显示画布大小（以 CSS 像素为单位）。但是，和其他 HTML 标签一样，< canvas > 标签还可以通过 CSS 的 width 和 height 样式属性来设置它的屏幕显示大小。如果指定画布的屏幕显示大小和它的实际尺寸不同，那么画布上所有的像素都会自动缩放以适合通过 CSS 属性指定的屏幕显示尺寸。画布的屏幕显示大小不会影响画布位图的 CSS 像素或者硬件的像素，它的缩放是采用图片缩放方式处理的。

9.2.4　坐标系变换

画布中一些特定的操作和属性的设置都使用默认坐标系。然而，除了默认的坐标系之外，每个画布还有一个"当前变换矩阵"，作为图形状态的一部分。该矩阵定义了画布的当前坐标系。当指定了一个点的坐标后，画布的大部分操作都会将该点映射到当前的坐标系中，而不是默认的坐标系。当前变换矩阵是用来将指定的坐标转换成默认坐标系中的等价坐标。

尽管通过调用 setTransform() 方法能够直接设置画布的变换矩阵，但是通过转换、旋转和缩放操作更容易实现坐标系变换。

调用 translate() 方法只是简单地将坐标原点进行上、下、左、右移动。调用 rotate() 方法会将坐标轴根据指定角度（画布 API 总是以弧度制来表示角度。要将角度制转换成弧度制，可以通过 Math. PI 对 180 进行乘除来实现）进行顺时针旋转。调用 scale() 方法实现对 X 轴或者 Y 轴上的距离进行延长和缩短。

9.2.5　绘制和填充曲线

CanvasRenderingContext2D 对象定义了一些方法，这些方法用于在子路径中添加新的点，并用曲线将当前点和新增的点连接起来。

（1）arc()：此方法实现在当前子路径中添加一条弧。它首先将当前点和弧形的起点用一条直线连接，然后用圆的一部分来连接弧形的起点和终点，并把弧形终点作为新的当前点。要绘制一个弧形需要指定 6 个参数：圆心的 X，Y 坐标、圆的半径、弧形的起始和结束的角度以及弧形的方向（顺时针还是逆时针）。

（2）arcTo()：此方法绘制一条直线和一段圆弧（和 arc() 方法一样），但是，不同的是，绘制圆弧时指定的参数不同。arc() 方法参数需要指定点 P1 和 P2 以及半径。绘制的圆弧有指定的半径并且和当前点到 P1 的直线以及经过 P1 和 P2 的直线都相切。此种绘制圆弧的方法看似有点儿奇怪，但是对于绘制带有圆角的形状是非常有用的。当指定的半径为 0 时，此方法只会绘制一条从当前点到 P1 的直线。而当半径值非零时，此方法会绘制一条从当前点到 P1 的直线，然后将这条直线按照圆的形状变成曲线，一直到它指向 P2 方向。

（3）bezierCurveTo()：此方法实现在当前子路径中添加一个新的点，并利用三次贝赛尔曲线将它和当前点相连。曲线的形状由两个"控制点"C1 和 C2 确定。曲线从当前点开始，沿着 C1 点的方向延伸，再沿着 C2 的方向延伸一直到点 P。曲线在这些点之间的过渡都是很平滑的。最后点 P 会成为当前点。

（4）quadraticCurveTo()：此方法和 bezierCurveTo() 方法类似，不同的是它使用的是二次贝塞尔曲线而不是三次贝塞尔曲线并且只有一个控制点。

9.2.6 矩形

fillRect() 方法使用当前的 fillStyle 来填充指定的矩形。strokeRect() 方法使用当前的 strokeStyle 和其他线段的属性来勾勒指定矩形的外边框。clearRect() 方法和 fillRect() 方法类似，但是不同的是，它会忽略当前填充样式，采用透明的黑色像素来填充矩形。这里重要的一点是：这三个方法都不影响当前路径以及路径中的当前点。

最后一个用于绘制矩形的方法是 rect()，此方法会对当前路径产生影响：它会在将指定的矩形添加到当前路径的子路径中。和其他用于定义路径的方法一样，它本身不会自动做任何和填充以及勾勒相关的事情。

9.2.7 颜色、透明度、渐变以及图案

要指定一种纯色，可以使用 HTML 4 标准定义的颜色名字或者使用 CSS 颜色串。支持 CSS3 颜色的浏览器除了允许标准的 16 进制 RGB 颜色之外，还允许使用 RGB、RGBA、HSL 和 HSLA 颜色空间。

要使用背景图片的图案而不是颜色来填充或者勾勒，可以将 fillStyle 或者 strokeStyle 属性设置成 CanvasPattern 对象，该对象可以通过调用上下文对象的 createPattern() 方法返回。例如：

```
var image = document.getElementById("myimage");
c.fillStyle = c.createPattern(image, "repeat");
```

createPattern() 方法的第一个参数指定了用作图案的图片。它必须是文档中的一个 <img> 标签、<canvas> 标签或者 <video> 标签。第二个参数通常是 repeat，表示采用重复的图片填充，这和图片大小是无关的。除此之外，还可以使用 repeat-x、repeat-y 或者

no-repeat。

要使用渐变色来进行填充或勾勒，可以将 fillStyle 属性（或者 strokeStyle 属性）设置为一个 CanvasGradient 对象，该对象可以通过调用上下文对象上的 createLinearGradient() 或 createRadialGradient() 方法来返回。创建渐变色需要通过好几个步骤，同时使用渐变色也要比使用图案更加巧妙。

第一步是要创建一个 CanvasGradient 对象。createLinearGradient() 方法需要的参数是定义一条线段（不一定要水平或者垂直）两个点的坐标，这条线段上每个点的颜色都不同。createRadialGradient() 方法需要的参数是两个圆（这两个圆不一定要同心圆，但是一般第二个圆完全包含第一个圆）的圆心和半径。小圆内的区域和大圆外的区域都会用纯色来填充；而两圆之间的区域会用渐变色来填充。

在创建了 CanvasGradient 对象以及定义了画布中要填充的区域之后，必须通过调用 CanvasGradient 对象的 addColorStop() 方法来定义渐变色。该方法的第一个参数是 0 ~ 1 的一个数字，第二个参数是一个 CSS 颜色值。必须至少调用该方法两次来定义一个简单的颜色渐变，但是可以调用它多次。在 0 位置的颜色会出现在渐变的起始，在 1 位置的颜色会出现在渐变色最后。如果还指定其他的颜色，那么它们会出现在渐变指定的小数位置。其他地方的颜色会进行平滑过渡。

9.2.8 线段绘制相关的属性

lineWidth 属性的默认值是 1，可以将该属性设置成任意正数，甚至是小于 1 的小数。要想完全搞清楚 lineWidth 属性，将路径视为是很多无限细的 1 维线条是很重要的。而通过调用 stoke() 方法绘制的线段或者曲线是处于路径的中间，两边都是 lineWidth 宽度的一半。

另外三个与线段绘制相关的属性影响路径中未连接的端点的外观以及两条路径相交顶点的外观。它们对于很窄的线段的影响很小，相比而言，对于相对较宽的线段的影响很大。

lineCap 属性指定了一个未封闭的子路径段的端点如何"封顶"。该属性的默认值 butt 表示线段端点直接结束。square 值则表示在端点的基础上，再继续延长线段宽度一半的长度。round 值则表示在端点的基础上延长一个半圆（圆的半径是线段宽度的一半）。

lineJoin 属性指定了子路径顶点之间如何连接。其默认值是 miter，表示一直延伸两条路径段的外侧边缘直到在某一点汇合。round 值则表示将汇合的顶点变得圆润，bevel 值则表示用一条直线将汇合的顶点切除。

最后一个与线段绘制相关的属性是 miterLimit，它只有当 lineJoin 属性值是 miter 才会起作用。当两条线段相交的夹角是锐角时，两条线段的斜接部分可以变得很长，并且这些锯齿状的斜接部分在视觉上是分离的。miterLimit 属性指定斜接部分长度的上限。如果指定点上的斜接长度比线段宽度乘以指定的 miterLimit 值的一半还要长，最终绘制出来的顶点就会是斜切的而不是斜接的。

9.2.9 文本

要在画布上绘制文本，通常使用 fillText() 方法来使用 fillStyle 属性指定的颜色（渐变或者图案）绘制文本。要想在大字号文本上加特效，可以使用 strokeText() 方法，该方法会在每个字形外边绘制轮廓。fillText() 方法和 strokeText() 方法都接受要绘制的文本内容作为第一个参数，以及文本绘制位置的 X 轴坐标和 Y 轴坐标作为第二个和第三个参数。但是这两个方法都不会对当前路径和当前点产生影响。

font 属性指定了绘制文本时采用的字体。该属性值是一个字符串，语法和 CSS 的 font 属性一致。下面是一些例子：

```
"48pt sans-serif"
"bold 18px Times Roman"
"italic 12pt monospaced"
"bolder smaller serif"          // 比 < canvas > 的字体更加粗或者更加细
```

textAlign 属性指定了文本应当参照 X 轴坐标如何进行水平对齐。

textAlign 属性的默认值是 start。要注意的是：对于从左到右的文本而言，start 方式的对齐和 left 方式的对齐是一样的，end 方式的对齐和 right 方式的对齐是一样的。

textBaseline 属性则指定了文本应当参照 Y 轴坐标如何进行垂直对齐。textBaseline 属性的默认值是 alphabetic，它适合用于拉丁语系和其他类似语系的字母。ideographic 值用于诸如中文和日文之类的表意文字。hanging 值则是用于梵文和类似的文字。top、middle 以及 bottom 这样的基线都是纯几何基线，它们都是基于设置的字体的 ern square。

如果想要在绘制文本前自己先度量文本的宽度，那么可以使用 measureText() 方法。该方法返回一个 TextMetrics 对象，它指定在使用当前字体绘制文本时的尺寸。TextMetrics 对象中包含的唯一 metric 的是 width。代码如下：

```
var width = c. measureText( text). width;
```

9. 2. 10　裁剪

可以调用 Clip() 方法来定义一个裁剪区域。一旦定义了一个裁剪区域，在该区域外将不会绘制任何内容。

9. 2. 11　阴影

shadowColor 属性指定阴影的颜色。其默认值是完全透明的黑色，因此如果没有将该属性设置为半透明色或者不透明色，阴影都是不可见的。该属性只能设置为一个表示颜色的字符串：图案和渐变都是不允许用于阴影的。使用半透明色的阴影可以产生很逼真的阴影效果，因为透过它还能够看到背景。

shadowOffsetX 属性和 shadowOffsetY 属性指定阴影的 X 轴和 Y 轴的偏移量。这两个属性的默认值都是 0，表示直接将阴影绘制在图形正下方，在这种位置阴影是不可见的。如果将这两个属性都设置为一个正值，那么阴影会出现在图形的右下角位置，就好像有一个左上角的光源从计算机屏幕外面照射到画布上。偏移量越大，产生的阴影也越大，同时会感觉绘制的物体在画布上浮得也越高。

shadowBlur 属性指定了阴影边缘的模糊程度。其默认值为 0，表示产生一个清晰明亮的阴影。该属性值越大表示阴影越模糊。该属性是高斯模糊函数的一个参数，和像素的大小以及长度无关。

9.2.12　图片

drawImage()用于将源图片的像素内容复制到画布上，有需要时可以对图片进行缩放和旋转。

调用 drawImage() 方法时可以传递 3 个、5 个或者 9 个参数。其中第一个参数是要将其像素复制到画布上的源图片。这个图片参数通常是一个 < img > 标签或者通过 Image() 构造函数创建的一张屏幕外图片，但是它还可以是另一个 < canvas > 标签或者甚至是一个 < video > 标签。如果指定的 < img > 或者 < video > 标签正在加载数据，那么调用 drawImage() 方法什么也不做。

如果传递 3 个参数给 drawImage() 方法，那么第二个和第三个参数指定待绘制图片的左上角位置的 X 轴和 Y 轴坐标。以这种方式调用标签，源图片的所有内容都会复制到画布上。指定的 X 轴和 Y 轴坐标会相应地转换到当前的坐标系中，如果有需要可以对图片进行缩放和旋转。

如果传递 5 个参数给 drawImage() 方法，那么另外两个参数分别是宽度和高度。X 轴和 Y 轴坐标以及宽度和高度，这 4 个参数在画布上定义了一个目标矩形局域。图片的左上角定位在点（x，y），而其右下角则定位在点（x + width，y + height）。同样，这种调用方式也会复制整个源图片。该目标矩形区域会在当前坐标系中度量，而即使不指定缩放变换源图片也会自动伸缩适应目标矩形区域。

如果传递 9 个参数给 drawImage() 方法，那么这些参数还同时指定了一个源矩形区域和一个目标矩形区域，并且只会复制源矩形区域内的像素。其中第 2 ~ 5 个参数指定了源矩形区域。它们是以 CSS 像素来度量的。如果指定的源图片是另一个画布，那么源矩形区域会使用该画布的默认坐标系，并会忽略指定的任何变换。第 6 ~ 9 个参数指定了图片要绘制在的目标矩形区域，该区域是在画布当前的坐标系而不是默认的坐标系中绘制的。

9.2.13　合成

合并新的半透明源像素和已有目标像素的过程称为"合成"，上面描述的合成过程也是画布 API 定义的默认像素合并方式。但是，有时其实是不希望进行合成的。比如，已经使用半透明像素在画布中绘制了一些内容，这时想要进行临时切换，然后再恢复到原先的状态，最简单的方法就是：将使用 drawImage() 方法将画布内容复制到一张屏幕外画布中。然后，在需要恢复画布时，再从屏幕外画布中将内容复制到屏幕上的画布中。但是，要记住的是，保存的像素都是半透明。如果这时合成是开启的，它们并不会完全抹除临时绘制的内容。因此，在上述情况下，就需要将合成关闭。

要指定合成的方式，可以设置 globalCompositeOperation 属性。该属性的默认值是 source-over，表示将源像素绘制在目标像素上，对于半透明的源像素就直接合并。

如果将该属性设置为 copy，则表示关闭合成：源像素将原封不动地复制到画布上，直接忽略目标像素。globalCompositeOperation 属性还有另一个有时相当有用的属性值——destination-over，表示将新的源像素绘制在已有目标像素的下面。如果目标像素是半透明或者透明，所有或者部分源像素的颜色在最终颜色上就是可见的。

source-over、destination-over 和 copy 是 3 种最常用的合成类型，而事实上画布 API 支持

globalCompositeOperation 属性的 11 个值。直接看这些属性值的名字就大概知道它们是怎样的合成方式了。

9.2.14　像素操作

调用 getImageData() 方法会返回一个 ImageData 对象，该对象表示画布矩形区域中的原始像素信息。使用 createImageData() 方法可以创建一个空的 ImageData 对象。ImageData 对象中的像素是可写的，因此可以对它们进行随心所欲的设置，然后再通过 putImageData() 方法将这些像素复制到画布中。

这些像素操作方法提供了对画布的底层访问。传递给 getImageData() 方法的矩形是在默认的坐标系中的：它的尺寸以 CSS 像素为单位来度量并且不受当前坐标系变换的影响。当调用 putImageData() 方法时，指定的位置也是按照默认的坐标系来处理的。而且，putImageData() 方法会忽略所有的图形属性。它不会进行任何合成操作，也不会用 globalAlpha 乘以像素来显示，更不会绘制阴影。

9.3　History API 的基本概念

HTML 5 History API 只包括两个方法：history. pushState() 和 history. replaceState()，以及一个事件：window. onpopstate。

9.3.1　history. pushState（）

它的完全体是 history. pushState（stateObject，title，url），包括三个参数。

第一个参数是状态对象，它可以理解为一个拿来存储自定义数据的元素。它和同时作为参数的 URL 关联在一起。

第二个参数是标题，是一个字符串，各类浏览器都会忽略它（以后才有可能启用，用作页面标题），所以设置成什么都没关系。建议设置为空字符串。

第三个参数是 URL 地址，一般会是简单的 page = 2 这样的参数风格的相对路径，它会自动以当前 URL 为基准。需要注意的是，本参数 URL 需要和当前页面 URL 同源，否则会抛出错误。

调用 pushState() 方法将新生成一条历史记录，方便用浏览器的"后退"和"前进"来导航（"后退"可是相当常用的按钮）。另外，从 URL 的同源策略可以看出，HTML 5 History API 的出发点是很明确的，就是让无跳转的单站点也可以将它的各个状态保存为浏览器的多条历史记录。当通过历史记录重新加载站点时，站点可以直接加载到对应的状态。

9.3.2　history. replaceState（）

它和 history. pushState() 方法基本相同，区别只有一点，history. replaceState() 不会新生成历史记录，而是将当前历史记录替换掉。

9.3.3　window. onpopState

push 的对立就是 pop，可以猜到这个事件是在浏览器取出历史记录并加载时触发的。但实际上，它的条件是比较苛刻的，几乎只有单击浏览器的"前进""后退"等导航按钮，或者是由 JavaScript 调用的 history. back() 等导航方法，且切换前后的两条历史记录都属于同一个网页文档，才会触发本事件。

上文的"同一个网页文档"与 JavaScript 环境的 document 是同一个，而不是指基础 URL（去掉各类参数的）相同。也就是说，只要有重新加载发生（无论是跳转到一个新站点还是继续在本站点），JavaScript 全局环境发生了变化，popstate 事件都不会触发。

popstate 事件是设计出来和前面的两个方法搭配使用的。一般只有在通过前面两个方法设置了同一站点的多条历史记录，并在其之间导航（前进或后退）时，才会触发这个事件。同时，前面两个方法所设置的状态对象（第一个参数），也会在这个时候通过事件的 event. state 返回。

9.4 Web 存 储

Web 存储功能，顾名思义，就是在 Web 上存储数据的功能，这里的存储是针对客户端本地而言的。具体来说，Web 存储又分为两种。

（1）sessionStorage：将数据保存在 session 对象中。所谓 session，是指用户浏览这个网站所花费的时间。session 对象可以用来保存在这段时间内所要求保存的任何数据。

（2）localStorage：将数据保存在客户端本地的硬件设备中，即使浏览器被关闭了，该数据仍然存在，下次打开浏览器访问网站时仍然可以继续使用。

这两者的区别在于，sessionStorage 为临时保存，而 localStorage 为永久保存。

下面是读取数据时的方法。

（1）sessionStorage。

➢ 保存数据：sessionStorage. setItem（key，value）。

➢ 读取数据：变量 = sessionStorage（key）。

（2）localStorage。

➢ 保存数据：localStorage. setItem（key，value）。

➢ 读取数据：变量 = localStorage（key）。

保存时不允许重复保存相同的键名。保存后可以修改键值，但不允许修改键名（只能重新取键名，然后再保存键值）。

9.4.1 存储有效期和作用域

localStorage 和 sessionStorage 的区别在于存储的有效期和作用域的不同。通过 localStorage 存储的数据是永久性的，除非 Web 应用刻意删除存储的数据，或者用户通过设置浏览器配置来删除，否则数据将一直保留在用户的计算机上，永不过期。

通过 sessionStorage 存储的数据和通过 localStorage 存储的数据的有效期也是不同的：前者的有效期和存储数据的脚本所在的顶层窗口或者是浏览器标签页是一样的。一旦窗口或者标签页被永久关闭了，那么所有通过 sessionStorage 存储的数据也都被删除了。

与 localStorage 一样，sessionStorage 的作用域也是限定在文档源中，因此非同源文档间都是无法共享 sessionStorage 的。不仅如此，sessionStorage 的作用域还被限定在窗口中。如果同源的文档渲染在不同的浏览器标签页中，那么它们互相之间拥有的是各自的 sessionStorage 数据，无法共享；一个标签页中的脚本是无法读取或者覆盖由另一个标签页脚本写入的数据，哪怕这两个标签页渲染的是同一个页面，运行的是同一个脚本也不行。

9.4.2　存储 API

localStorage 和 sessionStorage 通常被当作普通的 JavaScript 对象使用：设置属性来存储字符串值，查询该属性来读取该值。除此之外，这两个对象还提供了更加正式的 API。调用 setItem() 方法，将对应的名字和值传递进去，可以实现数据存储。调用 getItem() 方法，将名字传递进去，可以获取对应的值。调用 removeItem() 方法，将名字传递进去，可以删除对应的数据。调用 clear() 方法，可以删除所有存储的数据。最后，使用 length 属性以及 key() 方法，传入 0 ~ length-1 的数字，可以枚举所有存储数据的名字。

9.4.3　存储事件

为存储事件注册处理程序可以通过 addEventListener() 方法（或者在 IE 下使用 attachEvent() 方法）。在绝大多数浏览器中，还可以使用给 Window 对象设置 onstorage 属性的方式，不过 Firefox 不支持该属性。

与存储事件相关的事件对象有 5 个非常重要的属性：

（1）key：被设置或者移除的项的名字或者键名。如果调用的是 clear() 函数，那么该属性值为 null。

（2）newValue：保存该项的新值。或者调用 removeItem() 时，该属性值为 null。

（3）oldValue：改变或者删除该项前，保存该项原先的值；当插入一个新项时，该属性值为 null。

（4）storageArea：这个属性值就好比是目标 Window 对象上的 localStorage 属性或者是 sessionStorage 属性。

（5）url：触发该存储变化脚本所在文档的 URL。

最后要注意的是：localStorage 和存储事件都是采用广播机制的，浏览器会对当前正在访问同样站点的所有窗口发送消息。

9.5　类型化数组和 ArrayBuffer

JavaScript 中的数组是包含多个数值属性和一个特殊的 length 属性的通用对象。数组元素可以是 JavaScript 中任意的值。数组可以动态地增长和收缩，也可以是稀疏数组。JavaScript 的实现中对数组做了很多的优化，使得典型的数组操作可以变得很快。类型化数组就是类数组对象，它和常规的数组有如下重要的区别：

◇ 类型化数组中的元素都是数字。使用构造函数在创建类型化数组时决定了数组中数字（有符号或者无符号整数或者浮点数）的类型和大小（以位为单位）。

◇ 类型化数组有固定的长度。

◇ 在创建类型化数组时，数组中的元素总是默认初始化为 0。

一共有 8 种类型化数组，每一种的元素类型都不同。可以使用表 9 - 6 所示的构造函数来创建这 8 种类型化数组。

表 9 - 6　类型化数组

构造函数	数字类型
Int8Array()	有符号字节
Uint8Array()	无符号字节
Int16Array()	有符号 16 位短整数
Uint16Array()	无符号 16 位短整数
Int32Array()	有符号 32 位整数
Uint32Array()	无符号 32 位整数
Float32Array()	32 位浮点数值
Float64Array()	64 位浮点数值：JavaScript 中的常规数字

在创建一个类型化数组时，可以传递数组大小给构造函数，或者传递一个数组或者类型化数组来用于初始化数组元素。一旦创建了类型化数组，就可以像操作其他类数组对象那样，通过常规的中括号表示法来对数组元素进行读/写操作。代码如下：

```
var bytes = new Uint8Array(1024);          // 1KB 字节
for( var i = 0; i < bytes. length; i ++)   // 循环数组的每个元素
    bytes[ i] = i & 0xFF;                  // 设置为索引的低 8 位值
var copy = new Uint8Array(bytes);          // 创建数组的副本
var ints = new Int32Array([0,1,2,3]);      // 包含这 4 个 int 值的类型化数组
```

现代 JavaScript 语言实现对数组进行了优化，使得数组操作已经非常高效。不过，类型化数组在执行时间和内存使用上都要更加高效。下面的函数用于计算出比指定数值小的最大素数。

使用 JavaScript 的中括号表示法可以获取和设置类型化数组的单个元素。然而，类型化数组自己还定义了一些用于设置和获取整个数组内容的方法。其中 set() 方法用于将一个常规或者类型化数组复制到一个类型化数组中。代码如下：

```
var bytes = new Uint8Array(1024)           // 1KB 缓冲区
var pattern = new Uint8Array([0,1,2,3]);   //一个 4 字节的数组
bytes. set(pattern);                       // 将它们复制到另一个数组的开始
bytes. set(pattern,4);                     // 在另一个偏移量处再次复制它们
bytes. set([0,1,2,3],8);                   // 或直接从一个常规数组复制值
```

类型化数组还有一个 subarray() 方法，调用该方法返回部分数组内容。代码如下：

```
var ints = new Int16Array([0,1,2,3,4,5,6,7,8,9]);          // 10 个短整数
var last3 = ints. subaarray( ints. length-3, ints. length); // 最后三个
last3[0]                                                    // => 7：等效于 ints[7]
```

类型化数组允许将同样的字节序列看成 8 位、16 位、32 位或者 64 位的数据块。这里提到了"字节顺序"：字节组织成更长的字的顺序。为了高效，类型化数组采用底层硬件的原生顺序。在低位优先（little-endian）系统中，ArrayBuffer 中数字的字节是按照从低位到高位的顺序排列的。在高位优先（big-endian）系统中，字节是按照从高位到低位的顺序排列的。可以使用如下代码来检测系统的字节顺序：

```
//如果整数 0X00000001 在内存中表示成:01 00 00 00
//则说明当前系统是低位优先系统
//相反,在高位优先系统中,它会表示成:00 00 00 01
var little_endian = new Int8Array(new Int32Array([1]).buffer)[0] === 1;
```

9.6　Blob

Blob 是对大数据块的不透明引用或者句柄。名字来源于 SQL 数据库,表示"二进制大对象"(Binary Large Object)。在 JavaScript 中,Blob 通常表示二进制数据,不过它们不一定非得是大量数据:Blob 也可以表示一个小型文本文件的内容。

Web 浏览器可以将 Blob 存储到内存中或者磁盘上,Blob 可以表示非常大的数据块,如果事先不用 slice() 方法将它们分割成为小数据块,无法存储在主内存中。正是因为 Blob 可以表示非常大的数据块,并且它可能需要磁盘的访问权限,所以使用它们的 API 是异步的。

9.6.1　文件作为 Blob

< input type = "file" > 元素最初是用于在 HTML 表单中实现文件上传的。浏览器总是很小心地实现该元素,目的是为了只允许上传用户显式选择的文件。脚本是无法将该元素的 value 属性设置成一个文件名的,这样它们就无法实现将用户计算机上任意的文件进行上传。

在支持本地文件访问的浏览器中,< input type = "file" > 元素上的 files 属性则是一个 FileList 对象。该对象是一个类数组对象,其元素要么是 0,要么是用户选择的多个 File 对象。一个 File 对象就是一个 Blob,除此之外,还多了 name 和 lastModifiedDate 属性。代码如下:

```
var blob = ...                              // 后面会介绍如何获取一个 blob
blob.size                                   // Blob 大小(以字节为单位)
blob.type                                   // Blob 的 MIME 类型,如果未知,则是""
var subblob = blob.slice(0,1024,"text/plain"); // Blob 中前 1KB 视为文本
var last = blob.slice(blob.size-1024,1024);   // Blob 中最后 1KB 视为无类型
```

9.6.2　构造 Blob

Blob 通常表示来自诸如本地文件、URL 以及数据库外部资源的大数据块。然而,有时,Web 应用想要创建的 Blob,并将其上传到 Web 上或者存储到一个文件或者数据库中或者传递给另一个线程。要从自己的数据来创建 Blob,可以使用 BlobBuilder。代码如下:

```
//创建一个新的 BlobBuilder
var bb = new BlobBuilder();
//把一个字符串追加到 Blob 中,并以一个 NUL 字符标记为字符串结束
bb.append("This blob contains this text and 10 big-endian 32-bit signed ints. ");
bb.append("\0");                    // NUL 结束符表示字符串的结束
//将数据存储到 ArrayBuffer 中
var ab = new ArrayBuffer(4*10);
var dv = new DataView(ab);
for(var i = 0; i < 10; i ++) dv.setInt32(i*4, i);
```

```
//将 ArrayBuffer 添加到 Blob 中
bb. append( ab);
//现在从 builder 中获取 Blob,并指定 MIME 类型
var blob = bb. getBlob( "x-optional/mime-type-here");
```

9.6.3　Blob URL

前面章节介绍过如何获取或者创建 Blob。现在来介绍如何对获取的或者创建的 Blob 进行操作。其中最简单的就是可以创建一个 URL 来指向该 Blob。随后，可以一般的 URL 形式在任何地方使用该 URL：在 DQM 中，在样式表中，甚至可以作为 XMLHttpRequest 的目标。

Chrome 和 Webkit 浏览器则在 URL 前加上了前缀，命名为 webkitURL。早期标准直接将该函数放在 Window 对象上。可以使用如下代码，实现跨浏览器创建 Blob URL。代码如下：

```
var getBlobURL =( window. URL && URL. createObjectURL. bind( URL)) ||
    ( window. webkitURL && webkitURL. createObjectURL. bind( webkitURL)) ||
    window. createObjectURL;
```

9.6.4　读取 Blob

到目前为止，介绍了 Blob 是不透明的大数据块，只允许通过 Blob URL 来间接地访问它们的内容。FileReader 对象允许访问 Blob 中的字符或者字节，可以将它视为是 BlobBuilder 对应的一个对象。由于 Blob 可能会是存储在文件系统中的大对象，因此读取它们的 API 是异步的，和 XMLHttpRequest API 很像。

要使用 FileReader，首先要通过 FileReader() 构造函数创建一个实例。然后，定义一个事件处理程序。通常会给 load 事件、error 事件以及可能会给 progress 事件定义处理程序。可以使用 onload、onerror 和 onprogress 或者使用标准的 addEventListener() 方法来定义处理程序。FileReader 对象还会触发 loadstart 事件、loadend 事件以及 abort 事件，这些事件和同名的 XMLHttpRequest 事件一样。

创建了 FileReader 对象并注册了对应的事件处理程序之后，必须要将读取的 Blob 传递给下面这 4 个方法其中之一：readAsText()、readAsArrayBuffer()、readAsDataURL() 以及 readAsBinaryString()。

在 FileReader 读取指定的 Blob 时，它会更新它的 readyState 属性。该属性值开始是 0，表示还未读取任何信息。当读取到一些数据时，它会变成 1，而当数据完全读取完毕后，该值会变成 2。它的 result 属性包含部分或者完整的结果（字符串或者 ArrayBuffer 形式）。一般不会直接轮询 state 和 result 属性，而是在 onprogress 或者 onload 事件处理程序中使用它们。

9.7　文件系统 API

还有一份比文件 API 更新的标准草案，它允许 Web 应用对一个私有的文件系统"沙箱"进行写文件、读文件、创建目录、列出目录等一些操作。截至撰写本书时，只有 Google 的 Chrome 浏览器实现了此文件系统 API，尽管此 API 相比于本章介绍的其他 API，甚至都还不够稳定，但是它依然是非常强大的，并且对本地存储器是尤为重要的。

操作本地文件系统中的文件分为以下几步：首先，必须要获取一个表示本地文件系统的对象。在 Worker 线程中可以使用一个同步 API 来获取该对象，相应地在主线程中也有对应的异步 API。

```
//同步地获取一个文件系统.传递文件系统的有效期和大小参数
//返回一个文件系统对象或者抛出错误
var fs = requestFileSystemSync( PERSISTENT,1024* 1024);
//异步版本的AP工需要使用回调函数来处理成功和失败的情况
requestFileSystem(TEMPORARY,
                   50* 1024* 1024,           // 有效期
                                             // 大小:50Mb
                   function(fs){             // fs就是该文件系统对象
                                             // 这里使用fs进行一些操作

                   }
                   function(e){              // 这里e是一个错误对象
                       console.log(e);       // 或者以其他方式处理它
                   });
```

通过上述方法获取到的文件系统对象有一个 root 属性，该属性指向文件系统的根目录。这是一个 DirectoryEntry 对象，并且它可能还有嵌套的目录，这些嵌套的目录也用 DirectoryEntry 对象表示。文件系统的每个目录中包含的文件都用 FileEntry 对象表示。DirectoryEntry 对象定义一些通过路径名（Pathname）获取 DirectoryEntry 对象和 FileEntry 对象的方法。DirectoryEntry 对象还定义了一个 createReader() 工厂方法，用于返回一个列出目录内容列表的 DirectoryReader 对象。

FileEntry 类定义一个获取表示文件内容的 File 对象（一个 Blob）的方法。然后，可以使用 FileReader 对象读取该文件。除此之外，FileEntry 还定义一个方法，该方法返回一个 FileWriter 对象，用该对象可以将内容写入文件中。

通过该 API 读取或者写入文件分为如下几步：首先要获得文件系统对象。然后通过该对象的根目录来查找（也可以创建）需要的文件的 FileEntry 对象。然后使用 FileEntry 对象获取 File 或者 FileWriter 对象来进行读/写操作。

9.8　客户端数据库

Web 存储 API 可以认为是一种简单的数据库，用于将简单的键/值对形式的数据持久化下来。但是，除此之外，还有两个真正的客户端数据库 API。其中一个称为 Web SQL 数据库，它是支持基本 SQL 查询的简单关系数据库。另一种数据库 API，称为 IndexedDB。

IndexedDB 是一个对象数据库，而不是关系数据库，它比支持 SQL 查询的数据库简单多了。但是，它要比 Web 存储 API 支持的键/值对存储更强大、更高效、更健壮。与 Web 存储和文件系统 API 一样，IndexedDB 数据库的作用域也是限制在包含它们的文档源中：两个同源的 Web 页面互相之间可以访问对方的数据，但是非同源的页面则不行。

每个源可以有任意数目的 IndexedDB 数据库。但是每个数据库的名字在该源下必须是唯一的。在 IndexedDB API 中，一个数据库其实就是一个命名对象存储区（Object Store）的集合。顾名思义，对象存储区自然存储的是对象（也可以存储任意可以复制的值）。每个对象都必须有一个键（Key），通过该键实现在存储区中进行该对象的存储和获取。键必须是唯

一的，并且它们必须是按照自然顺序存储，以便于查询。JavaScript 中的字符串、数字和日期对象都可以作为该键。当把一个对象存储到 IndexedDB 数据库中时，IndexedDB 数据库可以为该对象自动生成一个唯一的键。不过，通常情况下，存储一个对象时，该对象就已经包含一个属性，该属性适合用作键。这种情况下，在创建一个对象存储时，可以为该属性指定一条"键路径"。从概念上来说，键路径其实就是一个值，用于告诉数据库如何从一个对象中抽取出该对象的键。除了通过键值从一个对象存储区中获取对象以外，可能还想要能够基于该对象中的其他属性值进行查询。要实现该功能，可以通过在对象存储区上定义索引。每一个索引就等于是为存储的对象定义了次键。这些索引通常都不是唯一的，多个对象也可能匹配一个键值。因此，当通过索引在对象存储区中进行查询时，通常需要使用游标（Cursor），它定义一个用于一次一个地获取流查询结果的 API。在当需要在对象存储区（或者索引中）查询一定范围的键时还可以使用游标，IndexedDB API 包含一个用于描述键值范围（上限或下限，开区间或者闭区间）的对象。

从概念上来说，IndexedDB API 非常简单。要查询或者更新数据库，首先打开该数据库。然后，创建一个事务对象，并使用该对象在数据库中通过指定名字查询对象存储区。最后，调用对象存储区的 get() 方法来查询对象或者调用 put() 方法来存储新的对象。如果想要查询表示键值范围的对象，通过创建一个 IDBRange 对象，并将其传递给对象存储区的 openCursor() 方法。或者，如果想要使用次键进行查询，通过查询对象存储区中的命名索引，然后调用索引对象上的 get() 方法或者 openCursor() 方法。

然而，这种概念简易性还是比较复杂的，IndexedDB API 必须是要异步的，这样能够实现让 Web 应用使用这些 API 的同时又不阻塞浏览器的 UI 主线程。创建事务以及查询对象存储区和索引是比较简单的同步操作。但是，打开数据库、通过 put() 方法更新对象存储区、通过 get() 方法或 openCursor() 查询对象存储区或者索引，这些操作都是异步的。这些异步方法都会立即返回一个 request 对象。当请求成功或者失败时，浏览器会在该 request 对象上触发对应的 success 事件或者 error 事件，与此同时，还可以通过 onsuccess 属性和 onerror 属性来定义事件处理程序。在 onsuccess 处理程序中，可以通过 request 对象的 result 属性来获取操作的结果。

异步 API 中一个比较方便的特性就是它简化了事务管理。使用 IndexedDB API 时，通常是先打开数据库。这是一个异步的操作，因此它会触发 onsucccess 事件处理程序。在该处理程序中，创建一个事务对象，然后使用该事务对象来查询对象存储区或者使用的存储区。之后，调用该对象存储区上的 get() 方法和 put() 方法。所有这些操作都是异步的，因此不会立马有结果，但是，通过调用 get() 方法和 put() 方法生成的请求会自动和事务对象关联。如果需要，可以通过调用事务对象的 abort() 方法来撤销事务中所有挂起的操作（也可以撤销已经完成的操作）。在许多其他的数据库 API 中，事务对象都需要调用。ommit() 方法来完成事务。然而，在 IndexedDB 中，在创建该事务对象的原始 onsuccess 事件处理程序退出，并且浏览器返回到事件循环中以及事务中所有挂起的操作都完成之后，就会提交事务（不需要在它们的回调函数中开始新的操作）。这听起来貌似很复杂，事实上，实践起来非常容易。尽管，在查询对象存储区时，IndexedDB API 强制要求创建事务对象，但是，通常情况下，不必考虑太多事务问题。

最后，还有一种特殊的事务，它是 IndexedDB API 中很重要的一部分。通过

IndexedDBAPI 创建一个新的数据库是很容易的：只需要选个名字然后要求打开该数据库。不过，新的数据库是完全空的，除非将一个或多个对象存储区（索引也可以）添加到该数据库中，否则该数据库只是摆设，毫无用处。创建对象存储区和索引只能在 request 对象的 onsuccess 事件处理程序中完成，request 对象是调用数据库对象的 setVersion() 方法返回的。setVersion() 方法用于指定数据库的版本号，通常每次更改数据库结构时就更新该版本号。但是，更重要的是，调用 setVersion() 方法会隐式地开始一类特殊的事务，在该事务中，允许调用数据库对象的 eateObjectStore() 方法和对象数据区的 createIndex() 方法。

9.9　应用程序存储和离线 Web 应用

HTML 5 中新增了"应用程序缓存"，允许 Web 应用将应用程序自身保存到本地用户的浏览器中。不像 localStorage 和 sessionStorage 只是保存 Web 应用程序相关的数据，它是将应用程序自身保存起来，即应用程序所需运行的所有文件（HTML、CSS、JavaScript、图片等）。

9.9.1　应用程序缓存清单

想要将应用程序"安装"到应用程序缓存中，首先要创建一个清单：包含所有应用程序依赖的 URL 列表。然后，通过在应用程序主 HTML 页面的 < html > 标签中设置 manifest 属性，指向该清单文件即可。代码如下：

```
<!DOCTYPE HTML >
< html manifest = "myapp. appcache" >
    < head >... < /head >
    < body >... < /body >
< /html >
```

清单文件中的首行内容必须以"CACHE MANIFEST"字符串开始。其余就是要缓存的文件 URL 列表，一行一个 URL。相对路径的 URL 都相对于清单文件的 URL。会忽略内容中的空行，会作为注释而忽略以"#"开始的行。注释前面可以有空格，但是在同一行注释后面是不允许有非空字符的。一个简单的清单文件如下所示：

```
CACHE MANIFEST
#上一行标识此文件是一个清单文件.本行是注释
#下面的内容都是应用程序依赖的资源文件的 URL
myapp. html
myapp. js
myapp. css
images/background. png
复杂的清单
```

一个应用从应用程序缓存中载入时，只有其清单文件中列举出来的资源文件会载入。上述代码中的清单文件一次列举一个资源的 URL。事实上，清单文件还有比这更复杂的语法，列举资源的方式还有另外两种。在清单文件中可以使用特殊的区域头来标识该头信息之后清单项的类型。像上述代码中列举的简单缓存项事实上都属于"CACHE："区域，这也是默认的区域。另外两种区域是以"NETWORK："和"FALLBACK："头信息开始的。

"NETWORK:"区域标识了该 URL 中的资源从不缓存，总要通过网络获取。通常，会将一些服务端的脚本资源放在"NETWORK:"区域中，而实际上该区域中的资源的 URL 都只是 URL 前缀，用来表示以此 URL 前缀开头的资源都应该要通过网络加载。

"FALLBACK:"区域中的清单项每行都包含两个 URL。第二个 URL 是指需要加载和存储在缓存中的资源，第一个 URL 是一个前缀。任何能够匹配到该前缀的 URL 都不会进行缓存，但是如果可能，它们会从网络中载入。如果从网络中载入这样一个 URL 失败，就会使用第二个 URL 指定的缓存资源来代替，从缓存中获取。

一个更加复杂的缓存清单如下所示：

```
CACHE MANIFEST

CACHE:
myapp.html
myapp.css
myapp.js

FALLBACK:
videos/ offline_help.html

NETWORK:
cgi/
```

9.9.2　缓存的更新

当一个 Web 应用从缓存中载入时，所有与之相关的文件也是直接从缓存中获取。在线状态下，浏览器会异步地检查清单文件是否有更新。如果有更新，新的清单文件以及清单中列举的所有文件都会在下载后重新保存到应用程序缓存中。但是，要注意的是，浏览器只是检查清单文件，而不会去检查缓存的文件是否有更新，只检查清单文件。代码如下：

```
CACHE MANIFEST
# My App version 1(更改这个数字以便让浏览器重新下载这个文件)
My App.html
MyApp.js
```

浏览器在更新缓存过程中会触发一系列事件，可以通过注册处理程序来跟踪这个过程，同时提供反馈给用户。代码如下：

```
applicationCache.onupdateready = function() {
    var reload = confirm("A new version of this application is available \n" +
                "and will be used the next time you reload. \n" +
                "Do you want to reload now?");
    if(reload) location.reload();
}
```

要注意的是，该事件处理程序是注册在 ApplicationCache 对象上的，该对象是 Window 的 applicationCache 属性的值。支持应用程序缓存的浏览器会定义该属性。此外，除了上述代码中的 updateready 事件之外，还有其他 7 种应用程序缓存事件可以监控。

每次载入一个设置了 manifest 属性的 HTML 文件，浏览器都会触发 checking 事件，并通过网络载入该清单文件。不过之后，会随着不同的情况触发不同的事件。

没有可用的更新：如果应用程序已经缓存并且清单文件没有改动，则浏览器会触发 noupdate 事件。

有可用的更新：如果应用程序已经缓存了并且清单文件发生了改动，则浏览器会触发 downloading 事件，开始下载和缓存清单文件中列举的所有资源。随着下载过程的进行，浏览器还会触发 progress 事件，在下载完成后，会触发 updateready 事件。

首次载入新的应用程序：如果还未缓存应用程序，如上所述，downloading 事件和 progress 事件都会触发。但是，当下载完成后，浏览器会触发 cached 事件而不是 updateready 事件。

浏览器处于离线状态：如果浏览器处于离线状态，它无法检查清单文件，同时它会触发 error 事件。如果一个未缓存的应用程序引用一个不存在的清单文件，浏览器也会触发该事件。

清单文件不存在：如果浏览器处于在线状态，应用程序也已经缓存了，但是清单文件不存在（返回 404 无法找到错误），浏览器会触发 obsolete 事件，并将该应用程序从缓存中移除。

除了使用事件处理程序之外，还可以使用 applicationCache. status 属性来查看当前缓存状态。该属性有 7 个可能的属性值：

◇ ApplicationCache. UNCACHED（0）：应用程序没有设置 manifest 属性，未缓存。

◇ ApplicationCache. IDLE（1）：清单文件已经检查完毕，并且已经缓存了最新的应用程序。

◇ ApplicationCache. CHECKING（2）：浏览器正在检查清单文件。

◇ ApplicationCache. DOWNLOADING（3）：浏览器正在下载并缓存清单中列举的所有文件。

◇ ApplicationCache. UPDATEREADY（4）：已经下载和缓存了最新版的应用程序。

◇ ApplicationCache. OBSOLETE（5）：清单文件不存在，缓存将被清除。

◇ ApplicationCache 对象还定义了两个方法：update() 方法显式调用了更新缓存算法以检测是否有最新版本的应用程序。第二个方法是 swapCache()，该方法更加巧妙。当浏览器下载并缓存更新版本的应用时，用户可能仍然在运行老版本的应用。只有当用户再次载入应用时，才会访问到最新版本。但是如果用户没有重新载入，就必须要保证老版本的应用也要工作正常。

swapCache() 方法告诉浏览器它可以弃用老的缓存，所有的请求都从新缓存中获取。要注意的是，这并不会重新载入应用程序：所有已经载入的 HTML 文件、图片、脚本等资源都不会改变。但是，之后的请求都将从最新的缓存中获取。

小　　结

本章主要讲解了 HTML 5 中比较深入的 API，包括媒体相关的、Canvas、历史操作、存储、文件操作以及离线应用。掌握以上内容，就基本掌握了 HTML 5 API 的所有基础内容，其中 Canvas API 是本章的重点内容，熟练使用 Canvas API 可为日后开发网页图形应用、网页游戏等方面打下坚实的基础。

习　题

1. ＜video＞标签包括哪些主要属性？
2. ＜audio＞标签包括哪些主要属性？
3. Canvas 中，包括哪些绘制线条的 API？
4. Canvas 中，绘制和填充曲线的 API 都有哪些？
5. 有关 History API 的方法和事件都有哪些？
6. 简述 Blob 的定义和主要实现方式。
7. 简述客户端数据库的实现。
8. 如何编写应用程序缓存清单？

更多实例和题目，请访问作者博客的相关页面，网址如下：
http://www.everyinch.net/index.php/category/frontend/html5api/

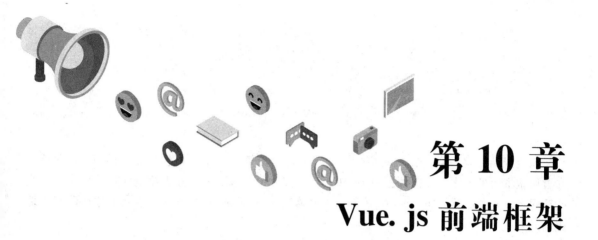

第 10 章
Vue. js 前端框架

Vue（读音【vju:】，类似于 view）是一套用于构建用户界面的渐进式框架。与其他大型框架不同的是，Vue 被设计为可以自底向上逐层应用。Vue 的核心库只关注视图层，不仅易于上手，还便于与第三方库或既有项目整合。另一方面，当与现代化的工具链以及各种支持类库结合使用时，Vue 也完全能够为复杂的单页应用提供驱动。

10.1 Vue. js 基础

Vue 不支持 IE 8 及以下版本，因为 Vue 使用了 IE 8 无法模拟的 ECMAScript 5 特性。但它支持所有兼容 ECMAScript 5 的浏览器。

10.1.1 安装

通过网址 https：//cn. vuejs. org/js/vue. js，直接下载并用 < script > 标签引入，Vue 会被注册为一个全局变量。在开发环境下不要使用压缩版本，不然就失去了所有常见错误相关的警告。

对于制作原型或学习，可以这样使用最新版本。代码如下：

```
< script src = "https: //cdn. jsdelivr. net/npm/vue" > </script >
```

对于生产环境，推荐超链接到一个明确的版本号和构建文件，以避免新版本造成的不可预期的破坏。代码如下：

```
< script src = "https: //cdn. jsdelivr. net/npm/vue@ 2. 6. 10/dist/vue. js" > </script >
```

10.1.2 起步

Vue. js 的核心是一个允许采用简洁的模板语法来声明式地将数据渲染进 DOM 的系统。代码如下：

```
< div id = "app" >
    {{ message }}
</div >
```

```
var app = new Vue( {
    el: '#app',
    data: {
        message: 'Hello Vue!'
    }
})
Hello Vue!
```

已经成功创建了第一个 Vue 应用。看起来这跟渲染一个字符串模板非常类似，但是 Vue 在背后做了大量工作。现在数据和 DOM 已经被建立了关联，所有东西都是响应式的。要怎么确认呢？打开浏览器的 JavaScript 控制台，并修改 app. message 的值，将看到上述代码相应地更新。

除了文本插值，还可以像这样来绑定元素特性。代码如下：

```
< div id = "app-2" >
    < span v-bind: title = "message" >
        鼠标悬停几秒钟查看此处动态绑定的提示信息!
    < /span >
< /div >
var app2 = new Vue( {
    el: '#app-2',
    data: {
        message: '页面加载于' + new Date().toLocaleString()
    }
})
```

这里遇到了新知识点，可以看到 v-bind 特性被称为指令。指令带有前缀 v-，以表示它们是 Vue 提供的特殊特性。它们会在渲染的 DOM 上应用特殊的响应式行为。在这里，该指令的意思是："将这个元素节点的 title 特性和 Vue 实例的 message 属性保持一致"。

1. 条件与循环

控制切换一个元素是否显示也相当简单。代码如下：

```
< div id = "app-3" >
    < p v-if = "seen" >现在看到了 < /p >
< /div >
var app3 = new Vue( {
    el: '#app-3',
    data: {
        seen: true
    }
})
```

还有其他很多指令，每个都有特殊的功能。例如，v-for 指令可以绑定数组的数据来渲染一个项目列表。代码如下：

```
< div id = "app-4" >
    < ol >
        < li v-for = "todo in todos" >
            {{ todo.text }}
        < /li >
```

```
        </ol>
    </div>
var app4 = new Vue( {
    el: '#app-4',
    data: {
        todos:[
            { text:'学习 CSS' },
            { text:'学习 JavaScript' },
            { text:'学习 Vue' }
        ]
    }
})
```

为了让用户和应用进行交互，可以用 v-on 指令添加一个事件监听器，通过它调用在 Vue 实例中定义的方法。代码如下：

```
< div id = "app-5" >
    < p > {{ message }} </ p >
    < button v-on: click = "reverseMessage" >反转消息 </ button >
</ div >
var app5 = new Vue( {
    el: '#app-5',
    data: {
        message: 'Hello Vue. js!'
    },
    methods: {
        reverseMessage: function( ) {
            this. message = this. message. split( ''). reverse( ). join( ''
        }
    }
})
```

2. 控制用户输入

Vue 还提供了 v-model 指令，它能轻松实现表单输入和应用状态之间的双向绑定。

```
< div id = "app-6" >
    < p > {{ message }} </ p >
    < input v-model = "message" >
</ div >
var app6 = new Vue( {
    el: '#app-6',
    data: {
        message: 'Hello Vue!'
    }
})
```

文本框中输入什么内容，在 < p > 标签中就实时地显示什么内容。

3. 组件系统

组件系统是 Vue 的另一个重要概念，因为它是一种抽象，允许使用小型、独立和通常可复用的组件构建大型应用。几乎任意类型的应用界面都可以抽象为一个组件树。

在 Vue 里，一个组件本质上是一个拥有预定义选项的一个 Vue 实例。在 Vue 中注册组件很简单。代码如下：

```
//定义名为 todo-item 的新组件
Vue.component('todo-item',{
    template:'<li>这是个待办项</li>'
})
```

现在可以使用这个组件了。代码如下：

```
<ol>
    <!-- 创建一个 todo-item 组件的实例 -->
    <todo-item></todo-item>
</ol>
```

应该能从父作用域将数据传到子组件才对。接下来修改一下组件的定义，使之能够接受一个 prop。代码如下：

```
Vue.component('todo-item',{
    // todo-item 组件现在接受一个
    // "prop",类似于一个自定义特性
    // 这个 prop 名为 todo
    props:['todo'],
    template:'<li>{{ todo.text }}</li>'
})
```

现在，可以使用 v-bind 指令将待办项传到循环输出的每个组件中。代码如下：

```
<div id="app-7">
    <ol>
        <!--
            现在为每个 todo-item 提供 todo 对象
            todo 对象是变量,即其内容可以是动态的.
        -->
        <todo-item
            v-for="item in groceryList"
            v-bind:todo="item"
            v-bind:key="item.id"
        ></todo-item>
    </ol>
</div>
Vue.component('todo-item',{
    props:['todo'],
    template:'<li>{{ todo.text }}</li>'
})
var app7 = new Vue({
    el:'#app-7',
    data:{
        groceryList:[
            { id:0,text:'蔬菜' },
            { id:1,text:'奶酪' },
            { id:2,text:'面包' }
```

```
        ]
    }
})
```

10. 1. 3　Vue 实例

每个 Vue 应用都是通过用 Vue 函数创建一个新的 Vue 实例开始的。例如：

```
var vm = new Vue( {
    // 选项
})
```

当创建一个 Vue 实例时，可以传入一个选项对象。

当一个 Vue 实例被创建时，它将 data 对象中的所有的属性加入 Vue 的响应式系统中。当这些属性的值发生改变时，视图将会产生"响应"，即匹配更新为新的值。例如：

```
//数据对象
var data = { a:1 }
//该对象被加入一个 Vue 实例中
var vm = new Vue( {
    data: data
})
//获得这个实例上的属性
//返回源数据中对应的字段
vm. a == data. a // => true
```

除了数据属性，Vue 实例还暴露了一些有用的实例属性与方法。它们都有前缀 $，以便与用户定义的属性区分开来。例如：

```
var data = { a:1 }
var vm = new Vue( {
    el:'#example',
    data: data
})


vm. $ data === data // => true
vm. $ el === document. getElementById( 'example') // => true


//$ watch 是一个实例方法
vm. $ watch( 'a', function( newValue, oldValue){
    // 这个回调将在 'vm. a' 改变后调用
})
```

每个 Vue 实例在被创建时都要经过一系列的初始化过程，如需要设置数据监听、编译模板、将实例挂载到 DOM 并在数据变化时更新 DOM 等。同时在这个过程中也会运行称为生命周期钩子的函数，这给了用户在不同阶段添加自己的代码的机会。

图 10 -1 展示了实例的生命周期。现在不需要立马弄明白所有的东西，不过随着不断学习和使用，它的参考价值会越来越高。

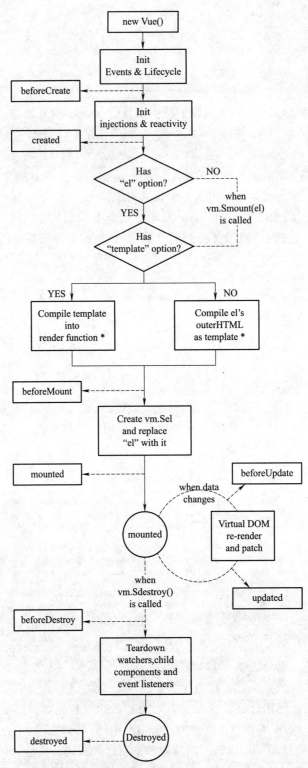

* template compilation is performed ahead-of-time if using
a build step,e.g.single-file components

图 10 - 1　实例的生命周期

10.1.4　模板语法

Vue. js 使用了基于 HTML 的模板语法，允许开发者声明式地将 DOM 绑定至底层 Vue 实例的数据。所有 Vue. js 的模板都是合法的 HTML，所以能被遵循规范的浏览器和 HTML 解析器解析。

在底层的实现上，Vue 将模板编译成虚拟 DOM 渲染函数。结合响应系统，Vue 能够智能地计算出最少需要重新渲染多少组件，并把 DOM 操作次数减到最少。

1. 文本

数据绑定最常见的形式就是使用 "Mustache" 语法（双大括号）的文本插值：

```
< span >Message: {{ msg }} < /span >
```

Mustache 语法将会被替代为对应数据对象上 msg 属性的值。无论何时，绑定的数据对象上 msg 属性发生了改变，插值处的内容都会更新。

通过使用 v-once 指令，也能执行一次性的插值，当数据改变时，插值处的内容不会更新。但请留心这会影响到该节点上的其他数据绑定：

```
< span v-once >这个将不会改变: {{ msg }} < /span >
```

2. HTML

双大括号会将数据解释为普通文本，而非 HTML 代码。为了输出真正的 HTML，需要使用 v-html 指令：

```
< p >Using mustaches: {{ rawHtml }} < /p >
< p >Using v-html directive: < span v-html = "rawHtml" > < /span > < /p >
```

其中，rawHtml 数据内容为：< span style = " color: red" >This should be red. < /span >。v-html 将解释 HTML 代码。

3. 特性

Mustache 语法不能作用在 HTML 特性上，遇到这种情况应该使用 v-bind 指令：

```
< div v-bind: id = "dynamicId" > < /div >
```

对于布尔特性（它们只要存在就意味着值为 true），v-bind 工作起来略有不同，在下述代码中体现：

```
< button v-bind: disabled = "isButtonDisabled" >Button < /button >
```

如果 isButtonDisabled 的值是 null、undefined 或 false，则 disabled 特性甚至不会被包含在渲染出来的 < button > 标签中。

4. 指令

指令（Directives）是带有 v- 前缀的特殊特性。指令特性的值预期是单个 JavaScript 表达式（v-for 是例外情况，稍后再讨论）。指令的职责是，当表达式的值改变时，将其产生的连带影响，响应式地作用于 DOM。回顾之前的代码：

```
< p v-if = "seen" >现在看到了 < /p >
```

这里，v-if 指令将根据表达式 seen 的值的真假来插入/移除 < p > 标签。

5. 修饰符

修饰符（modifier）是以半角句号 "." 指明的特殊后缀，用于指出一个指令应该以特殊方式绑定。例如，.prevent 修饰符告诉 v-on 指令对于触发的事件调用 event. preventDefault()：

```
< form v - on:submit.prevent = "onSubmit" > … < /form >
```

6. 缩写

v-前缀作为一种视觉提示，用来识别模板中 Vue 特定的特性。在使用 Vue. js 为现有标签添加动态行为（Dynamic Behavior）时，v- 前缀很有帮助，然而，对于一些频繁用到的指令来说，就会感到使用烦琐。同时，在构建由 Vue 管理所有模板的单页面应用程序（SPA, Single Page Application）时，v- 前缀也变得没那么重要了。因此，Vue 为 v-bind 和 v-on 这两个最常用的指令，提供了特定简写。

v-bind 的缩写形式：

```
< !--完整语法 -- >
< a v-bind: href = "url" >… < /a >
< !--缩写 -- >
< a: href = "url" >… < /a >
…
```

v-on 的缩写形式：

```
< !--完整语法 -- >
< a v-on: click = "doSomething" >… < /a >
< !--缩写 -- >
< a @ click = "doSomething" >… < /a >
```

10.1.5 计算属性

模板内的表达式非常便利，但是设计它们的初衷是用于简单运算的。在模板中放入太多的逻辑会让模板过重且难以维护。例如：

```
< div id = "example" >
    {{ message. split( ''). reverse(). join( '') }}
< /div >
```

在这个地方，模板不再是简单的声明式逻辑。必须仔细观察才能意识到，这里是想要显示变量 message 的翻转字符串。当想要在模板中多次引用此处的翻转字符串时，就会更加难以处理。

因此，对于任何复杂逻辑，都应当使用计算属性。

1. 基础示例

基础示例代码如下：

```
< div id = "example" >
    < p > Original message: "{{ message }}" < /p >
    < p > Computed reversed message: "{{ reversedMessage }}" < /p >
< /div >
var vm = new Vue( {
    el: '#example',
    data: {
```

```
        message: 'Hello'
    },
    computed: {
        // 计算属性的 getter
        reversedMessage: function() {
            // this 指向 vm 实例
            return this. message. split( "). reverse(). join( ")
        }
    }
})
```

这里声明了一个计算属性 reversedMessage。提供的函数将用作属性 vm. reversedMessage 的
getter 函数：

```
console. log( vm. reversedMessage)              // => 'olleH'
vm. message = 'Goodbye'
console. log( vm. reversedMessage)              // => 'eybdooG'
```

可以打开浏览器的控制台，自行修改例子中的 vm。vm. reversedMessage 的值始终取决于
vm. message 的值。

可以像绑定普通属性一样在模板中绑定计算属性。Vue 知道 vm. reversedMessage 依赖于
vm. message，因此当 vm. message 发生改变时，所有依赖 vm. reversedMessage 的绑定也会更
新。而且最妙的是已经以声明的方式创建了这种依赖关系：计算属性的 getter 函数是没有副
作用（Side Effect）的，这使它更易于测试和理解。

2. 计算属性缓存和调用方法

可能已经注意到可以通过在表达式中调用方法来达到同样的效果：

```
< p > Reversed message: "{{ reversedMessage() }}" < /p >
//在组件中
methods: {
    reversedMessage: function() {
        return this. message. split( "). reverse(). join( ")
    }
}
```

可以将同一函数定义为一个方法而不是一个计算属性。两种方式的最终结果确实是完全
相同的。然而，不同的是计算属性是基于它们的响应式依赖进行缓存的。只在相关响应式依
赖发生改变时它们才会重新求值。这就意味着只要 message 还没有发生改变，多次访问
reversedMessage 计算属性会立即返回之前的计算结果，而不必再次执行函数。

3. 计算属性和侦听属性

Vue 提供了一种更通用的方式来观察和响应 Vue 实例上的数据变动：侦听属性。当有一
些数据需要随着其他数据变动而变动时，很容易滥用 watch。然而，通常更好的做法是使用
计算属性而不是命令式的 watch 回调。仔细思考以下代码：

```
< div id = "demo" > {{ fullName }} < /div >
var vm = new Vue( {
    el: '#demo',
    data: {
```

```
        firstName: 'Foo',
        lastName: 'Bar',
        fullName: 'Foo Bar'
    },
    watch: {
        firstName: function( val) {
            this. fullName = val + ' ' + this. lastName
        },
        lastName: function( val) {
            this. fullName = this. firstName + ' ' + val
        }
    }
})
```

上面代码是命令式且重复的。将它与以下计算属性的版本进行比较，是否更精简？

```
var vm = new Vue( {
    el: '#demo',
    data: {
        firstName: 'Foo',
        lastName: 'Bar'
    },
    computed: {
        fullName: function() {
            return this. firstName + ' ' + this. lastName
        }
    }
})
```

10. 1. 6　Class 与 Style 绑定

操作元素的 class 列表和内联样式是数据绑定的一个常见需求。因为它们都是属性，所以可以用 v-bind 处理它们：只需要通过表达式计算出字符串结果即可。不过，字符串拼接复杂且易错。因此，在将 v-bind 用于 class 和 style 时，Vue. js 做了专门的增强。表达式结果的类型除了字符串之外，还可以是对象或数组。

1. 绑定 HTML Class

（1）对象语法。可以传给 v-bind：class 一个对象，以动态地切换 class。

```
< div v-bind: class = "{ active: isActive }" > < /div >
```

上面的语法表示 active 这个 class 存在与否将取决于数据属性 isActive 的值。

可以在对象中传入更多属性来动态切换多个 class。此外，v-bind：class 指令也可以与普通的 class 属性共存。代码如下：

```
< div
    class = "static"
    v-bind: class = "{ active: isActive, 'text-danger': hasError }"
> < /div >
```
和如下 data:
```
data: {
```

```
    isActive: true,
    hasError: false
}
```

渲染结果为：

```
< div class = "static active" > < /div >
```

（2）数组语法。可以把一个数组传给 v-bind：class，以应用一个 class 列表。

```
< div v-bind: class = "[ activeClass, errorClass]" > < /div >
data: {
    activeClass: 'active',
    errorClass: 'text-danger'
}
```

渲染结果为：

```
< div class = "active text-danger" > < /div >
```

如果也想根据条件切换列表中的 class，可以用以下三元表达式：

```
< div v-bind: class = "[ isActive ? activeClass: ", errorClass]" > < /div >
```

这样写将始终添加 errorClass，但是只有在 isActive 为真时才添加 activeClass。不过，当
有多个条件 class 时这样写比较烦琐。所以在数组语法中也可以使用以下对象语法：

```
< div v-bind: class = "[ { active: isActive }, errorClass]" > < /div >
```

2. 绑定内联样式

（1）对象语法。

v-bind：style 的对象语法十分直观，看着非常像 CSS，但其实是一个 JavaScript 对象。
CSS 属性名可以用驼峰式（camelCase）或短横线分隔（kebab-case，需用引号括起来）来
命名：

```
< div v-bind: style = "{ color: activeColor, fontSize: fontSize + 'px' }" > < /div >
data: {
    activeColor: 'red',
    fontSize: 30
}
```

直接绑定到一个样式对象通常更好，这会让模板更清晰：

```
< div v-bind: style = "styleObject" > < /div >
data: {
    styleObject: {
        color: 'red',
        fontSize: '13px'
    }
}
```

同样的，对象语法常常结合返回对象的计算属性使用。

（2）数组语法。

v-bind：style 的数组语法可以将多个样式对象应用到同一个元素上。

```
< div v-bind: style = "[ baseStyles, overridingStyles]" > < /div >
```

10. 1. 7 条件渲染

条件渲染类似于程序设计语言中的分支结构，通过条件来控制内容的渲染输出。

1. v-if

v-if 指令用于条件性地渲染一块内容。这块内容只会在指令的表达式返回 truthy 值时被渲染。

```
<h1 v-if = "awesome">Vue is awesome! </h1>
```

也可以用 v-else 添加一个 "else 块"：

```
<h1 v-if = "awesome">Vue is awesome! </h1>
<h1 v-else>Oh no ? </h1>
```

因为 v-if 是一个指令，所以必须将它添加到一个元素上。但是如果想切换多个元素，此时可以把一个 <template> 元素当作不可见的包裹元素，并在上面使用 v-if。最终的渲染结果将不包含 <template> 元素。

```
<template v-if = "ok">
    <h1>Title</h1>
    <p>Paragraph 1</p>
    <p>Paragraph 2</p>
</template>
```

2. v-else

可以使用 v-else 指令来表示 v-if 的 "else 块"：

```
<div v-if = "Math. random() > 0.5">
   Now you see me
</div>
<div v-else>
   Now you don't
</div>
```

v-else 元素必须紧跟在带 v-if 或者 v-else-if 的元素的后面，否则它将不会被识别。

3. v-else-if

v-else-if 表示充当 v-if 的 "else-if 块"，可以连续使用：

```
<div v-if = "type === 'A'">
   A
</div>
<div v-else-if = "type === 'B'">
   B
</div>
<div v-else-if = "type === 'C'">
   C
</div>
<div v-else>
   Not A/B/C
</div>
```

类似于 v-else、v-else-if 也必须紧跟在带 v-if 或者 v-else-if 的元素之后。

4. v-if 和 v-show

v-if 是 "真正" 的条件渲染，因为它会确保在切换过程中条件块内的事件监听器和子组件适当地被销毁和重建。

v-if 也是惰性的：如果在初始渲染时条件为假，则什么也不做，直到条件第一次变为真时，才会开始渲染条件块。

相比之下，v-show 就简单得多，不管初始条件是什么，元素总是会被渲染，并且只是简单地基于 CSS 进行切换。

一般来说，v-if 有更高的切换开销，而 v-show 有更高的初始渲染开销。因此，如果需要非常频繁地切换，则使用 v-show 较好；如果在运行时条件很少改变，则使用 v-if 较好。

10.1.8　列表渲染

列表渲染类似于程序设计语言中的循环结构，可以基于一个数组渲染一个列表。

1. 用 v-for 把一个数组对应为一组元素

可以用 v-for 指令基于一个数组来渲染一个列表。v-for 指令需要使用 item in items 形式的特殊语法，其中 items 是源数据数组，而 item 则是被迭代的数组元素的别名。

```
<ul id = "example-1">
    <li v-for = "item in items">
        {{ item. message }}
    </li>
</ul>
var example1 = new Vue({
    el: '#example-1',
    data: {
        items:[
            { message: 'Foo' },
            { message: 'Bar' }
        ]
    }
})
```

在 v-for 块中，可以访问所有父作用域的属性。v-for 还支持一个可选的第二个参数，即当前项的索引。

```
<ul id = "example-2">
    <li v-for = "(item, index) in items">
        {{ parentMessage }} - {{ index }} - {{ item. message }}
    </li>
</ul>
var example2 = new Vue({
    el: '#example-2',
    data:{
        parentMessage: 'Parent',
        items:[
            { message: 'Foo' },
            { message: 'Bar' }
```

```
        ]
      }
})
```

也可以用 of 替代 in 作为分隔符，因为它更接近 JavaScript 迭代器的语法：

```
< div v-for = "item of items" > </div >
```

2. 在 v-for 里使用对象

也可以用 v-for 来遍历一个对象的属性。

```
< ul id = "v-for-object" class = "demo" >
    < li v-for = "value in object" >
        {{ value }}
    </li >
</ul >
new Vue( {
    el: '#v-for-object',
    data: {
        object: {
            title: 'How to do lists in Vue',
            author: 'Jane Doe',
            publishedAt: '2016-04-10'
        }
    }
})
```

10.1.9 监听事件

在 Vue 中同样可以绑定并监听 DOM 事件。绑定的内容可以是一个当前实例上的方法或一个内联表达式。

1. 监听事件

可以用 v-on 指令监听 DOM 事件，并在触发时运行一些 JavaScript 代码。

示例：

```
< div id = "example-1" >
    < button v-on: click = "counter + = 1" > Add 1 </button >
    < p > The button above has been clicked {{ counter }} times. </p >
</div >
var example1 = new Vue( {
    el: '#example-1',
    data: {
        counter: 0
    }
})
```

2. 事件处理方法

然而许多事件处理逻辑会更为复杂，所以直接把 JavaScript 代码写在 v-on 指令中是不可行的。因此 v-on 还可以接收一个需要调用的方法名称。

示例：

```
<div id = "example-2">
    <!-- 'greet' 是在下面定义的方法名 -->
    <button v-on: click = "greet">Greet</button>
</div>
var example2 = new Vue( {
    el: '#example-2',
    data: {
        name: 'Vue. js'
    },
    // 在 'methods' 对象中定义方法
    methods: {
        greet: function( event) {
            // 'this' 在方法里指向当前 Vue 实例
            alert('Hello ' + this. name + '!')
            // 'event' 是原生 DOM 事件
            if( event) {
                alert( event. target. tagName)
            }
        }
    }
})
//也可以用 JavaScript 直接调用方法
example2. greet() // => 'Hello Vue. js!'
```

3. 内联处理器中的方法

除了直接绑定到一个方法，也可以在内联 JavaScript 语句中调用方法：

```
<div id = "example-3">
    <button v-on: click = "say('hi')">Say hi</button>
    <button v-on: click = "say('what')">Say what</button>
</div>
new Vue( {
    el: '#example-3',
    methods: {
        say: function( message) {
            alert( message)
        }
    }
})
```

有时也需要在内联语句处理器中访问原始的 DOM 事件。可以用特殊变量 $ event 把它传入方法：

```
<button v-on: click = "warn( 'Form cannot be submitted yet. ', $ event)">
    Submit
</button>
//...
methods: {
    warn: function( message, event) {
        // 现在可以访问原生事件对象
```

```
            if(event) event. preventDefault()
            alert(message)
        }
}
```

4. 事件修饰符

在事件处理程序中调用 event. preventDefault() 或 event. stopPropagation() 是常见的需求。尽管可以在方法中轻松实现这点，但更好的方式是：方法只有纯粹的数据逻辑，而不是去处理 DOM 事件细节。

为了解决这个问题，Vue. js 为 v-on 提供了事件修饰符。修饰符是由点开头的指令后缀来表示的。

```
. stop
. prevent
. capture
. self
. once
. passive
<!--阻止单击事件继续传播 -->
< a v-on: click. stop = "doThis" > </a>

<!--提交事件不再重载页面 -->
< form v-on: submit. prevent = "onSubmit" > </form>

<!--修饰符可以串联 -->
< a v-on: click. stop. prevent = "doThat" > </a>

<!--只有修饰符 -->
< form v-on: submit. prevent > </form>

<!--添加事件监听器时使用事件捕获模式 -->
<!--即元素自身触发的事件先在此处理,然后才交由内部元素进行处理 -->
< div v-on: click. capture = "doThis" >... </div>

<!--只当在 event. target 是当前元素自身时触发处理函数 -->
<!--即事件不是从内部元素触发的 -->
< div v-on: click. self = "doThat" >... </div>
```

5. 按键修饰符

在监听键盘事件时，经常需要检查详细的按键。Vue 允许为 v-on 在监听键盘事件时添加按键修饰符：

```
<!--只有在 'key' 是 'Enter' 时调用 'vm. submit()' -->
< input v-on: keyup. enter = "submit" >
```

可以直接将 KeyboardEvent. key 暴露的任意有效按键名转换为 kebab-case 来作为修饰符。例如：

```
< input v-on: keyup. page-down = "onPageDown" >
```

在上述代码中，处理函数只会在 $ event. key 等于 PageDown 时被调用。

使用 keyCode 特性也是允许的:

```
< input v-on: keyup. 13 = "submit" >
```

为了在必要的情况下支持旧浏览器, Vue 提供了绝大多数常用的按键码的别名:

```
. enter
. tab
. delete(捕获"删除"和"退格"键)
. esc
. space
. up
. down
. left
. right
```

10. 1. 10　表单输入绑定

可以用 v-model 指令在表单 < input >、< textarea > 及 < select > 标签上创建双向数据绑定。它会根据控件类型自动选取正确的方法来更新元素。尽管有些神奇, 但 v-model 本质上不过是语法糖。它负责监听用户的输入事件以更新数据, 并对一些极端场景进行一些特殊处理。

v-model 在内部为不同的输入元素使用不同的属性并抛出不同的事件:

➢ text 和 textarea 元素使用 value 属性和 input 事件。

➢ checkbox 和 radio 使用 checked 属性和 change 事件。

➢ select 字段将 value 作为 prop 并将 change 作为事件。

1. 文本

```
< input v-model = "message" placeholder = "edit me" >
< p > Message is: {{ message }} < / p >
```

2. 多行文本

```
< span > Multiline message is: < / span >
< p style = "white-space: pre-line; " > {{ message }} < / p >
< br >
< textarea v-model = "message" placeholder = "add multiple lines" > < / textarea >
```

3. 复选框

单个复选框, 绑定到布尔值:

```
< input type = "checkbox" id = "checkbox" v-model = "checked" >
< label for = "checkbox" > {{ checked }} < / label >
```

4. 单选按钮

```
< div id = "example-4" >
    < input type = "radio" id = "one" value = "One" v-model = "picked" >
    < label for = "one" > One < / label >
    < br >
    < input type = "radio" id = "two" value = "Two" v-model = "picked" >
    < label for = "two" > Two < / label >
```

```
    < br >
    < span > Picked: {{ picked }} < /span >
< /div >
new Vue( {
    el: '#example-4',
    data: {
        picked: "
    }
})
```

5. 选择框

单选时：

```
< div id = "example-5" >
    < select v-model = "selected" >
        < option disabled value = "" >请选择 < /option >
        < option > A < /option >
        < option > B < /option >
        < option > C < /option >
    < /select >
    < span > Selected: {{ selected }} < /span >
< /div >
new Vue( {
    el: 'example-5',
    data: {
        selected: "
    }
})
```

多选时（绑定到一个数组）：

```
< div id = "example-6" >
    < select v-model = "selected" multiple style = "width: 50px; " >
        < option > A < /option >
        < option > B < /option >
        < option > C < /option >
    < /select >
    < br >
    < span > Selected: {{ selected }} < /span >
< /div >
new Vue( {
    el: '#example-6',
    data: {
        selected:[]
    }
})
```

6. 值绑定

对于单选按钮、复选框及选择框的选项，v-model 绑定的值通常是静态字符串（对于复选框也可以是布尔值）：

```
<!--当选中时,'picked' 为字符串 "a" -->
<input type = "radio" v-model = "picked" value = "a">
<!-- 'toggle'为 true 或 false -->
<input type = "checkbox" v-model = "toggle">
<!--当选中第一个选项时,'selected' 为字符串 "abc" -->
<select v-model = "selected">
    <option value = "abc">ABC</option>
</select>
```

7. 修饰符

（1）. lazy。在默认情况下，v-model 在每次 input 事件触发后将输入框的值与数据进行同步（除了上述输入法组合文字时）。可以添加 lazy 修饰符，从而转变为使用 change 事件进行同步：

```
<!--在"change"时而非"input"时更新 -->
<input v-model. lazy = "msg">
```

（2）. number。如果想自动将用户的输入值转为数值类型，可以给 v-model 添加 number 修饰符：

```
<input v-model. number = "age" type = "number">
```

这通常很有用，因为即使在 type = "number" 时，HTML 输入元素的值也总会返回字符串。如果这个值无法被 parseFloat() 解析，则会返回原始的值。

（3）. trim。如果要自动过滤用户输入的首尾空白字符，可以给 v-model 添加 trim 修饰符：

```
<input v-model. trim = "msg">
```

10. 1. 11　组件基础

组件系统是 Vue 的一个重要概念，因为它是一种抽象，允许使用小型、独立和通常可复用的组件构建大型应用。

1. 基本示例

这里有一个 Vue 组件的示例：

```
//定义一个名为 button-counter 的新组件
Vue. component('button-counter',{
    data:function(){
        return {
            count:0
        }
    },
    template: '<button v-on: click = "count ++">You clicked me {{ count }} times. </
button>'
})
```

组件是可复用的 Vue 实例，且带有一个名字：在这个例子中是 <button-counter>。可以在一个通过 new Vue 创建的 Vue 根实例中，把这个组件作为自定义元素来使用：

```
<div id = "components-demo" >
    <button-counter > </button-counter >
</div >
```

2. 组件的复用

可以将组件进行任意次数的复用：

```
<div id = "components-demo" >
    <button-counter > </button-counter >
    <button-counter > </button-counter >
    <button-counter > </button-counter >
</div >
You clicked me 0 times. You clicked me 0 times. You clicked me 0 times.
```

3. data 必须是一个函数

当定义这个 < button-counter > 组件时，可能会发现它的 data 并不是像这样直接提供一个对象：

```
data: {
    count: 0
}
```

取而代之的是，一个组件的 data 选项必须是一个函数，因此每个实例可以维护一份被返回对象的独立的复制：

```
data: function() {
    return {
        count: 0
    }
}
```

4. 通过 Prop 向子组件传递数据

Prop 是可以在组件上注册一些自定义特性。当一个值传递给一个 prop 特性时，它就变成了那个组件实例的一个属性。为了给 blog 组件传递一个标题，可以用一个 props 选项将其包含在该组件可接受的 prop 列表中：

```
Vue. component('blog-post', {
    props: ['title'],
    template: '<h3 > {{ title }} </h3 >'
})
```

一个组件默认可以拥有任意数量的 prop，任何值都可以传递给任何 prop。在上述代码中，会发现能够在组件实例中访问这个值，就像访问 data 中的值一样。

一个 prop 被注册之后，就可以像这样把数据作为一个自定义特性传递进来：

```
<blog-post title = "My. journey with Vue" > </blog-post >
<blog-post title = "Blogging with Vue" > </blog-post >
<blog-post title = "Why Vue is so fun" > </blog-post >
```

在一个典型的应用中，可能在 data 里有一个 blog 的数组：

```
new Vue( {
    el: '#blog-post-demo',
```

```
    data: {
        posts: [
            { id: 1, title: 'My journey with Vue' },
            { id: 2, title: 'Blogging with Vue' },
            { id: 3, title: 'Why Vue is so fun' }
        ]
    }
})
```

并想要为每篇 blog 渲染一个组件：

```
< blog-post
    v-for = "post in posts"
    v-bind: key = "post. id"
    v-bind: title = "post. title" >
</ blog-post >
```

5. 单个根元素

当构建一个 < blog-post > 组件时，模板最终包含的东西远不止一个标题：

```
< h3 > {{ title }} </ h3 >
```

最基本的是包含这篇 blog 的正文：

```
< h3 > {{ title }} </ h3 >
< div v-html = "content" > </ div >
```

然而如果在代码中尝试这样写，Vue 会显示一个错误，并解释道 every component must have a single root element（每个组件必须只有一个根元素）。可以将模板的内容包裹在一个父元素内，来修复这个问题。例如：

```
< div class = "blog-post" >
    < h3 > {{ title }} </ h3 >
    < div v-html = "content" > </ div >
</ div >
```

看起来当组件变得越来越复杂时，blog 不只需要标题和内容，还需要发布日期、评论等。为每个相关的信息定义一个 prop 会变得很麻烦。例如

```
< blog-post
    v-for = "post in posts"
    v-bind: key = "post. id"
    v-bind: title = "post. title"
    v-bind: content = "post. content"
    v-bind: publishedAt = "post. publishedAt"
    v-bind: comments = "post. comments" >
</ blog-post >
```

所以需重构这个 < blog-post > 组件，让它变成接受一个单独的 post prop：

```
< blog-post
    v-for = "post in posts"
    v-bind: key = "post. id"
    v-bind: post = "post" >
```

```
</blog-post>
Vue. component( 'blog-post', {
    props:['post'],
    template: '
        <div class = "blog-post">
            <h3>{{ post. title }}</h3>
            <div v-html = "post. content"></div>
        </div>
    '
})
```

6. 监听子组件事件

在开发 <blog-post> 组件时，它的一些功能可能要求和父级组件进行沟通。例如可能会引入一个辅助功能来放大 blog 的字号，同时让页面的其他部分保持默认的字号。

在其父组件中，可以通过添加一个 postFontSize 数据属性来支持这个功能：

```
new Vue( {
    el: '#blog-posts-events-demo',
    data: {
        posts:[ /* ... */ ],
        postFontSize:1
    }
})
```

它可以在模板中用来控制所有 blog 的字号：

```
<div id = "blog-posts-events-demo">
    <div: style = "{ fontSize: postFontSize + 'em' }">
        <blog-post
            v-for = "post in posts"
            v-bind: key = "post. id"
            v-bind: post = "post">
        </blog-post>
    </div>
</div>
```

在每篇 blog 正文之前添加一个按钮来放大字号：

```
Vue. component( 'blog-post', {
    props:['post'],
    template: '
        <div class = "blog-post">
            <h3>{{ post. title }}</h3>
            <button>
                Enlarge text
            </button>
            <div v-html = "post. content"></div>
        </div>
    '
})
```

当单击这个按钮时，需要告诉父级组件放大所有 blog 的文本。子组件可以通过调用内建的 $ emit 方法并传入事件名称来触发一个事件：

```
< button v-on: click = " $ emit( 'enlarge-text') " >
    Enlarge text
</button >
```

父级组件可以像处理 native DOM 事件一样通过 v-on 监听子组件实例的任意事件：

```
< blog-post
    ...
    v-on: enlarge-text = "postFontSize + = 0.1 " >
</blog-post >
```

有了这个 v-on：enlarge-text = " postFontSize + = 0. 1 " 监听器，父级组件就会接收该事件并更新 postFontSize 的值。

有时用一个事件来抛出一个特定的值是非常有用的。例如可能想让 < blog-post > 组件决定它的文本要放大多少。这时可以使用 $ emit 的第二个参数来提供这个值：

```
< button v-on: click = " $ emit( 'enlarge-text', 0. 1) " >
    Enlarge text
</button >
```

如果这个事件处理函数是一个方法：

```
< blog-post
    ...
    v-on: enlarge-text = "onEnlargeText" >
</blog-post >
```

那么这个值将会作为第一个参数传入这个方法：

```
methods: {
    onEnlargeText: function( enlargeAmount) {
        this. postFontSize + = enlargeAmount
    }
}
```

10. 2　深入理解组件系统

组件（Component）是 Vue 中最基础的重要功能，组件可以扩展 HTML 元素，封装可重用的代码。组件系统可以用独立可复用的小组件来构建大型应用，几乎任意类型的应用的界面都可以抽象为一个组件树。

10. 2. 1　组件注册

创建一个组件的第一步是注册它。注册一个组件需要定义组件的名称，以及使用全局或局部的方式来注册它。

1. 组件名

在注册一个组件时，始终需要给它一个名字。比如在全局注册时已经看到了：

```
Vue. component('my-component-name',{ /* ... * / })
```

该组件名就是 Vue. component 的第一个参数。

给予组件的名字可能依赖于打算拿它来做什么。当直接在 DOM 中使用一个组件（而不是在字符串模板或单文件组件）时，强烈推荐遵循 W3C 规范中的自定义组件名（字母全小写且必须包含一个连字符）。这会帮助避免和当前以及未来的 HTML 元素相冲突。

2. 组件名大小写

定义组件名的方式有两种。

（1）使用 kebab-case。

```
Vue. component('my-component-name',{ /* ... * / })
```

当使用 kebab-case（短横线分隔命名）定义一个组件时，也必须在引用这个自定义元素时使用 kebab-case，如 < my-component-name >。

（2）使用 PascalCase。

```
Vue. component('MyComponentName',{ /* ... * / })
```

当使用 PascalCase（首字母大写命名）定义一个组件时，在引用这个自定义元素时两种命名法都可以使用。也就是说 < my-component-name > 和 < MyComponentName > 都是可接受的。注意，尽管如此，直接在 DOM（即非字符串的模板）中使用时只有 kebab-case 是有效的。

3. 全局注册

到目前为止，只用过 Vue. component 来创建组件：

```
Vue. component('my-component-name',{
    //... 选项...
})
```

这些组件是全局注册的。也就是说它们在注册之后可以用在任何新创建的 Vue 根实例（new Vue）的模板中。例如：

```
Vue. component('component-a',{ /* ... * / })
Vue. component('component-b',{ /* ... * / })
Vue. component('component-c',{ /* ... * / })

new Vue({ el: '#app' })
< div id = "app" >
    < component-a > </component-a >
    < component-b > </component-b >
    < component-c > </component-c >
</div >
```

在所有子组件中也是如此，也就是说这三个组件在各自内部也都可以相互使用。

4. 局部注册

全局注册往往是不够理想的。比如，如果使用一个像 webpack 的构建系统，全局注册所有的组件意味着即便已经不再使用一个组件了，它仍然会被包含在最终的构建结果中。这造成了用户下载的 JavaScript 的无谓增加。

在这些情况下，可以通过一个普通的 JavaScript 对象来定义组件：

```
var ComponentA = { /* ... * / }
var ComponentB = { /* ... * / }
var ComponentC = { /* ... * / }
```

然后在 components 选项中定义想要使用的组件：

```
new Vue({
    el:'#app',
    components:{
        'component-a':ComponentA,
        'component-b':ComponentB
    }
})
```

对于 components 对象中的每个属性来说，其属性名就是自定义元素的名字，其属性值就是这个组件的选项对象。

注意局部注册的组件在其子组件中不可用。例如，如果希望 ComponentA 在 ComponentB 中可用，则需要这样写：

```
var ComponentA = { /* ... * / }

var ComponentB = {
    components: {
        'component-a':ComponentA
    },
    //...
}
```

或者如果通过 Babel 和 webpack 使用 ES 2015 模块，那么代码看起来如下：

```
import ComponentA from '. /ComponentA. vue'
export default {
    components: {
        ComponentA
    },
    //...
}
```

注意在 ES 2015 + 中，在对象中放一个类似 ComponentA 的变量名其实是 ComponentA：ComponentA 的缩写，即这个变量名同时是 ComponentsA：ComponentA 的缩写。

10.2.2　Prop

组件实例的作用域是相互独立的，这意味着不能并且不应该在子组件的模板内直接引用父组件的数据。可以使用 props 把数据传给子组件。

1. Prop 的大小写（camelCase 和 kebab-case）

HTML 中的特性是大小写不敏感的，所以浏览器会把所有大写字符解释为小写字符。这意味着当使用 DOM 中的模板时，camelCase（驼峰命名法）的 prop 名需要使用其等价的 kebab-case（短横线分隔命名）命名。例如：

```
Vue. component('blog-post', {
    // 在 JavaScript 中是 camelCase 的
    props: ['postTitle'],
    template: '<h3>{{ postTitle }}</h3>'
})
<!--在 HTML 中是 kebab-case 的 -->
<blog-post post-title = "hello!"></blog-post>
```

要重申的是，如果使用字符串模板，那么这个限制就不存在了。

2. Prop 类型

到这里，只看到了以字符串数组形式列出的 prop。例如：

```
props: ['title', 'likes', 'isPublished', 'commentIds', 'author']
```

但是，通常希望每个 prop 都有指定的值类型。这时，可以对象形式列出 prop，这些属性的名称和值分别是 prop 各自的名称和类型。例如：

```
props: {
    title: String,
    likes: Number,
    isPublished: Boolean,
    commentIds: Array,
    author: Object,
    callback: Function,
    contactsPromise: Promise // or any other constructor
}
```

3. 传递静态或动态 Prop

已经知道的是可以像这样给 prop 传入一个静态的值。例如：

```
<blog-post title = "My journey with Vue"></blog-post>
```

也知道 prop 可以通过 v-bind 动态赋值，例如：

```
<!--动态赋予一个变量的值 -->
<blog-post v-bind: title = "post. title"></blog-post>
```

在上述两段代码中，传入的值都是字符串类型的，但实际上任何类型的值都可以传给一个 prop。

（1）传入一个数字。

```
<blog-post v-bind: likes = "42"></blog-post>
<!--用一个变量进行动态赋值. -->
<blog-post v-bind: likes = "post. likes"></blog-post>
```

（2）传入一个布尔值。

```
<!--包含该 prop 没有值的情况在内, 都意味着 'true'. -->
<blog-post is-published></blog-post>
<blog-post v-bind: is-published = "false"></blog-post>
<!--用一个变量进行动态赋值. -->
<blog-post v-bind: is-published = "post. isPublished"></blog-post>
```

（3）传入一个数组。

```
<blog-post v-bind: comment-ids = "[234, 266, 273]"> </blog-post>
<!--用一个变量进行动态赋值. -->
<blog-post v-bind: comment-ids = "post. commentIds"> </blog-post>
```

（4）传入一个对象。

```
<blog-post
    v-bind: author = "{
        name: 'Veronica',
        company: 'Veridian Dynamics'
    }">
</blog-post>
```

（5）传入一个对象的所有属性。

如果想要将一个对象的所有属性都作为 prop 传入，可以使用不带参数的 v-bind（取代 v-bind：prop-name）。例如，对于一个给定的对象 post。

```
post: {
    id: 1,
    title: 'My Journey with Vue'
}
```

下面的代码：

```
<blog-post v-bind = "post"> </blog-post>
```

等价于：

```
<blog-post
    v-bind: id = "post. id"
    v-bind: title = "post. title">
</blog-post>
```

4. 单向数据流

所有的 prop 都使得其父子 prop 之间形成了一个单向下行绑定：父级 prop 的更新会向下流动到子组件中，但是反过来则不行。这样会防止从子组件意外改变父级组件的状态，从而导致应用的数据流向难以理解。

额外的，每次父级组件发生更新时，子组件中所有的 prop 都将会刷新为最新的值。这意味着不应该在一个子组件内部改变 prop。如果这样做了，Vue 会在浏览器的控制台中发出警告。

这里有两种常见的试图改变一个 prop 的情形。

（1）这个 prop 用来传递一个初始值；这个子组件接下来希望将其作为一个本地的 prop 数据来使用。在这种情况下，最好定义一个本地的 data 属性并将这个 prop 用作其初始值。例如：

```
props: ['initialCounter'],
data: function() {
    return {
        counter: this. initialCounter
    }
}
```

（2）这个 prop 以一种原始的值传入且需要进行转换。在这种情况下，最好使用这个 prop 的值来定义一个计算属性。例如：

```
props:['size'],
computed:{
    normalizedSize:function(){
        return this.size.trim().toLowerCase()
    }
}
```

5. Prop 验证

可以为组件的 prop 指定验证要求，如知道的这些类型。如果有一个需求没有被满足，则 Vue 会在浏览器控制台中警告。这在开发一个会被别人用到的组件时尤其有帮助。

为了定制 prop 的验证方式，可以为 props 中的值提供一个带有验证需求的对象，而不是一个字符串数组。例如：

```
Vue.component('my-component',{
    props:{
        // 基础的类型检查('null' 和 'undefined' 会通过任何类型验证)
        propA:Number,
        // 多个可能的类型
        propB:[String,Number],
        // 必填的字符串
        propC:{
            type:String,
            required:true
        },
        // 带有默认值的数字
        propD:{
            type:Number,
            default:100
        },
        // 带有默认值的对象
        propE:{
            type:Object,
            // 对象或数组默认值必须从一个工厂函数获取
            default:function(){
                return { message:'hello' }
            }
        },
        // 自定义验证函数
        propF:{
            validator:function(value){
                // 这个值必须匹配下列字符串中的一个
                return ['success','warning','danger'].indexOf(value) !==-1
            }
        }
    }
})
```

10. 2. 3　自定义事件

父组件是使用 props 传递数据给子组件，但如果子组件要把数据传递回去，就需要使用自定义事件。

1. 事件名

不同于组件和 prop，事件名不存在任何自动化的大小写转换。而是触发的事件名需要完全匹配监听这个事件所用的名称。举个例子，如果触发一个 camelCase 名字的事件，则监听这个名字的 kebab-case 版本是不会有任何效果的。例如：

```
this. $ emit( 'myEvent')
<!--没有效果 -->
<my-component v-on: my-event = "doSomething" > < /my-component >
```

不同于组件和 prop，事件名不会被用作一个 JavaScript 变量名或属性名，所以就没有理由使用 camelCase 或 PascalCase 了。并且 v-on 事件监听器在 DOM 模板中会被自动转换为全小写（HTML 是大小写不敏感的）v-on：myEvent 将会变成 v-on：myevent，导致 myEvent 不可能被监听到。

因此，推荐始终使用 kebab-case 的事件名。

2. 将原生事件绑定到组件

可能有很多次想要在一个组件的根元素上直接监听一个原生事件。这时，可以使用 v-on 的 . native 修饰符：

```
< base-input v-on: focus. native = "onFocus" > < /base-input >
```

有时这是很有用的，不过在尝试监听一个类似 < input > 的非特定的元素时，这并不是个好主意。比如上述 < base-input > 组件可能做了如下重构，所以根元素实际上是一个 < label > 元素：

```
< label >
    {{ label }}
    < input
      v-bind = " $ attrs"
      v-bind: value = "value"
      v-on: input = " $ emit( 'input', $ event. target. value) " >
< /label >
```

这时，父级的 . native 监听器将静默失败。它不会产生任何报错，但是 onFocus 处理函数不会如预期地被调用。

为了解决这个问题，Vue 提供了一个 $ listeners 属性，它是一个对象，里面包含作用在这个组件上的所有监听器。例如：

```
{
    focus: function( event) { /* ... * / }
    input: function( value) { /* ... * / },
}
```

有了这个 $ listeners 属性，就可以配合 v-on = " $ listeners" 将所有的事件监听器指向这个组件的某个特定的子元素。对于类似 < input > 的希望它也可以配合 v-model 工作的组件来说，为这些监听器创建一个类似下述 inputListeners 的计算属性通常是非常有用的：

```
Vue. component('base-input',{
    inheritAttrs: false,
    props:['label','value'],
    computed: {
        inputListeners: function(){
            var vm = this
            // 'Object. assign' 将所有的对象合并为一个新对象
            return Object. assign({},
                // 从父级添加所有的监听器
                this. $ listeners,
                // 然后添加自定义监听器，
                // 或覆写一些监听器的行为
                {
                    // 这里确保组件配合 'v-model' 的工作
                    input: function( event) {
                        vm. $ emit('input', event. target. value)
                    }
                }
            )
        }
    },
    template: '
        <label>
            {{ label }}
            <input
                v-bind = " $ attrs"
                v-bind: value = "value"
                v-on = "inputListeners" >
        </label>
    '
})
```

此时，<base-input> 组件是一个完全透明的包裹器，也就是说它可以完全像一个普通的 <input> 标签一样使用：所有跟它相同的特性和监听器都可以工作。

10.2.4　插槽

插槽指允许将自定义的组件像普通标签一样插入内容。

1. 插槽内容

Vue 实现了一套内容分发的 API，这套 API 的设计灵感源自 Web Components 规范草案，将 <slot> 标签作为承载分发内容的出口。

它允许像这样合成组件：

```
<navigation-link url = "/profile">
    Your Profile
</navigation-link>
```

然后在 <navigation-link> 的模板中可能会写为：

```
<a
    v-bind: href = "url"
    class = "nav-link" >
    <slot > </slot >
</a>
```

当组件渲染时，<slot > </slot > 将会被替换为"Your Profile"。插槽内可以包含任何模板代码，包括 HTML。例如：

```
<navigation-link url = "/profile" >
    <!-- 添加一个 Font Awesome 图标 -->
    <span class = "fa fa-user" > </span >
    Your Profile
</navigation-link >
```

甚至其他的组件。例如：

```
<navigation-link url = "/profile" >
    <!-- 添加一个图标的组件 -->
    <font-awesome-icon name = "user" > </font-awesome-icon >
    Your Profile
</navigation-link >
```

如果 <navigation-link > 没有包含一个 <slot > 标签，则该组件起始标签和结束标签之间的任何内容都会被抛弃。

2. 编译作用域

当想在一个插槽中使用数据时，例如：

```
<navigation-link url = "/profile" >
    Logged in as {{ user. name }}
</navigation-link >
```

该插槽跟模板的其他地方一样可以访问相同的实例属性（也就是相同的"作用域"），而不能访问 <navigation-link > 的作用域。例如 URL 是访问不到的：

```
<navigation-link url = "/profile" >
    Clicking here will send you to: {{ url }}
    <!--
    这里的 'url' 会是 undefined,因为 "/profile" 是
    _传递给_ <navigation-link > 的而不是
    在 <navigation-link > 组件* 内部* 定义的.
    -->
</navigation-link >
```

请作为一条规则记住：父级模板里的所有内容都是在父级作用域中编译的；子模板里的所有内容都是在子作用域中编译的。

3. 后备内容

有时为一个插槽设置具体的后备（也就是默认的）内容是很有用的，它只会在没有提供内容时被渲染。例如在一个 <submit-button > 组件中：

```
<button type = "submit" >
    <slot > </slot >
</button>
```

可能希望这个 `<button>` 内绝大多数情况下都渲染文本 "Submit"。为了将 "Submit" 作为后备内容，可以将它放在 `<slot>` 标签内：

```
<button type = "submit">
    <slot>Submit</slot>
</button>
```

当在一个父级组件中使用 `<submit-button>` 并且不提供任何插槽内容时：

```
<submit-button></submit-button>
```

后备内容 "Submit" 将会被渲染：

```
<button type = "submit">
    Submit
</button>
```

但是如果提供以下内容：

```
<submit-button>
    Save
</submit-button>
```

则这个提供的内容将会被渲染从而取代后备内容：

```
<button type = "submit">
    Save
</button>
```

4. 具名插槽

有时需要多个插槽。例如对于一个带有如下模板的 `<base-layout>` 组件：

```
<div class = "container">
    <header>
        <!-- 希望把页头放这里 -->
    </header>
    <main>
        <!-- 希望把主要内容放这里 -->
    </main>
    <footer>
        <!-- 希望把页脚放这里 -->
    </footer>
</div>
```

对于这样的情况，`<slot>` 标签有一个特殊的特性：name。这个特性可以用来定义额外的插槽：

```
<div class = "container">
    <header>
        <slot name = "header"></slot>
    </header>
    <main>
        <slot></slot>
    </main>
    <footer>
```

```
        < slot name = "footer" > < /slot >
    < /footer >
< /div >
```

一个不带 name 的 < slot > 出口会带有隐含的名字 "default"。

在向具名插槽提供内容时，可以在一个 < template > 标签上使用 v-slot 指令，并以 v-slot 的参数的形式提供其名称：

```
< base-layout >
    < template v-slot: header >
        < h1 > Here might be a page title < /h1 >
    < /template >
    < p > A paragraph for the main content. < /p >
    < p > And another one. < /p >
    < template v-slot: footer >
        < p > Here's some contact info < /p >
    < /template >
< /base-layout >
```

此时 < template > 标签中的所有内容都将被传入相应的插槽。任何没有被包裹在带有 v-slot 的 < template > 标签中的内容都会被视为默认插槽的内容。

然而，如果希望更明确一些，仍然可以在一个 < template > 标签中包裹默认插槽的内容：

```
< base-layout >
    < template v-slot: header >
        < h1 > Here might be a page title < /h1 >
    < /template >
    < template v-slot: default >
        < p > A paragraph for the main content. < /p >
        < p > And another one. < /p >
    < /template >
    < template v-slot: footer >
        < p > Here's some contact info < /p >
    < /template >
< /base-layout >
```

任何一种写法都会渲染出。例如：

```
< div class = "container" >
    < header >
        < h1 > Here might be a page title < /h1 >
    < /header >
    < main >
        < p > A paragraph for the main content. < /p >
        < p > And another one. < /p >
    < /main >
    < footer >
        < p > Here's some contact info < /p >
    < /footer >
< /div >
```

5. 作用域插槽

有时让插槽内容能够访问子组件中才有的数据是很有用的。例如，设想一个带有如下模板的 <current-user> 组件：

```
<span>
    <slot>{{ user.lastName }}</slot>
</span>
```

想让它的后备内容显示用户的名，以取代正常情况下用户的姓，代码如下：

```
<current-user>
    {{ user.firstName }}
</current-user>
```

然而上述代码不会正常工作，因为只有 <current-user> 组件可以访问到 user，而提供的内容是在父级渲染的。

为了让 user 在父级的插槽内容中可用，可以将 user 作为 <slot> 标签素的一个特性绑定。例如：

```
<span>
    <slot v-bind:user = "user">
        {{ user.lastName }}
    </slot>
</span>
```

绑定在 <slot> 标签上的特性被称为插槽 prop。在父级作用域中，可以给 v-slot 带一个值来定义提供的插槽 prop 的名字。例如：

```
<current-user>
    <template v-slot:default = "slotProps">
        {{ slotProps.user.firstName }}
    </template>
</current-user>
```

在这个例子中，选择将包含所有插槽 prop 的对象命名为 slotProps，但也可以使用任意名字。

10.3　过渡和动画

Vue 在插入、更新或者移除 DOM 时，提供多种不同方式的应用过渡效果。包括以下工具：

➤ 在 CSS 过渡和动画中自动应用 class。

➤ 可以配合使用第三方 CSS 动画库，如 Animate.css。

➤ 在过渡钩子函数中使用 JavaScript 直接操作 DOM。

➤ 可以配合使用第三方 JavaScript 动画库，如 Velocity.js。

10.3.1　单元素/组件的过渡

Vue 提供了 transition 的封装组件，在下列情形中，可以给任何元素和组件添加进入/离开过渡：

> 条件渲染（使用 v-if）。
> 条件展示（使用 v-show）。
> 动态组件。
> 组件根节点。

下面是一个典型的例子：

```
<div id = "demo">
    <button v-on: click = "show = !show">
        Toggle
    </button>
    <transition name = "fade">
        <p v-if = "show">hello</p>
    </transition>
</div>
new Vue( {
    el:'#demo',
    data: {
        show: true
    }
})
. fade-enter-active,. fade-leave-active {
    transition: opacity. 5s;
}
. fade-enter,. fade-leave-to {
    opacity: 0;
}
Toggle
hello
```

当插入或删除包含在 transition 组件中的元素时，Vue 将会做以下处理：

> 自动嗅探目标元素是否应用了 CSS 过渡或动画，如果是，在恰当的时机添加/删除 CSS 类名。

> 如果过渡组件提供了 JavaScript 钩子函数，这些钩子函数将在恰当的时机被调用。

> 如果没有找到 JavaScript 钩子并且也没有检测到 CSS 过渡/动画，DOM 操作（插入/删除）在下一帧中立即执行。

1. 过渡的类名

在进入/离开的过渡中，会有 6 个 CSS 的 class：

（1）v-enter：定义进入过渡的开始状态。在元素被插入之前生效，在元素被插入之后的下一帧移除。

（2）v-enter-active：定义进入过渡生效时的状态。在整个进入过渡的阶段中应用，在元素被插入之前生效，在过渡/动画完成之后移除。这个类可以被用来定义进入过渡的过程时间、延迟和曲线函数。

（3）v-enter-to：定义进入过渡的结束状态。在元素被插入之后下一帧生效（与此同时 v-enter 被移除），在过渡/动画完成之后移除。

（4）v-leave：定义离开过渡的开始状态。在离开过渡被触发时立刻生效，下一帧被移除。

（5）v-leave-active：定义离开过渡生效时的状态。在整个离开过渡的阶段中应用，在离开过渡被触发时立刻生效，在过渡/动画完成之后移除。这个类可以被用来定义离开过渡的过程时间、延迟和曲线函数。

（6）v-leave-to：定义离开过渡的结束状态。在离开过渡被触发之后下一帧生效（与此同时 v-leave 被删除），在过渡/动画完成之后移除。

对于这些在过渡中切换的类名来说，如果使用一个没有名字的 < transition >，则 v- 是这些类名的默认前缀。如果使用了 < transition name = "my-transition" >，那么 v-enter 会替换为 my-transition-enter。

2. CSS 过渡

常用的过渡都是使用 CSS 过渡。

下面是一个简单例子：

```
< div id = "example-1" >
    < button @ click = "show = !show" >
        Toggle render
    </button >
    < transition name = "slide-fade" >
        < p v-if = "show" > hello </p >
    </transition >
</div >
new Vue( {
    el: '#example-1',
    data: {
        show: true
    }
})
/* 可以设置不同的进入和离开动画 */
/* 设置持续时间和动画函数 */
.slide-fade-enter-active {
    transition: all .3s ease;
}
.slide-fade-leave-active {
    transition: all .8s cubic-bezier(1.0, 0.5, 0.8, 1.0);
}
.slide-fade-enter, .slide-fade-leave-to{
    transform: translateX(10px);
    opacity: 0;
}
```

3. CSS 动画

CSS 动画用法同 CSS 过渡，区别是在动画中 v-enter 类名在节点插入 DOM 后不会立即删除，而是在 animationend 事件触发时删除。

示例（省略了兼容性前缀）：

```
< div id = "example-2" >
    < button @ click = "show = ! show" > Toggle show < /button >
    < transition name = "bounce" >
        < p v-if = " show" > Lorem ipsum dolor sit amet, consectetur adipiscing
elit. Mauris facilisis enim libero, at lacinia diam fermentum id. Pellentesque habitant
morbi tristique senectus et netus. < /p >
    < /transition >
< /div >
new Vue( {
    el: '#example-2',
    data: {
        show: true
    }
})
. bounce-enter-active {
    animation: bounce-in. 5s;
}
. bounce-leave-active {
    animation: bounce-in. 5s reverse;
}
@ keyframes bounce-in {
    0% {
        transform: scale(0);
    }
    50% {
        transform: scale(1.5);
    }
    100% {
        transform: scale(1);
    }
}
```

4. 自定义过渡的类名

可以通过以下特性来自定义过渡类名：

➢ enter-class。

➢ enter-active-class。

➢ enter-to-class（2.1.8 +）。

➢ leave-class。

➢ leave-active-class。

➢ leave-to-class（2.1.8 +）。

它们的优先级高于普通的类名，这对于 Vue 的过渡系统和其他第三方 CSS 动画库，如 Animate. css 结合使用十分有用。

示例如下:

```
<link href = "https://cdn.jsdelivr.net/npm/animate.css@3.5.1" rel = "stylesheet"
type = "text/css">
<div id = "example-3">
    <button @click = "show = !show">
        Toggle render
    </button>
    <transition
        name = "custom-classes-transition"
        enter-active-class = "animated tada"
        leave-active-class = "animated bounceOutRight">
        <p v-if = "show">hello</p>
    </transition>
</div>
new Vue({
    el: '#example-3',
    data: {
        show: true
    }
})
```

5. 同时使用过渡和动画

Vue 为了知道过渡的完成,必须设置相应的事件监听器。它可以是 transitionend 或 animationend,这取决于给元素应用的 CSS 规则。如果使用其中任何一种,Vue 能自动识别类型并设置监听。

但是,在一些场景中,需要给同一个元素同时设置两种过渡动效,比如 animation 很快地被触发并完成了,而 transition 效果还没结束。在这种情况中,就需要使用 type 特性并设置 animation 或 transition 来明确声明需要 Vue 监听的类型。

6. 显性的过渡持续时间

在很多情况下,Vue 可以自动得出过渡效果的完成时机。默认情况下,Vue 会等待其在过渡效果的根元素的第一个 transitionend 或 animationend 事件。然而也可以不这样设定,比如,可以拥有一个精心编排的一系列过渡效果,其中一些嵌套的内部元素相比于过渡效果的根元素有延迟或更长的过渡效果。

在这种情况下可以用 <transition> 组件上的 duration 属性定制一个显性的过渡持续时间(以毫秒计):

```
<transition: duration = "1000">...</transition>
```

也可以定制进入和移出的持续时间:

```
<transition: duration = "{ enter: 500, leave: 800 }">...</transition>
```

7. JavaScript 钩子

可以在属性中声明 JavaScript 钩子。例如:

```
<transition
    v-on: before-enter = "beforeEnter"
    v-on: enter = "enter"
```

```
        v-on: after-enter = "afterEnter"
        v-on: enter-cancelled = "enterCancelled"

        v-on: before-leave = "beforeLeave"
        v-on: leave = "leave"
        v-on: after-leave = "afterLeave"
        v-on: leave-cancelled = "leaveCancelled" >
        < !--...-- >
</transition >
//...
methods: {
    // --------
    // 进入中
    // --------

    beforeEnter: function( el) {
        //...
    },
    // 当与 CSS 结合使用时
    // 回调函数 done 是可选的
    enter: function( el, done) {
        //...
        done()
    },
    afterEnter: function( el) {
        //...
    },
    enterCancelled: function( el) {
        //...
    },


    // --------
    // 离开时
    // --------

    beforeLeave: function( el) {
        //...
    },
    // 当与 CSS 结合使用时
    // 回调函数 done 是可选的
    leave: function( el, done) {
        //...
        done()
    },
    afterLeave: function( el) {
        //...
    },
```

```
        // leaveCancelled 只用于 v-show 中
        leaveCancelled: function(el) {
            //...
        }
    }
```

这些钩子函数可以结合 CSS transitions/animations 使用，也可以单独使用。

一个使用 Velocity.js 的简单例子：

```
<!--
Velocity 和 jQuery.animate 的工作方式类似,也是用来实现 JavaScript 动画的一个很棒的选择
-->
<script src = "https://cdnjs.cloudflare.com/ajax/libs/velocity/1.2.3/velocity.min.js"></script>

<div id = "example-4">
    <button @ click = "show = !show">
        Toggle
    </button>
    <transition
        v-on: before-enter = "beforeEnter"
        v-on: enter = "enter"
        v-on: leave = "leave"
        v-bind: css = "false">
        <p v-if = "show">
            Demo
        </p>
    </transition>
</div>
new Vue( {
    el: '#example-4',
    data: {
        show: false
    },
    methods: {
        beforeEnter: function(el) {
            el. style. opacity = 0
            el. style. transformOrigin = 'left'
        },
        enter: function(el, done) {
            Velocity(el, { opacity:1, fontSize: '1.4em' }, { duration:300 })
            Velocity(el, { fontSize: '1em' }, { complete: done })
        },
        leave: function(el, done) {
            Velocity(el, { translateX: '15px', rotateZ: '50deg' }, { duration:600 })
            Velocity(el, { rotateZ: '100deg' }, { loop: 2 })
            Velocity(el, {
                rotateZ: '45deg',
```

```
          translateY: '30px',
          translateX: '30px',
          opacity: 0
      }, { complete: done })
    }
  }
})
```

10. 3. 2　初始渲染的过渡

可以通过 appear 特性设置节点在初始渲染的过渡：

```
< transition appear >
  < !--...-- >
</transition >
```

这里默认和进入/离开过渡一样，同样也可以自定义 CSS 类名。例如：

```
< transition
  appear
  appear-class = "custom-appear-class"
  appear-to-class = "custom-appear-to-class"( 2. 1. 8 + )
  appear-active-class = "custom-appear-active-class" >
  < !--...-- >
</transition >
```

自定义 JavaScript 钩子：

```
< transition
  appear
  v-on: before-appear = "customBeforeAppearHook"
  v-on: appear = "customAppearHook"
  v-on: after-appear = "customAfterAppearHook"
  v-on: appear-cancelled = "customAppearCancelledHook" >
  < !--...-- >
</transition >
```

在上述代码中，无论是 appear 特性还是 v-on：appear，钩子都会生成初始渲染过渡。

10. 3. 3　多个元素的过渡

之后讨论多个组件的过渡，对于原生标签可以使用 v-if 或 v-else 。最常见的多标签过渡是一个列表和描述这个列表为空消息的元素。例如：

```
< transition >
  < table v-if = "items. length > 0" >
    < !--...-- >
  </table >
  < p v-else > Sorry, no items found. </p >
</transition >
```

可以这样使用，但是有一点需要注意：

当有相同标签名的元素切换时，需要通过 key 特性设置唯一的值来标记以让 Vue 区分它们，否则 Vue 为了效率只会替换相同标签内部的内容。即使在技术上没有必要，给在 < transition > 组件中的多个元素设置 key 是一个更好的实践。

示例：

```
< transition >
    < button v-if = "isEditing" key = "save" >
        Save
    < /button >
    < button v-else key = "edit" >
        Edit
    < /button >
< /transition >
```

在一些场景中，也可以通过给同一个元素的 key 特性设置不同的状态来代替 v-if 和 v-else，上面的例子可以重写为：

```
< transition >
    < button v-bind: key = "isEditing" >
        {{ isEditing ? 'Save': 'Edit' }}
    < /button >
< /transition >
```

使用多个 v-if 的多个元素的过渡可以重写为绑定了动态属性的单个元素过渡。例如：

```
< transition >
    < button v-if = "docState === 'saved'" key = "saved" >
        Edit
    < /button >
    < button v-if = "docState === 'edited'" key = "edited" >
        Save
    < /button >
    < button v-if = "docState === 'editing'" key = "editing" >
        Cancel
    < /button >
< /transition >
```

可以重写为：

```
< transition >
    < button v-bind: key = "docState" >
        {{ buttonMessage }}
    < /button >
< /transition >
//...
computed: {
    buttonMessage: function() {
        switch( this. docState) {
            case 'saved': return 'Edit'
            case 'edited': return 'Save'
            case 'editing': return 'Cancel'
        }
```

```
        }
    }
```

10.3.4　过渡模式

Vue 提供了如下过渡模式：

➢ in-out：新元素先进行过渡，完成之后当前元素过渡离开。

➢ out-in：当前元素先进行过渡，完成之后新元素过渡进入。

用 out-in 重写之前的开关按钮过渡：

```
< transition name = "fade" mode = "out-in" >
    < !--... the buttons... -- >
</transition >
```

只添加一个简单的特性，就解决了之前的过渡问题而无须任何额外的代码。in-out 模式
不是经常用到，但对于一些稍微不同的过渡效果还是有用的。

10.3.5　多个组件的过渡

多个组件的过渡简单很多，不需要使用 key 特性。相反，只需要使用动态组件。例如：

```
< transition name = "component-fade" mode = "out-in" >
    < component v-bind: is = "view" > </component >
</transition >
new Vue( {
    el: '#transition-components-demo',
    data: {
        view: 'v-a'
    },
    components: {
        'v-a': {
            template: ' < div > Component A </div > '
        },
        'v-b': {
            template: ' < div > Component B </div > '
        }
    }
})
. component-fade-enter-active,. component-fade-leave-active {
    transition: opacity. 3s ease;
}
. component-fade-enter,. component-fade-leave-to
/* . component-fade-leave-active for below version 2. 1. 8 * / {
    opacity: 0;
}
```

10. 3. 6　列表过渡

关于过渡已经讲解了单个节点和同一时间渲染多个节点中的一个。

那么怎么同时渲染整个列表，比如使用 v-for。在这种场景中，使用 < transition-group > 组件。在深入例子之前，先了解关于这个组件的几个特点：

➤ 不同于 < transition > ，它会以一个真实元素呈现：默认为一个 < span > 。也可以通过 tag 特性更换为其他元素。

➤ 过渡模式不可用，因为不再相互切换特有的元素。

➤ 内部元素总是需要提供唯一的 key 属性值。

➤ CSS 过渡的类将会应用在内部的元素中，而不是这个组或容器本身。

1. 列表的进入/离开过渡

下面由一个简单的例子深入，进入/离开过渡使用之前一样的 CSS 类名。

```
< div id = "list-demo" class = "demo" >
    < button v-on: click = "add" > Add < /button >
    < button v-on: click = "remove" > Remove < /button >
    < transition-group name = "list" tag = "p" >
        < span v-for = "item in items" v-bind: key = "item" class = "list-item" >
            {{ item }}
        < /span >
    < /transition-group >
< /div >
new Vue( {
    el: '#list-demo',
    data: {
        items: [1, 2, 3, 4, 5, 6, 7, 8, 9],
        nextNum: 10
    },
    methods: {
        randomIndex: function( ) {
            return Math. floor( Math. random( ) * this. items. length)
        },
        add: function( ) {
            this. items. splice( this. randomIndex( ), 0, this. nextNum ++)
        },
        remove: function( ) {
            this. items. splice( this. randomIndex( ), 1)
        },
    }
})
. list-item {
    display: inline-block;
    margin-right: 10px;
}
. list-enter-active, . list-leave-active {
    transition: all 1s;
```

```
}
.list-enter,.list-leave-to
/* .list-leave-active for below version 2.1.8 * / {
    opacity:0;
    transform: translateY(30px);
}
```

2. 列表的排序过渡

< transition-group > 组件还有一个特殊之处。不仅可以进入和离开动画，还可以改变定位。要使用这个新功能只需了解新增的 v-move 特性，它会在元素改变定位的过程中应用。像之前的类名一样，可以通过 name 属性来自定义前缀，也可以通过 move-class 属性手动设置。

v-move 对于设置过渡的切换时机和过渡曲线非常有用，示例如下：

```
< script src = "https://cdnjs.cloudflare.com/ajax/libs/lodash.js/4.14.1/lodash.min.js" >
</script >
< div id = "flip-list-demo" class = "demo" >
    < button v-on: click = "shuffle" > Shuffle </button >
    < transition-group name = "flip-list" tag = "ul" >
        < li v-for = "item in items" v-bind: key = "item" >
            {{ item }}
        </li >
    </transition-group >
</div >
new Vue( {
    el: '#flip-list-demo',
    data: {
        items:[1,2,3,4,5,6,7,8,9]
    },
    methods: {
        shuffle: function() {
            this. items = _. shuffle( this. items)
        }
    }
})
.flip-list-move {
    transition: transform 1s;
}
```

3. 列表的交错过渡

通过 data 属性与 JavaScript 通信，就可以实现列表的交错过渡。例如：

```
< script src = "https://cdnjs.cloudflare.com/ajax/libs/velocity/1.2.3/velocity.min.js" >
</script >
< div id = "staggered-list-demo" >
    < input v-model = "query" >
    < transition-group
        name = "staggered-fade"
```

```
            tag = "ul"
            v-bind: css = "false"
            v-on: before-enter = "beforeEnter"
            v-on: enter = "enter"
            v-on: leave = "leave" >
            < li
                v-for = "( item, index) in computedList"
                v-bind: key = "item. msg"
                v-bind: data-index = "index" >
                {{ item. msg }}
    </li>
    </transition-group>
</div>
new Vue( {
    el: '#staggered-list-demo',
    data: {
        query: ",
        list:[
            { msg: 'Bruce Lee' },
            { msg: 'Jackie Chan' },
            { msg: 'Chuck Norris' },
            { msg: 'Jet Li' },
            { msg: 'Kung Fury' }
        ]
    },
    computed: {
        computedList: function() {
            var vm = this
            return this. list. filter( function( item) {
                return item. msg. toLowerCase(). indexOf( vm. query. toLowerCase()) !== -1
            })
        }
    },
    methods: {
        beforeEnter: function( el) {
            el. style. opacity = 0
            el. style. height = 0
        },
        enter: function( el, done) {
            var delay = el. dataset. index *  150
            setTimeout( function() {
                Velocity(
                    el,
                    { opacity: 1, height: '1. 6em' },
                    { complete: done }
                )
            }, delay)
```

```
        },
        leave: function(el, done) {
            var delay = el. dataset. index *  150
            setTimeout( function() {
                Velocity(
                    el,
                    { opacity: 0, height: 0 },
                    { complete: done }
                )
            }, delay)
        }
    }
})
```

10.3.7　可复用的过渡

过渡可以通过 Vue 的组件系统实现复用。要创建一个可复用过渡组件，需要做的就是将 < transition > 或者 < transition-group > 作为根组件，然后将任何子组件放置在其中即可。

使用 template 的简单示例如下：

```
Vue. component( 'my-special-transition', {
    template: ' \
        < transition \
            name = "very-special-transition" \
            mode = "out-in" \
            v-on: before-enter = "beforeEnter" \
            v-on: after-enter = "afterEnter" \>
        \
            < slot > </slot > \
        </transition > \
    ',
    methods: {
        beforeEnter: function(el) {
            //...
        },
        afterEnter: function(el) {
            //...
        }
    }
})
```

函数式组件更适合完成以下任务：

```
Vue. component( 'my-special-transition', {
    functional: true,
    render: function(createElement, context) {
        var data = {
            props: {
                name: 'very-special-transition',
                mode: 'out-in'
```

```
            },
        on: {
            beforeEnter: function(el) {
                //...
            },
            afterEnter: function(el) {
                //...
            }
        }
    }
    return createElement('transition', data, context.children)
    }
})
```

10.3.8 动态过渡

在 Vue 中，即使是过渡也是数据驱动的。动态过渡最基本的例子是通过 name 特性来绑定动态值。例如：

```
< transition v-bind: name = "transitionName" >
    < !--..-- >
</transition >
```

当想用 Vue 的过渡系统来定义 CSS 过渡/动画在不同过渡间切换会非常有用。

所有过渡特性都可以动态绑定，但不仅仅只有特性可以利用，还可以通过事件钩子获取上下文中的所有数据，因为事件钩子都是方法。这意味着，根据组件的状态不同，JavaScript 过渡会有不同的表现。例如

```
< script src = "https://cdnjs.cloudflare.com/ajax/libs/velocity/1.2.3/velocity.min.js" >
</script >
< div id = "dynamic-fade-demo" class = "demo" >
    Fade In: < input type = "range" v-model = "fadeInDuration" min = "0" v-bind: max =
    "maxFadeDuration" >
    Fade Out: < input type = "range" v-model = "fadeOutDuration" min = "0" v-bind: max =
    "maxFadeDuration" >
    < transition
        v-bind: css = "false"
        v-on: before-enter = "beforeEnter"
        v-on: enter = "enter"
        v-on: leave = "leave" >
        < p v-if = "show" > hello < /p >
    </transition >
    < button
        v-if = "stop"
        v-on: click = "stop = false; show = false" >
        Start animating
    < /button >
    < button
        v-else
```

```
                v-on: click = "stop = true" >
        Stop it!
        < /button >
  < /div >
new Vue( {
    el: '#dynamic-fade-demo',
    data: {
        show: true,
        fadeInDuration: 1000,
        fadeOutDuration: 1000,
        maxFadeDuration: 1500,
        stop: true
    },
    mounted: function( ) {
        this. show = false
    },
    methods: {
        beforeEnter: function( el) {
            el. style. opacity = 0
        },
        enter: function( el, done) {
            var vm = this
            Velocity( el,
                { opacity: 1 },
                {
                    duration: this. fadeInDuration,
                    complete: function( ) {
                        done( )
                        if( ! vm. stop) vm. show = false
                    }
                }
            )
        },
        leave: function( el, done) {
            var vm = this
            Velocity( el,
                { opacity: 0 },
                {
                    duration: this. fadeOutDuration,
                    complete: function( ) {
                        done( )
                        vm. show = true
                    }
                }
            )
        }
    }
})
```

小　　结

Vue. js 是比较流行的前端框架，本章从 Vus. js 基础、深入组件和过渡动画 3 部分介绍了 Vue. js 的基本使用方法。Vue. js 中涉及的主要概念是组件。组件就是将一段 UI 样式和其对应的功能作为独立的整体去看待，无论这个整体放在哪里使用，它都具有一样的功能和样式，从而实现复用，这种整体化的细想就是组件化。不难看出，组件化设计就是为了增加复用性、灵活性，提高系统设计，从而提高开发效率。在充分理解这两个关键概念之后，详细讲解了 Vue. js 的基础语法，为以后的前端开发打下基础。

习　　题

1. v-show 和 v-if 指令的共同点和不同点是什么？
2. 如何让 CSS 只在当前组件中起作用？
3. <keep-alive> </keep-alive> 的作用是什么？
4. Vue 中引入组件的步骤是什么？
5. 指令 v-el 的作用是什么？
6. 在 Vue 中使用插件的步骤是什么？
7. 请列举出 3 个 Vue 中常用的生命周期钩子函数。
8. 说出至少 4 种 Vue 中的指令及其用法。
9. 为什么使用 key？
10. 为什么避免 v-if 和 v-for 在一起使用？

更多实例和题目，请访问作者博客的相关页面，网址如下：
http://www.everyinch.net/index.php/category/frontend/vue/

参 考 文 献

[1] 柳伯斯，阿尔伯斯，萨利姆.HTML 5 程序设计［M］.2 版.柳靖，李杰，刘淼，译.北京：人民邮电出版社，2012.

[2] 迈耶，韦尔.CSS 权威指南［M］.4 版.安道，译.北京：中国电力出版社，2019.

[3] 迈耶.CSS 速查手册［M］.5 版.杜春晓，译.北京：中国电力出版社，2019.

[4] 弗里曼.HTML 5 权威指南［M］.谢延晟，牛化成，刘美英，译.北京：人民邮电出版社，2014.

[5] 达科特.HTML & CSS 设计与构建网站［M］.刘涛，陈学敏，译.北京：清华大学出版社，2013.

[6] 陈童.富客户端网站的设计与实现［M］.北京：中国电影出版社，2012.

[7] 巴德.高级 Web 标准解决方案［M］.李松峰，译.北京：人民邮电出版社，2010.

[8] 弗兰纳根.JavaScipt 权威指南［M］.淘宝前端团队，译.北京：人民邮电出版社，2012.

[9] 泽卡斯.JavaScript 高级程序设计［M］.李松峰，曹力，译.北京：人民邮电出版社，2015.

[10] 乔布森，科克伦.Bootstrap 实战［M］.邵钏，李松峰，译.北京：人民邮电出版社，2019.

[11] 谢诺伊，索松.BootStrap 开发精解：原理、技术、工具及最佳实践［M］.李景媛，吴晓嘉，译.北京：机械工业出版社，2016.

[12] 梁灏.Vue.js 实战［M］.北京：清华大学出版社，2017.

[13] 泽卡斯.深入理解 ES6［M］.刘振涛，译.北京：电子工业出版社，2017.

[14] 高保特.前端架构设计［M］.潘泰燊，张鹏，许金泉，译.北京：人民邮电出版社，2017.

[15] 鲍姆加特纳.Web 前端自动化构建：Gulp、Bower 和 Yeoman 开发指南［M］.谈博文，译.北京：机械工业出版社，2017.